烟草青枯病抗性育种

耿锐梅 任民 陈勇 等 著

中国农业科学技术出版社

图书在版编目（CIP）数据

烟草青枯病抗性育种 / 耿锐梅等著 . -- 北京：中国农业科学技术出版社，2023.11

ISBN 978－7－5116－6548－5

Ⅰ. ①烟… Ⅱ. ①耿… Ⅲ. ①烟草－青枯病－抗性育种－研究 Ⅳ. ① S572.035

中国国家版本馆 CIP 数据核字（2023）第 223624 号

责任编辑 闫庆健
责任校对 贾若妍 李向荣
责任印制 姜义伟 王思文

出 版 者 中国农业科学技术出版社
北京市中关村南大街 12 号 邮编：100081
电　　话（010）82106632（编辑室）（010）82109702（发行部）
（010）82109709（读者服务部）
网　　址 https: // castp.caas.cn
经 销 者 各地新华书店
印 刷 者 北京地大彩印有限公司
开　　本 185 mm×260 mm 1/16
印　　张 14.5
字　　数 361 千字
版　　次 2023 年 11 月第 1 版 2023 年 11 月第 1 次印刷
定　　价 128.00 元

《烟草青枯病抗性育种》

著者名单

主　著　耿锐梅　任　民　陈　勇

副主著　杨爱国　肖志亮　王卫锋　刘正文　丁　伟　谢　贺

参　著　（以姓氏笔画为序）

丁安明　王　杰　王　静　王元英　王仁刚
王亚男　王自力　王绍美　王暖春　牛新慧
文柳璎　龙明锦　卢灿华　白　戈　冯全福
刘　旦　刘　勇　刘　颖　刘冬梅　刘国祥
刘晓姣　江其朋　孙玉合　巫升鑫　李凤霞
李石力　李光灿　杨　亮　杨华应　肖炳光
吴国平　邱志云　何斌彬　佟　英　余　文
余　婧　余世洲　汪代斌　汪汉成　张吉顺
张兴伟　张振臣　张淑婷　陈志强　武秀明
林世锋　罗正友　罗成刚　胡海洲　曹　毅
曹长代　曹恒春　章慧芬　蒋彩虹　程立锐
程崖芝　焦芳婵　潘旭浩　潘晓英

前言

烟草青枯病抗性育种是研究选育烟草抗青枯病优良品种的综合性科学体系。目前，烟草青枯病在我国烟区的危害逐年加重，是烟叶生产上尚未解决的重大难题之一，解析烟草青枯病抗性遗传机制，挖掘青枯病抗性相关基因，进而培育并种植抗病品种是防治烟草青枯病行之有效的途径。在国家烟草专卖局科技司和中国烟草总公司烟草基因组计划重大专项的大力支持下，中国农业科学院烟草研究所联合国内多家科研院所和高等院校（云南省烟草农业科学研究院、贵州省烟草科学研究院、福建省烟草专卖局烟草科学研究所、中国烟草总公司重庆市烟草科学研究所、西南大学、安徽省农业科学院烟草研究所、广东省农业科学院作物研究所等）开展联合攻关，以期逐步形成烟草青枯病抗性育种理论与技术体系，用于支撑烟草青枯病抗性育种相关工作。

目前，联合攻关工作取得了部分阶段性成果，现将其整理编著成书，该书反映了国内烟草青枯病抗性育种的最新进展，期望能够为烟草科研工作者、育种从业者提供一定的帮助和指导，以期培育出更多更好的抗青枯病烟草品种。全书共 5 章，重点介绍青枯病的危害与病原菌分类，烟草与青枯雷尔氏菌互作机理，烟草青枯病抗性位点遗传定位与分子标记开发，烟草青枯病抗性鉴定评价体系及主要抗病品种（系）的抗性，烟草青枯病抗性种质对青枯雷尔氏菌代表性序列变种的抗性等。

本书的出版得到了中国烟草总公司基因组重大专项［110202001024（JY-07）和 110202201008（JY-08）］、中国农业科学院科技创新工程（ASTIP-

TRIC01）、中国烟草总公司山东省公司重点项目（202303）、中国烟草总公司福建省公司科技项目专项（2019350000240135）和中国烟草总公司贵州省公司科技项目（2021XM05）的大力资助，在此一并致谢！

本书编著过程中，中国农业科学院烟草研究所、云南省烟草农业科学研究院、贵州省烟草科学研究院、福建省烟草专卖局烟草科学研究所、中国烟草总公司重庆市烟草科学研究所、西南大学、安徽省农业科学院烟草研究所、广东省农业科学院作物研究所等提供了诸多重要资料，中国农业科学院烟草研究所相关同志协助资料整理，使本书得以日趋完善，在此谨致衷心感谢！

尽管全体编著人员为本书的撰写付出了极大的热情和努力，但因内容较多，编写时间仓促，加之编著人员水平有限，书中难免存在疏漏和不当之处，敬请广大读者批评指正，以便再版时修订完善。

著　者

2023 年 9 月

第一章

青枯病的危害与病原菌分类

青枯病是由革兰氏阴性细菌青枯雷尔氏菌（*Ralstonia solanacearum*）引起的细菌性植物枯萎病。青枯雷尔氏菌的寄主范围极为广泛，被认为是世界上最具破坏性的植物病害之一。

青枯雷尔氏菌被认为是一种具有多个遗传类群的异质种，统称为青枯雷尔氏菌复合种（*R. solanacearum* species complex，RSSC）。目前 RSSC 可分为种、演化类型、序列变种和克隆 4 个分类级别。

第一节　青枯病的危害与病原寄主范围

青枯雷尔氏菌是一种经土壤传播的革兰氏阴性细菌，可导致全球多种植物的致命枯萎病，称为细菌性枯萎病。青枯雷尔氏菌的寄主范围极为广泛，涉及 50 多个科的 450 多种植物。

一、青枯病的危害

青枯雷尔氏菌具有较高的致病性和多样性，在不同温度下可表现出不同的毒性（Denny，2007；Li et al.，2016），其引起的植物枯萎病（青枯病）严重影响了世界各地多种作物的产量和品质，在世界范围内造成广泛的毁灭性的损失（Choudhary et al.，2018），被认为是世界上最具破坏性的植物病害之一（Elphinstone，2005）。1864 年印度尼西亚首先报道在烟草上发现青枯雷尔氏菌，随后在马铃薯和番茄上也有青枯病的相关报道，青枯病从发现至今已有 150 余年历史；在我国首次报道青枯病的危害是在 1930 年，寄主植物为花生。

近年来青枯病在我国属于头号植物细菌性病害，造成了极大的经济损失（丁伟等，2018）。我国番茄产区青枯病日趋严重，已成为番茄生产的主要障碍（史建磊等，

2023）。我国长江以南地区番茄青枯病发生严重，不同栽培年份发病率为 10% ～ 80%，可造成番茄减产 16% ～ 41%。我国年产近亿吨的马铃薯受到青枯病的危害仅次于马铃薯晚疫病，其中演化型 IIB 对其影响范围最为广泛，在我国马铃薯的四大种植区域的 10 多个省（区、市）都有发生且危害范围正由南向北蔓延（王玉琦，2022），发病率在 10% ～ 15%，造成马铃薯减产 64% ～ 65%，严重时高达 80% 甚至绝产。辣椒青枯病病菌通过根系危害植株的输导系统导致植株因水分和营养匮缺而枯萎死亡，病害一旦发生，传播的速度很快，从而造成作物减产甚至绝收，辣椒上的青枯病近几年呈现逐年加重的趋势，在一定程度上阻碍了辣椒生产（严希等，2022）。姜瘟病即青枯雷尔氏菌在生姜上引起的细菌性枯萎病，早在 20 世纪 50 年代即有发生，通常造成损失 20% ～ 30%，在高温、高湿以及氮肥过量的情况下损失较大，重病田块损失高达 80% 以上，并且 3 ～ 5 年不能种植生姜，导致农民用地成本增加，造成严重的经济损失（付丽军等，2019）。花生青枯病在全球 20 多个国家均有发生，严重影响花生产量及品质（巩佳莉等，2022），我国花生种植面积约 7 000 万亩（15 亩 =1hm^2，全书同），青枯病遍布 13 个省（区、市），受灾面积占 10% ～ 16%；感病花生品种种植区平均减产 40%，严重时甚至颗粒无收；种植抗病品种可将发病率控制在 5%左右，但其产量较低；每年由青枯病引起的花生直接或间接经济损失在 20 亿元以上。

二、青枯雷尔氏菌的寄主范围

目前青枯雷尔氏菌的寄主范围极为广泛，涉及 50 多个科的 450 多种植物，包括茄科、豆科、姜属、芭蕉属以及灌木及乔木等植物，如马铃薯、番茄、木薯、烟草、茄子、辣椒、花生、香蕉、橡胶树、桉树、生姜、小豆蔻、腰果、橄榄等（潘哲超，2010；Choudhary et al.，2018）。寄主还包括木麻黄、甘薯、桑树、油橄榄、芝麻、红麻、兰麻、木棉、菜豆、沙姜、草毒、紫苏、藿香、白豆蔻、金光菊、龙葵、排草、罗汉果、一点红、美人蕉、姜花、黄穗和百日草、玉米、竺葵属植物等（Rossato et al.，2019；李信申等，2020）。据统计青枯雷尔氏菌在我国可以侵染 39 个科 90 多种植物，其中约有 20 多种植物是我国特有的，而茄科作物受害最为严重。

第二节　青枯雷尔氏菌的分类

根据青枯雷尔氏菌寄主范围及生化特性，可将其分为 5 个小种和 6 个生化变种。目前青枯雷尔氏菌被认为是一种具有多个遗传类群的异质种，在不同菌株间表现出高度的遗传多样性，统称为青枯雷尔氏菌复合种。通过序列比对和系统发育分析将 RSSC 分为假茄科雷尔氏菌（*R. pseudosolanacearum*）、茄科雷尔氏菌（*R. solanacearum*）、蒲桃雷尔氏菌（*R. syzygii*），进一步将 *R. syzygii* 分为 *R. syzygii* subsp. *Syzygii*、*R. syzygii* subsp. *indonesiensis* 和 *R. syzygii* subsp. *celebesensis* 3 个亚种。根据地理来源 RSSC 可分为种、演化类型、序列变种和克隆 4 个分类级别，通过多重 PCR 鉴定出 4 个演化类型分别为Ⅰ（亚洲）、Ⅱ（美洲）、Ⅲ（非洲和印度洋）和Ⅳ（印度尼西亚）。我国只存在亚洲和美洲分支菌株，其中亚洲分支菌株为国内青枯雷尔氏菌的优势菌系；属于亚洲分支的序列变种分别是 12、13、14、15、16、17、18、33、34、44、45、46、48 和 54、55、14M。

一、青枯雷尔氏菌传统分类

植物青枯雷尔氏菌属原核生物界（Procaryotae）、变形菌门（Proteobacteria）、伯克氏菌科（Burkholderiaceae）、雷尔氏菌属（*Ralstonia*），学名 *Ralstonia solanacearum*，曾用名 *Burkholderia solanacearum*、*Pseudomonas solanacearum*（Tjou Tam Sin NNA et al., 2017；朱朝贤等，2002）。

青枯雷尔氏菌传统分类公认双重分类系统，按寄主范围和致病力将青枯雷尔氏菌划分为不同的生理小种（Race）（Buddenhagen et al., 1962）；按青枯雷尔氏菌对 3 种双糖和 3 种已醇的氧化能力的差异划分为不同的生化变种（Biovar）（Hayward，1964）。根据寄主范围及生化特性，青枯雷尔氏菌分为 5 个小种和 6 个生化变种。侵染烟草和其他茄科植物的为 1 号小种（寄主范围较广）；侵染香蕉、大蕉和海里康等的为 2 号小种；侵染马铃薯偶尔侵染番茄、茄子但对烟草致病力很弱的为 3 号小种（Buddenhagen et al., 1962）；只对姜的致病力强而对番茄、马铃薯等其他植物的致病力很弱的称为 4 号小种；只对桑的致病力很强但对番茄、马铃薯、茄子、龙葵和辣椒的致病力很弱，对烟草、花生、芝麻、蓖麻、甘薯和姜不致病的称为 5 号小种（He et al., 1983）。

二、青枯雷尔氏菌演化类型分类

（一）青枯雷尔氏菌演化类型分类

基于致病性及寄主范围的生理小种分类以及基于菌株代谢特征的生化变种分类存在一定的局限性，不能体现病原菌在遗传进化及地理起源上的差异。

在第三届青枯病国际会议上 Fegan 和 Prior 共同提出了演化型分类框架（Phylotype classification shemes），用于描述青枯雷尔氏菌种以下的差异。该分类框架依次将青枯雷尔氏菌划分为种（Species）、演化型（Phylotype）、序列变种（Sequevar）以及克隆（Clone）4 个不同水平的分类单元，并建立了分别与之相对应的鉴定方法。与生理小种及生化变种分类方法相比，演化型分类框架是建立在青枯雷尔氏菌基因组长期缓慢累积而形成的遗传变异的基础上，可以更为准确地反映青枯雷尔氏菌的具体地理起源及种内的遗传多样性。其中，演化型Ⅰ包括所有来自亚洲的生化变种 3、4 和 5；演化型Ⅱ包括美洲的生化变种 1、2 和 2T；演化型Ⅲ包括非洲及其周边岛国的生化变种 1 和 2T；演化型Ⅳ包括印度尼西亚的生化变种 1、2 和 2T，在该演化型中还包含了澳大利亚和日本的菌株及青枯雷尔氏菌的近缘种 *Pseudomonas syzygii* 和侵染香蕉的血液病细菌（Blood disease bacterium，BDB）（Fegan and Prior，2005）。通过序列比对和系统发育分析将 RSSC 分为假茄科雷尔氏菌（*R. pseudosolanacearum*）、茄科雷尔氏菌（*R. solanacearum*）、蒲桃雷尔氏菌（*R. syzygii*），进一步将 *R. syzygii* 分为 *R. syzygii* subsp. *syzygii*，*R. syzygii* subsp. *indonesiensis* 和 *R. syzygii* subsp. *celebesensis* 3 个亚种（Prior et al.，2016；Remenant et al.，2010；Safni et al.，2014），揭示了青枯雷尔氏菌在在遗传进化和地理起源上的巨大差异（Prior et al.，2016）。演化型Ⅰ菌株的寄主范围最大，主要有烟草、花生、番茄、马铃薯、茄子、生姜等；演化型Ⅱ A 菌株则主要侵染番茄，演化型Ⅱ B 的寄主范围较之于Ⅱ A 更广泛一些，包括辣椒、马铃薯、香蕉等；演化型Ⅲ的寄主范围最小，主要是番茄；演化型Ⅳ菌株寄主范围有番茄、马铃薯、香蕉等（Paudel et al.，2020）。

随着新一代测序技术的发展，越来越多的“青枯雷尔氏菌”基因组序列的测序将有助于进一步对其进行基因组分析和分类。

（二）我国青枯雷尔氏菌演化类型

基于演化型分类框架，潘哲超（2010）对国内 13 个省份、18 种不同寄主植物上的 286 个青枯雷尔氏菌株的研究结果表明，中国青枯雷尔氏菌种内具有丰富的遗传多样性，中国只存在亚洲和美洲分支菌株，其中演化型Ⅰ生理小种 1 分布最为广泛，其寄主范围也是最多样的，包括一些茄科植物、生姜、花生、胡椒等；演化型Ⅱ青枯雷尔氏菌菌株在我国的分布则相对狭窄，目前主要在广东、贵州、山东、台湾等省份发现，演化型Ⅱ菌株寄主范围也相对狭窄，目前只在茄子、马铃薯、木瓜、番茄中发现，其中番茄中分离得到的演化型Ⅱ菌株只在台湾发现（Pan et al.，2009），未发现非洲和印尼分支菌株（Ⅲ、Ⅳ）。亚洲分支菌株为国内青枯雷尔氏菌的优势菌系，属于亚洲分支的 10 个序列变种分别是 12、13、14、15、16、17、18、34、44、48；1 个美洲分支的序列变种，鉴定出新的 3 个序列变种 34、44 和 48。2016 年和 2017 年分别从烟草、马铃薯、花生、笋瓜中分离得到 5 个序列变种 45、46、54、55、14M（Liu et al.，2016）。根据演化型分类框架，烟草青枯雷尔氏菌株均归属于演化型Ⅰ型的序列变种 13、14、15、17、33、44、54、55。桑青枯雷尔氏菌划分为序列变种 12、44、48。姜青枯雷尔氏菌分别归属于序列变种 14、16 和 18。马铃薯青枯雷尔氏菌分别归属于演化型Ⅰ序列变种 13、18 和演化型Ⅱ序列变种 1。寄主植物上分离得到的青枯雷尔氏菌菌株遗传进化关系也复杂多样，对于这种同一寄主植物上存在的菌株多样性现象需要进一步深入地探索（张丹，2022）。

第三节　烟草青枯雷尔氏菌的危害与分类

烟草青枯病在我国长江流域及其以南烟区普遍发生，近些年来该病逐渐有扩展蔓延至北方烟区的趋势，国内已有 33 个省（区、市）报道有青枯病发生。我国烟草青枯雷尔氏菌的传统分类为 1 号生理小种生化变种 3。演化型分类为演化型Ⅰ序列变种 13、

14、15、17、34、44、54、55。烟草青枯雷尔氏菌表现出丰富的遗传多样性。

一、烟草青枯雷尔氏菌的危害

烟草青枯病1880年被发现于美国的北卡罗来纳州格兰维尔（Granville县名），当时被广泛称为格兰维尔凋萎病，在爪哇和苏门答腊被称为“黏液病”（Slime disease），在日本又被叫作“Kuromushi”“Ichobyo”和“Tachigarebyo”病，在中国则俗称“烟瘟”“半边疯”（朱贤朝等，2002）。1940年前后该病在美国和印度尼西亚危害严重，此后又逐渐成为日本、澳大利亚、韩国等许多产烟国家烟草上重要的细菌性病害。

我国烟叶种植区域广泛分布在山区、丘陵和平原地区。烟草青枯病在我国长江流域及其以南烟区普遍发生，其中以广东、福建、湖南、四川及贵州烟区危害最为严重，个别年份的暴发流行可造成毁灭性损失。近些年来该病逐渐有扩展蔓延至北方烟区的趋势，山东、河南、陕西及辽宁等省均有该病发生的报道，且局部地区危害较重（潘哲超等，2012）。近几年来烟草青枯病大面积发生，在17个烟草主要种植省（区、市）中就有14个发生过青枯病，其中广东、福建、湖南、四川及贵州等省份危害最为严重，导致了巨大的经济损失。青枯病在烟草上的发病率为15%～35%，但在一些严重发生地区或者是常发区发病率可达75%，甚至更高。在高温、高湿和单一种烟草的地区产量减少幅度在50%～60%，在极端暴发期甚至可达100%（丁伟等，2018；李世斌等，2023）。

二、烟草青枯雷尔氏菌的分类

（一）烟草青枯雷尔氏菌传统分类

基于青枯雷尔氏菌传统双重分类系统，烟草青枯雷尔氏菌为1号生理小种生化变种3。

（二）烟草青枯雷尔氏菌演化类型

基于演化类型分类，来自美国佐治亚州、北卡罗来纳州、南卡罗来纳州、佛罗里达州的147个分离自番茄、辣椒、烟草等茄科作物的青枯雷尔氏菌的演化型分类表明，所有菌株均为演化型Ⅱ序列变种7（Hong et al.，2012）。对北卡罗来纳州184株烟草青枯雷尔氏菌演化型分类表明，北卡罗来纳州烟草青枯雷尔氏菌为演化型Ⅱ生理小种1生化变种1。这些菌株的遗传多样性较低，但是来自不同田块菌株之间的致病力差异显著，致病力与烟草品种之间没有紧密的联系（Katawczik et al.，2016）。

对来自福建省的45个青枯雷尔氏菌演化类型及生化变种的鉴定结果表明，45个菌种均为演化型Ⅰ，其中，有43个菌株属于亚洲分支的青枯雷尔氏菌生化变种3，一个属于生化变种4，一个为非标准型生化变种（徐进等，2010）。对来自福建和贵州省的62个烟草青枯雷尔氏菌株的鉴定结果表明，所有参试菌株均归属于青枯雷尔氏菌亚洲分支的 4 个序列变种，分别为序列变种 15、17、34 和 44；尚未发现归属于美洲或非洲分支的烟草青枯病菌株；其中序列变种 15 和 17 为优势菌系，序列变种 34 的菌株都来自福建省，这些菌株只发现 3 个菌株属于序列变种 44（潘哲超等，2012）。针对湖北地区 48 个烟草青枯雷尔氏菌进行系统发育学分析并进行序列变种鉴定，结果表明，供试菌株属于青枯雷尔氏菌亚洲分支（演化型）的 3 个序列变种，分别为序列变种 15、17 和 44，未发现我国已报道的烟草青枯雷尔氏菌序列变种 34；其中序列变种 17 和 44 为优势菌系且均来源于恩施地区，序列变种 15 仅包含来源于十堰地区的 3 个菌株。研究表明，湖北地区烟草上的青枯雷尔氏菌存在一定程度的遗传分化（刘海龙等，2015）。对江西省抚州烟区 33 株青枯雷尔氏菌的鉴定结果表明，菌株均属于亚洲分支（演化型Ⅰ），包括序列变种 13、15、17 和 34，其中，地理来源具有较强相关性的序列变种 15 菌株为优势菌株（胡利伟等，2018）。

对我国 4 个主要植烟区分离得到的 86 株青枯雷尔氏菌的遗传多样性和致病力系统研究表明，所有菌株均为演化型Ⅰ序列变种 13、15、17 和 34，发现 13 和 14 序列变种也能侵染烟草，另外发现一个新的序列变种，命名为 54；不同区域的烟草青枯雷尔氏菌表现出不同的遗传多样性水平，地理分布越往北烟草青枯雷尔氏菌的遗传多样性越低；序列变种和致病型间不存在明显的相关性（Li et al.，2016）。对我国不同海拔 4 个主要植烟区分离得到的 97 株青枯雷尔氏菌序列变种分布研究表明，所有菌株均为演化型Ⅰ序列变种 13、14、15、17、34、44、54，并在高原地区新发现序列变种 55；中国东南部包含有 6 种序列变种，长江流域和西南地区有 5 种序列变种，黄淮地区、靠近中国北部仅有序列变种 15；序列变种分布与纬度相关联，序列变种 15 在低纬度地区占绝对优势，54 和 55 序列变种从中纬度到高纬度均有分布，烟草青枯雷尔氏菌演化型Ⅰ具有多样性（Liu et al.，2017）。

对我国主要植烟区烟草青枯病鉴定病圃中青枯雷尔氏菌进行系统发育研究表明，云南文山州广南县病圃中的菌株为序列变种 17 和 54，福建泰宁县的菌株为序列变种 34，福建三明市三元区的菌株为序列变种 15 和 34，广东白云区的菌株为序列变种 15 和 17，广东南雄市的菌株为序列变种 15、17 和 34，安徽宣城市宣州区的菌株为序列变种 34 和 54，贵州福泉的菌株为序列变种 17，重庆彭水的菌株为序列变种 17。研究发现，同一病圃中存在多个青枯雷尔氏菌序列变种，某些病圃同一地块中植株分离所得菌株与土壤分离所得菌株序列变种不一致。进一步证实了青枯雷尔氏菌具有丰富的遗传多样性（谭茜等，2022）。

第二章
烟草与青枯雷尔氏菌互作机理

第一节　青枯雷尔氏菌的遗传与致病多样性机制

中国农业科学院烟草研究所对来源于不同地理位置和分离条件的 131 株青枯雷尔氏菌进行了遗传和致病多样性机制解析，青枯雷尔氏菌不同种间的 CDS、蛋白质和基因组大小存在显著差异，基因组具有复杂性和多样性；菌株之间在核心基因组、全基因组和泛基因组水平均具有高度系统发育多样性和较为明确的进化关系。青枯雷尔氏菌的核心毒力基因组在其致病过程中发挥了重要功能；不同的附属基因组和特异性基因可能导致菌株对不同宿主的致病性不同并可能是导致某些菌株具有宿主特异性的原因。不同菌株中的分布多样的大分子分泌系统对青枯雷尔氏菌的基因组可塑性和致病性起关键作用。在不同类群和菌株间毒力因子（Virulence factors，VFs）和移动遗传元件（Mobile genetic elements，MGEs）呈现显著差异分布，需要更多的研究来探索它们的功能和潜在的致病作用。从伯克氏菌目中推断而来的水平基因转移事件（Horizontal gene transfer，HGT）在青枯雷尔氏菌基因组的可塑性和遗传多样性方面发挥了很大作用。

一、青枯雷尔氏菌全基因组相关性和特征

对来源于不同地理位置和分离条件的 131 株青枯雷尔氏菌全基因组序列进行分析。通过计算平均核苷酸同源性（Average Nucleotide Identity，ANI）值来评估这些菌株之间的遗传相关性，发现青枯雷尔氏菌的 ANI 值在 91.47 %～99.99 %，可分为 3 个不同的组（图 2-1）。其中 82.6 % 的菌株的 ANI 值小于 95.0 %，反映了这些菌株之间存在较大的遗传距离。三组之间在相似性上存在差异，组 1 与组 2 的相似度为 92.2 %，组 1 与组 3 的相似度为 91.7 %，组 2 与组 3 的相似度为 92.9 %。但不同类群内的菌株之间的相似性均大于 95 %。因此，上述 131 株青枯雷尔氏菌可分为 3 个不同的种。研究发

现，青枯雷尔氏菌基因组长度从 3 417 386 bp 到 6 147 432 bp。平均包含 5 045 个 ORF（开发阅读框），其中最少的有 3 218 个 ORF，最多的有 6 349 个 ORF。以上研究深入揭示了青枯雷尔氏菌基因组的复杂性和多样性。

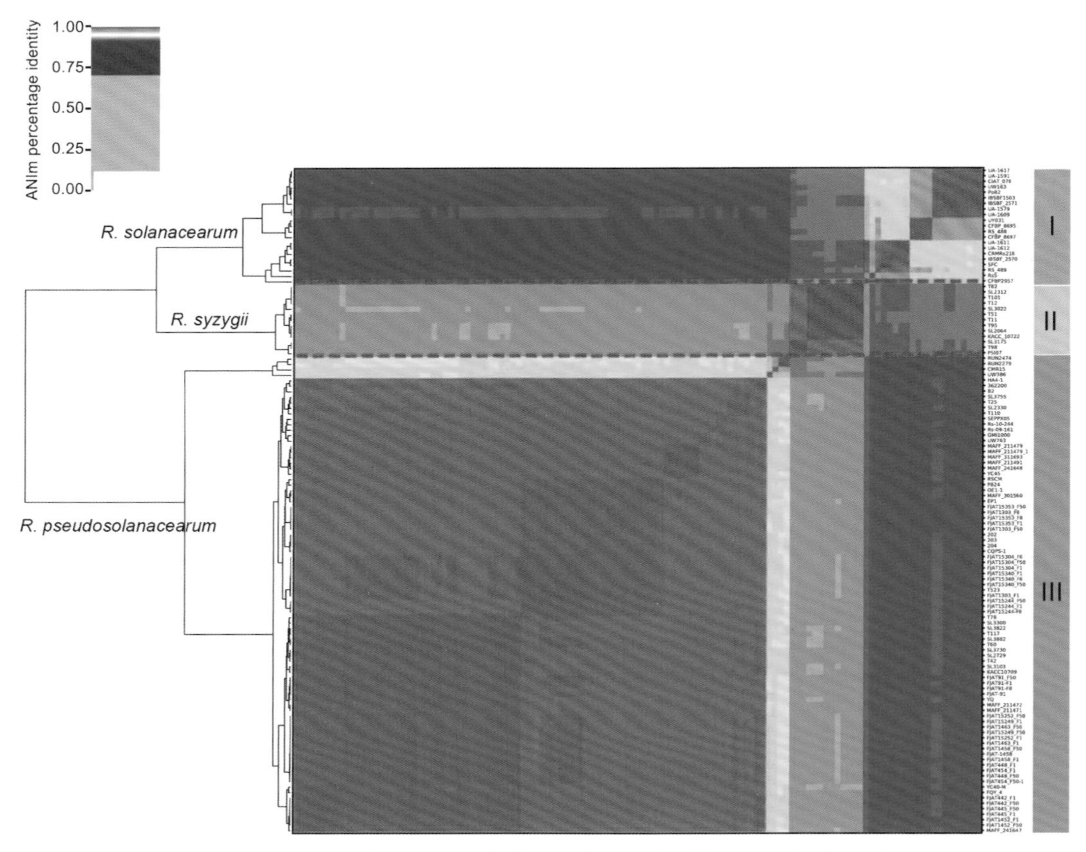

图 2-1　131 株青枯雷尔氏菌基于全基因组比对构建的系统发生树

二、青枯雷尔氏菌泛基因组

利用 131 个菌株的基因组序列构建并分析了青枯雷尔氏菌的泛基因组。共鉴定出 32 961 个非冗余的基因家族，包括 1 263 个核心基因家族、19 911 个附属基因家族和 11 787 个特异性基因，分别分布在 129 个基因组、2 个以上基因组和单个基因组中（图 2-2 A）。青枯雷尔氏菌基因累积曲线表现为开放式的泛基因组结构（图 2-2 B）。青枯雷尔氏菌的泛基因组基因家族相对较大，包括附属基因家族（60.4%）和特异性基因（35.8 %）在内的非必需基因组所占比例（96.2 %）远远超过了核心基因家族（3.8 %），反映了这些青枯雷尔氏菌菌株间存在较高的遗传多样性（图 2-2 C）。附属基因在不同菌株间的分布具有很大的差异，从 1 773 个基因到 4 011 个基因，两者之间大致相差 2.32 倍。有 14 个菌株具有庞大的附属家族，占全基因组的 76.0 % 以上。同样特异性基因在菌株间也存在显著差异。青枯病菌 NCPPB_3445 的特异基因数最高（696 个）

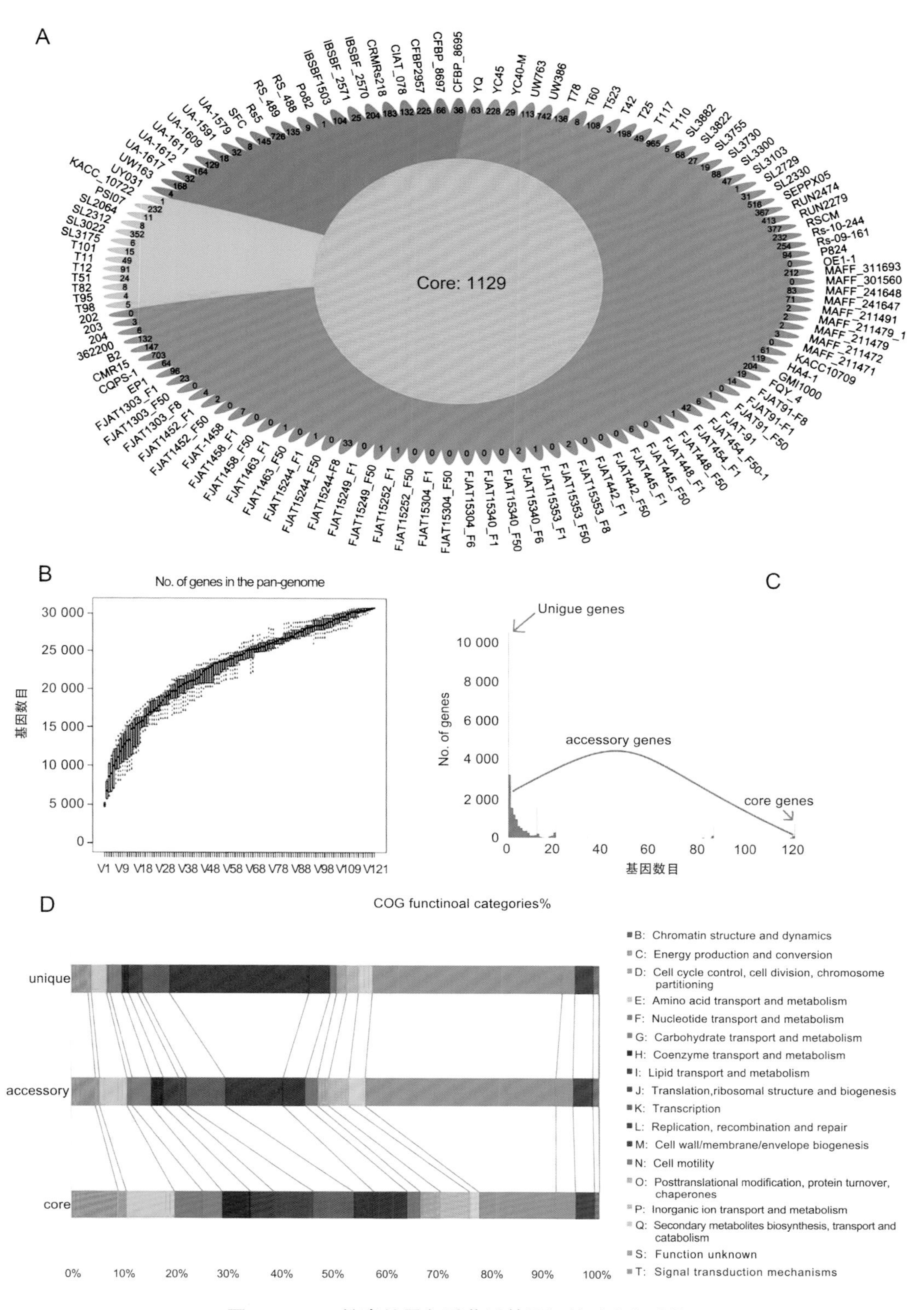

图 2-2 131 株青枯雷尔氏菌泛基因组的形态和功能

占全基因组的 16.7%，还有 20 个菌株泛基因组中没有特异性基因。蛋白质同源基因簇（COGs）分析提示，附属基因组和特异性基因在结合和代谢过程等功能方面表现出富集（图 2–2 D）。这些不同的附属基因组和特异性基因可能是导致这些菌株对不同宿主的致病性不同，并可能是导致某些菌株具有宿主特异性的原因。

R. pseudosolanacearum 与 *R. solanacearum* 和 *R. syzygii.* 相比，泛基因组亚基因组最大。进一步分析发现，*R. pseudosolanacearum* 亚泛基因组中共有 14 627 个基因家族，其中 1 719 个核心基因家族、6 640 个附属基因家族和 6 268 个特异性基因。同样 *R. syzygii.* 有 6 616 个基因家族（包括 893 个核心基因、2 928 个附属基因和 893 个特异性基因），*R. solanacearum* 的 7 493 个基因家族包括 1 193 个核心基因、3 576 个附属基因和 2 724 个特异性基因。如此多的基因只出现在一个物种中，这可能与其特异性有关，可以为研究该物种的致病性和宿主特异性提供很好的基因资源。3 个类群的泛基因组和亚泛基因组的明显差异表明 3 个物种之间存在巨大的差异。

三、基于核心基因组及全基因组的青枯雷尔氏菌系统发育

对 131 株青枯雷尔氏菌从多个角度进行了系统发育分析。构建了 131 株青枯雷尔氏菌的系统发育树，结果表明菌株之间具有高度系统发育多样性和较为明确的进化关系（图 2–3 A）。基于拓扑结构和进化距离核心基因组树可以被划分为 3 个不同的类群，且与基于 ANI 值构建的全基因组树中的 3 个类群一致，核心基因组进化树中 3 个不同的类群的菌株的分布与其在全基因组进化树中的分布也一致（图 2–3 B）。为了进一步探讨青枯雷尔氏菌的系统发育关系，构建了泛基因组水平上的进化树同样显示出了较高的系统发育的多样性。泛基因组树可分为 4 个不同的群组与核心基因组系统发育树表现出相似的进化关系。检测发现，在 131 个菌株中 A 组 5 个菌株的特异性基因数量最大，其中非必需基因组占全基因组的 76 % 以上。其他类群与核心基因组树中的分支相似，B 类群和 C 类群的菌株数量分别与核心基因组 Clade Ⅱ 和 Ⅰ 类群相同。在泛基

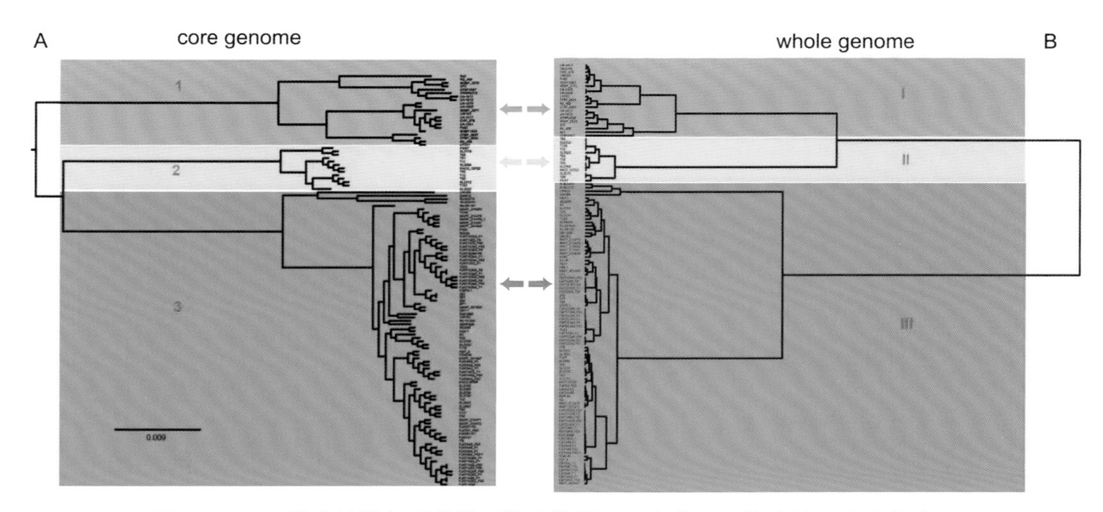

图 2–3　131 株青枯雷尔氏菌基于核心基因组和全基因组构建的系统进化关系

因组树中亲缘关系较近的谱系共享了更多的附属基因和特异性基因，这可能导致了其表现出不同的进化过程。泛基因组系统发育分析将有助于物种系统发育重建的进化分析，这些不同的方法有助于以不同的方式来探索 RSSC 的多样性。

四、各菌株毒力因子与青枯雷尔氏菌泛基因组

细菌毒力因子的鉴定有助于了解其致病机制。在 131 个青枯雷尔氏菌菌株中共检测到 62 144 个毒力基因，平均每个菌株含有 474 个毒力基因（图 2–4 A）。菌株 RS10 的毒力基因数量最高为 792，菌株 CFBP2957 的毒力基因数量最低为 257，分别占其基因组的 15.1 % 和 7.6 %。青枯雷尔氏菌的核心毒力基因组主要与黏附、免疫逃逸和离子调控等功能有关，占全部毒力组的 50.0 %，在青枯雷尔氏菌的致病过程中发挥了重要功能。此外，检测到 37 个与多糖合成相关的核心毒力基因（包括 EPS、LPS、LOS 和 CPS）这些基因可能参与了免疫逃逸过程，因为 EPS 被认为是青枯雷尔氏菌中含量丰富且不可或缺的毒力因子。离子调控系统可以促进微生物的致病能力，在微生物水平的铁竞争和植物保护中发挥重要作用。在青枯雷尔氏菌的核心毒力因子中，经检测到 22 个与离子调控相关的基因。附属基因组中的毒力因子主要涉及分泌系统、黏附、离子吸收和调节，占所有附属毒力因子的 66.6 %（1 949 个中有 1 299 个）。在这些分泌系统基因中绝大部分（80.0 %，786 个中有 629 个）属于 T3SS，表明该类型的分泌系统在青枯雷尔氏菌致病过程中发挥了决定性的作用。在附属毒力基因组中发现 4 个附属基因家族与 DevR（控制分歧杆菌缺氧反应的反调控因子）相关，这将有助于后续开展青枯雷尔氏菌对不同寄主和环境的适应性等方面的研究。特异性基因中主要的毒力因子包含分泌系统、黏附、毒素和免疫逃逸等，占所有特异性毒力因子的 81.5 %。同时也发现有 70 个菌株没有任何特异性毒力因子，还发现 20 个菌株具有单独的特异性毒力因子，30 个菌株中的特异性毒力因子数量少于 10 个，这些毒力因子的出现很可能与菌株的致病性和宿主特异性相关联，为后续开展相关的工作提供了丰富的基因资源。泛毒力组分析可为研究青枯雷尔氏菌的致病性和寄主特异性提供新的视角和丰富的资源。

五、青枯雷尔氏菌核心基因组和附属基因组进化

为了鉴定青枯雷尔氏菌中关键功能基因的变化，选择覆盖 84 个菌株的 1 263 个核心基因家族和 2 748 个附属基因家族，通过测定非同义与同义替换比率（dN / dS）来表征其进化变化。发现所有核心基因家族和 98.7 % 的附属基因家族的 dN / dS 值均小于 1，其平均值分别为 0.09 和 0.18。99.6% 的核心基因组和 91.3 % 的附属基因组的 dN / dS 比值小于 0.25，表明了青枯雷尔氏菌存在较强的纯化选择。还发现在附属基因组中有 36 个基因的 dN / dS 值大于 1，表明这些基因是正选择。检测了核心和附属基因家族的 GO 功能，发现核心和附属基因都在细胞过程、代谢过程和催化活性中富集。氧化还原酶复合物、细胞器、转运体复合物和细胞外围的 GO 类别在核心基因和附属基因

之间存在明显差异（图 2–4B）。同时参与胞内、外包被结构部分、细胞部分、膜部分和含蛋白复合物的基因比参与其他功能的基因具有更强的进化约束（$p < 0.01$），说明核心基因和附属基因在青枯雷尔氏菌进化过程中面临不同的选择压力。

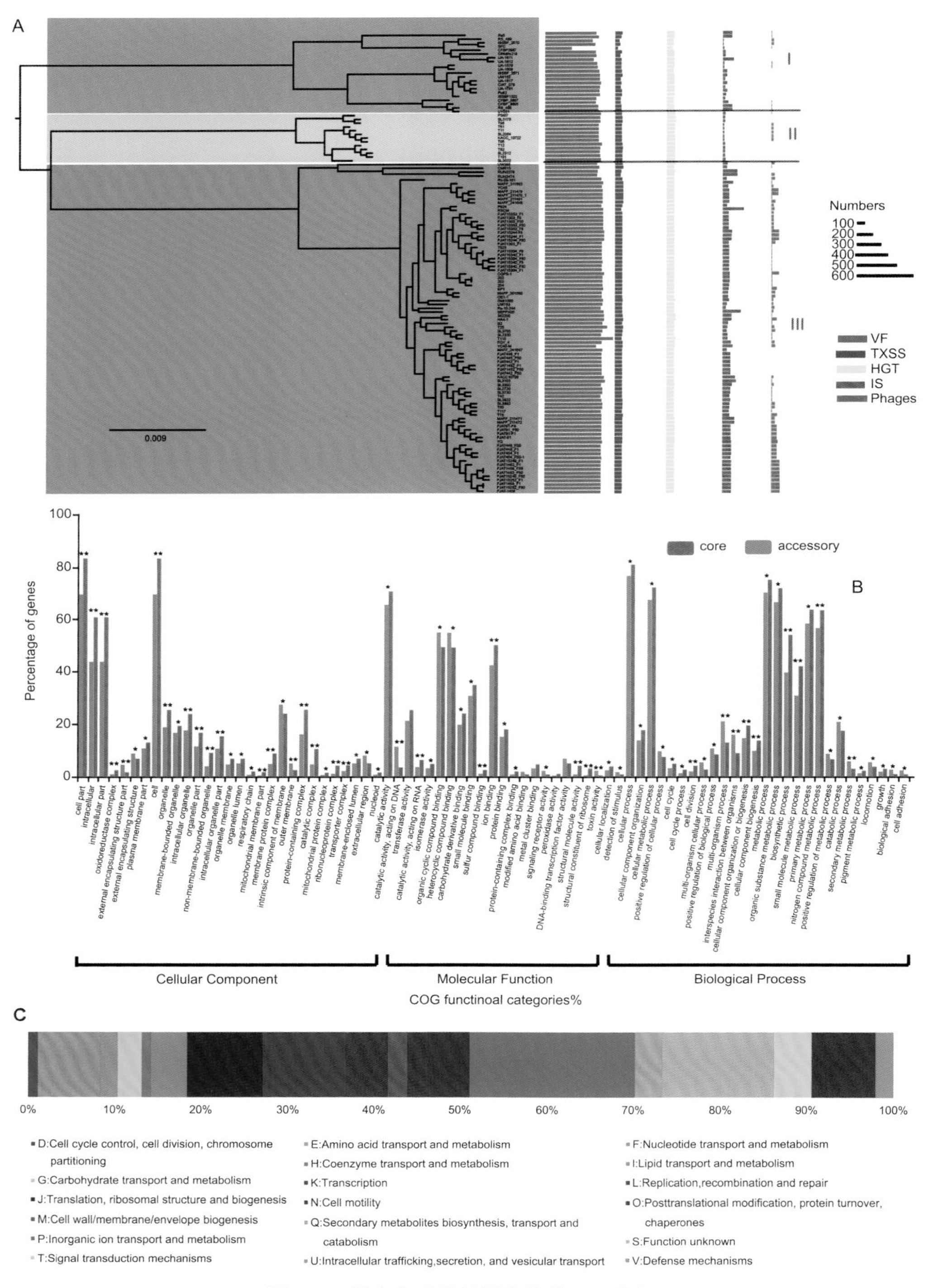

图 2–4　核心和附属基因家族的 GO 分析

六、大分子分泌系统反映的青枯雷尔氏菌致病潜力

细菌可以借助多种分泌系统将蛋白分泌到细胞外环境中甚至将其注入邻近细胞，这对于细菌适应性和致病性至关重要。利用 MacSyFinder 软件检测了各类分泌系统的分布和组成。鞭毛、Ⅰ型分泌系统（T1SS）、T2SS、T3SS、T5SS（包括 T5aSS、T5bSS 和 T5cSS）、T6SS、T4P 系统和 Tad 系统广泛分布于 131 株菌中，pT4SSt 和 T4SSt 散在分布于多个菌株中。T1SS 在外源性和毒性化合物中发挥了重要作用，包括抗生素、毒力因子和黏附分子。结果表明，在 131 株菌中有 102 个基因组中存在 2 个 T1SS 基因簇，在 28 个基因组中存在 1 个 T1SS 基因簇，而在 CFBP2957 中未发现 T1SS 基因簇。同样 T2SS（130/131）、T3SS（129/131）、T4P（130/131）和 Tad（128/131）几乎可以覆盖所有菌株，表明这些分泌系统的存在可能代表了青枯雷尔氏菌的一般特征并对其基因组可塑性和致病性起关键作用。

七、移动基因元件介导的青枯雷尔氏菌基因组可塑性

可移动基因元件（MGE）具有高度多样性，包括噬菌体、质粒和基因岛（GI），它们介导 DNA 的获得并促进不同进化起源的基因模块在不同的物种之间传播。在 131 个青枯雷尔氏菌的各基因组中均检测到了前噬菌体和 GI 的存在。在 131 个基因组中共发现了 4 113 个原噬菌体，平均每个菌株含有 31.4 个。另外还发现 3 个不同类群的青枯雷尔氏菌含有的前噬菌体数量也不同。类群Ⅲ中的前噬菌体最多平均为 44.87 个，类群Ⅰ和类群Ⅱ的菌株含有前噬菌体的数量分别平均为 6.72 个和 9.83 个。GIs 被认为是细菌基因组中通过水平基因转移获得的一组基因，并可能给基因组带来进化优势使其能够适应新的环境或产生新的致病因子。GIs 在泛基因组水平上的分布可以揭示青枯雷尔氏菌的 HGT 事件的状况及其在基因组进化中发挥的功能。共获得 13 425 个 GIs，平均每个菌株 102 个，不同种类的 RSSC 存在明显差异，Clades Ⅰ、Ⅱ和Ⅲ的平均数目分别为 75、74 和 115 个（图 2-4A）。131 个青枯雷尔氏菌泛基因组中共检测到 30 395 个基因家族（占所有基因家族的 92.2 %）存在 GIs，包括 4 594 个噬菌体。其中，发现了 109 株菌中含有 15 种不同类型的青枯雷尔氏菌属噬菌体和 2 种伯克霍尔德菌属噬菌体。这些噬菌体具有广泛的宿主范围，可感染多种宿主菌株。phiRSA1 是青枯雷尔氏菌泛基因组中数量最多的噬菌体（3 547 个）占所有噬菌体的 77.2 %，这些菌株主要集中在 Group Ⅲ。此外还在 6 个青枯雷尔氏菌株中检测到了 27 个伯克霍尔德菌噬菌体，表明其他伯克氏菌属种的细菌对青枯雷尔氏菌存在水平基因转移现象并且有利于青枯雷尔氏菌的环境适应和致病性。

八、青枯雷尔氏菌 HGT 的检测和功能

在 131 个菌株中共检测到 13 363 个基因与水平基因转移相关联，平均每个基因组有 102 个 HGT 相关的基因（图 2-4A）。其中 RS10 含有 237 个 HGT 相关的基因，是

所有菌株中数量最多的。此外，19 个菌株均含有超过 110 个 HGT 相关的基因。T98 和 SL3175 位于核心基因组进化树的 Clade Ⅱ和泛基因组进化树的 b 群，具有相同数量的非必需基因组（76.4%）且基因组大小和毒力因子数量也相同。此外在染色体上还发现了 60kb 长的整合性结合元件（ICEs），证明了它们具有高度相似的进化距离。UW386、362200 和 GMI1000 属于 Clade Ⅲ，但在核心基因组进化树和全基因组进化树中表现出了明显的进化差异。这 5 个菌株的系统发育多态性表明，HGT 在青枯雷尔氏菌的进化和基因组多样性中发挥了重要的作用。通过 HGT 获取的新的基因能够促使细菌产生一些新的性状，并可能带来适应性方面的优势。青枯雷尔氏菌中的 HGT 基因主要来自伯克霍尔德菌属（81.2%）、草酸杆菌科（3.3%）和珍稀杆菌属（1.0%）。一般认为来源于相似物种、能够直接影响竞争和适应的 HGT 基因在细菌的菌株间转移效率是最高的。在附属基因组中发现了 8 139 个 HGT 的基因家族（占全部 HGT 的 72.1%）在‘P：无机离子转运与代谢’、‘K：转录’和‘E：氨基酸转运与代谢’等功能中被富集（图 2-4 C）。此外只有少数的特异性基因是 HGT 基因（0.96%；11 286 个基因中有 78 个基因），主要富集在“U：细胞内运输分泌和囊泡运输”“L：复制重组和修复”和“E：氨基酸运输和代谢”等功能。此外，还发现青枯雷尔氏菌的核心基因组中也存在 HGT 现象。在青枯雷尔氏菌的进化过程中共有 3 072 个核心基因家族具有潜在的 HGT 事件，并被富集在“P：无机离子运输和代谢”“U：细胞内运输、分泌和囊泡运输”和“J：翻译、核糖体结构和生物合成”等功能。在其他研究中通过系统发育比较的方法也表明青枯雷尔氏菌之间的水平遗传交换在其进化过程中发挥了很大的作用。这些基因可通过无机离子的运输助力其能量平衡或者提高了青枯雷尔氏菌在逆境中的防御能力。

第二节　烟草青枯雷尔氏菌关键致病效应因子

一、全国各生态区代表致病型烟草青枯雷尔氏菌基因组

西南大学对全国各生态区的 107 株烟草代表致病型青枯雷尔氏菌菌株进行了基因组分析。基于单核苷酸多态性（Single Nucleotide Polymorphism，SNP）的进化分析、群体遗传结构分析，结果表明（图 2-5 和图 2-6），全国代表菌株可被聚类到 7 个分支中，存在遗传多样性。将各菌株的序列变种、K=7 的 STRUCTURE 结果与 SNP 的进化树进行对应分析，结果表明，大部分同一序列变种的菌株能很好地聚到同一分支下，仅有部分菌株未聚类到，其中序列变种 13、14 的菌株与序列变种 17、34、44、54 的个别菌株难以分离。序列变种 17 在 STRUCTURE 分析中具有两种分化（图 2-7 的红色和黄色外圈）。尽管序列变种 55（R539 和 R604）归入序列变种 34 大部分菌株的结构分层（粉色）中，但其同时具有不同簇（蓝色、灰色、紫色）的遗传信息（图 2-6），说明序列变种这一分类方法能代表大部分菌株的种下分类情况，但也有部分菌株的结果存在出入，可能由于在进化的过程中与其他菌株的遗传信息进行了杂合。

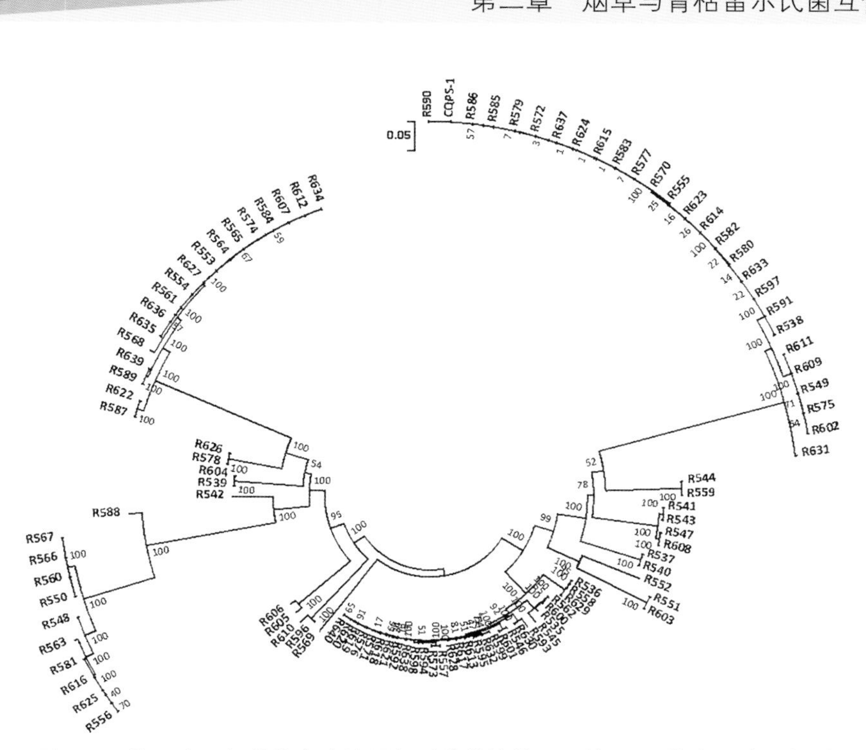

图 2-5　基于全国烟草代表青枯雷尔氏菌菌株基因组的 **SNP** 构建系统进化树

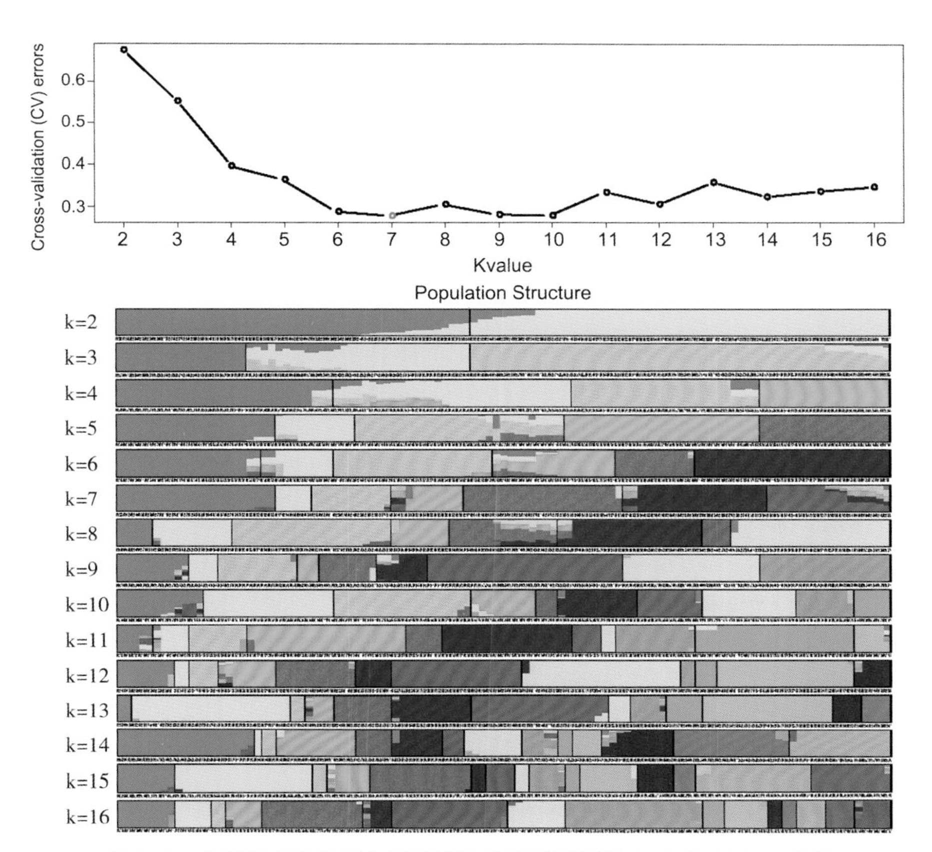

图 2-6　全国烟草青枯雷尔氏菌群体的交叉验证及 **STRUCTURE** 分析

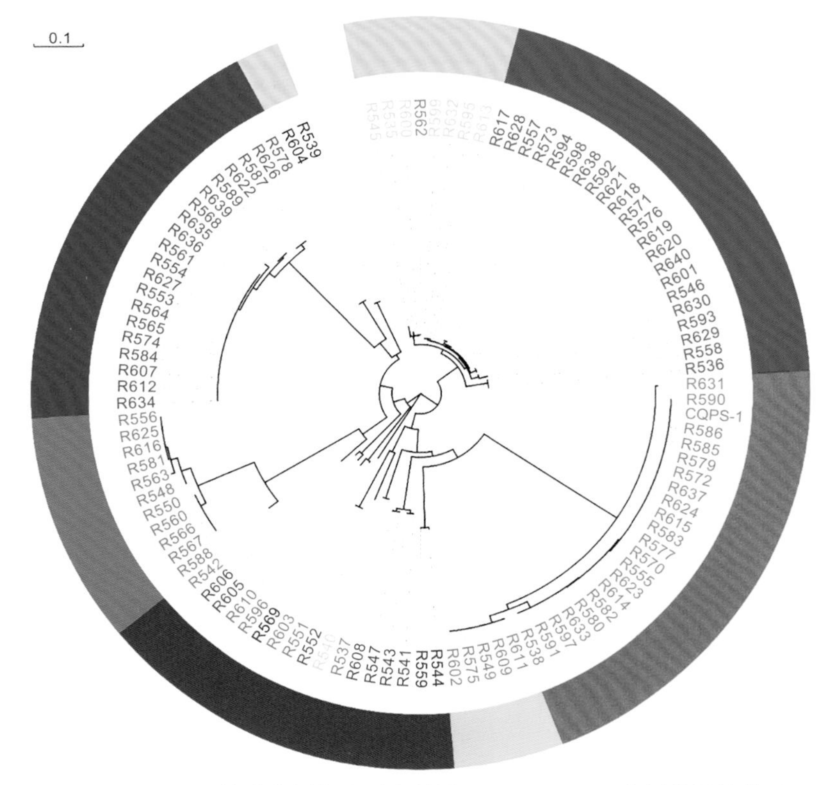

图 2-7　SNP 系统进化树与序列变种及 STRUCTURE 分析结果的关系

（注：菌株编号的颜色代表不同的序列变种，其中紫色—sequevar 13；暗红色—sequevar 14；绿色—sequevar 15；红色—sequevar 17；粉色—sequevar 34；灰色—sequevar 44；蓝色—sequevar 54；黑色—sequevar 55。进化树外圈的不同颜色对应 STRUCTURE 分析中 7 个分层）

二、烟草青枯雷尔氏菌的侵染特性

青枯雷尔氏菌在宿主植物的侵染过程可分为 5 个连续的步骤：①根部侵染；②穿越根皮层；③增殖；④表型转变和胞外多糖分泌积累；⑤植物发病死亡和病原菌的传播。最初入侵植物体内的病原可以被认为是有效侵染种群。设置浓度为 5×10^7 cfu/mL 的菌液进行灌根接种，每日随机选取幼苗，记录每株的发病指数后取茎基部组织，表面消毒后磨碎 10 倍梯度稀释并涂板计算组织带菌量。绘制植物体内青枯雷尔氏菌的带菌量与随时间变化的动力学曲线。由结果可知，植株体内的带菌量随着侵染时间的延长浓度逐渐增高，在保持稳定一段时间后开始降低（图 2-8）。

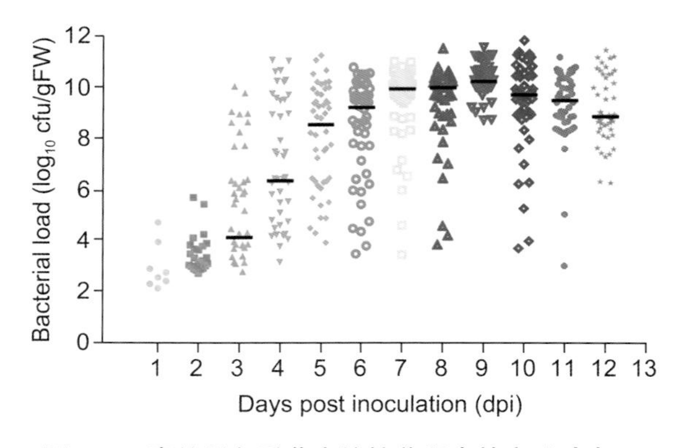

图 2-8　青枯雷尔氏菌在植株茎秆中的定殖动态

三、烟草青枯雷尔氏菌与烟草品种（系）互作的关键效应蛋白

对全国各代表烟草青枯雷尔氏菌的三型分泌系统效应子进行了比较分析，从中筛选得到 12 个核心效应蛋白，又选取了 CQPS-1 菌株的 28 个非核心效应蛋白，对 40 个效应蛋白进行了功能验证。

在供试烟草实验材料中瞬时表达了青枯雷尔氏菌的 40 个效应蛋白，以明确青枯雷尔氏菌的致病特性以及菌株效应蛋白与不同烟草种质资源材料的互作表型差异。以 CQPS-1 的 DNA 为模板经 PCR 扩增获得了 40 个效应蛋白片段，再利用分子技术将扩增的效应蛋白片段导入植物瞬时表达载体 pGWB505 中。然后将构建好的瞬时表达载体质粒通过电击法转化到农杆菌 GV3101 中（图 2-9）。以菌株 RipAA-GMI1000 作为阳性对照，LTI6b 作为阴性对照，将 12 个核心效应蛋白注射到 GDSY-1、22-326、2015-614、G3、HN2146、岩烟 97、贵烟 14 和红花大金元等烟草材料上。培养至第 9d，Rip61 在高抗品种 GDSY-1 上出现表型，GDSY-1 叶片出现明显的黄化和轻微的坏死，其余效应蛋白在烟草叶片上无肉眼可见的表型（图 2-10）；将 27 个非核心效应蛋白注射到不同烟草抗性资源材料叶片上，在注射后 5d 观察互作表型，结果表明只有 Rip28 在所有注射的烟草植株叶片上产生严重的过敏性坏死反应，其他效应蛋白注射后烟草叶片无相关表型，如图 2-11 所示；继续培养至第 9d，效应蛋白 Rip26 在高抗品种 GDSY-1 上出现轻微黄化和坏死现象，其他效应蛋白未出现此现象，如图 2-12 所示。

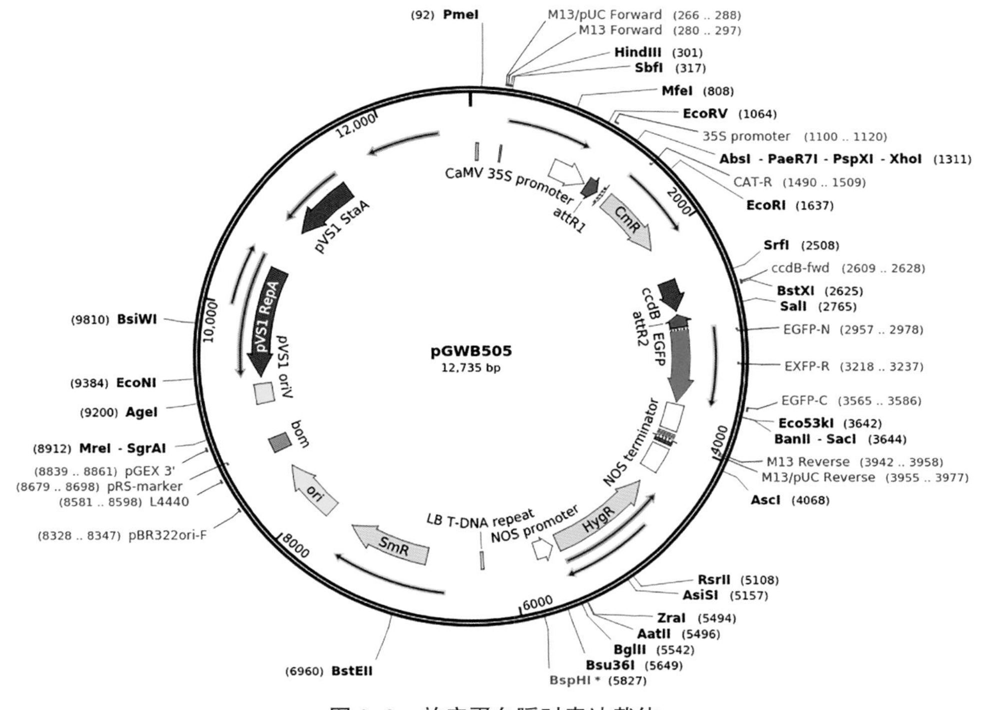

图 2-9 效应蛋白瞬时表达载体

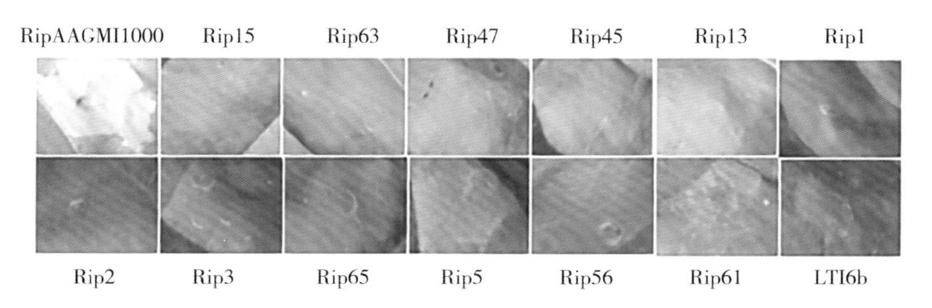

图 2-10　农杆菌介导的核心效应蛋白在 GDSY-1 上瞬时表达表型（第 9d）

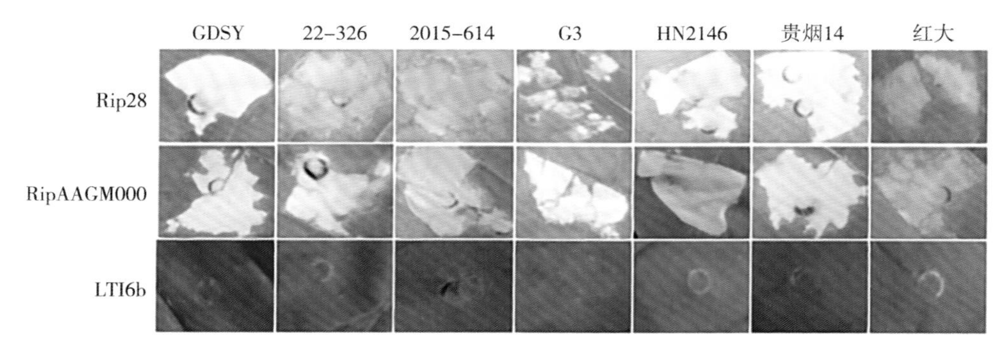

图 2-11　农杆菌介导的效应蛋白 Rip28 在不同烟草上瞬时表达表型（第 5d）

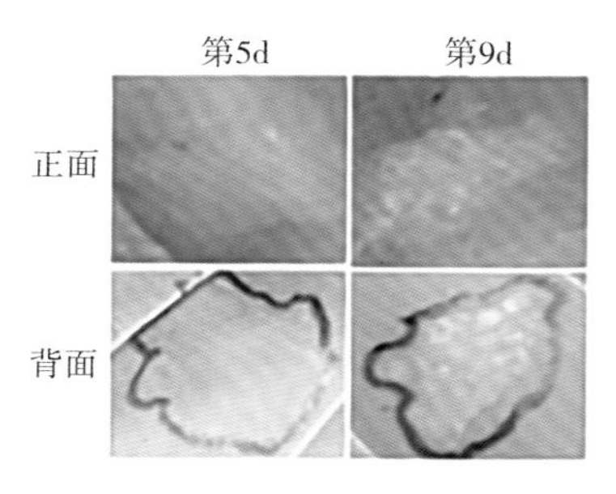

图 2-12　农杆菌介导的效应蛋白 Rip26 在不同时间点时在 GDSY-1 上瞬时表达表型

第三节　烟草青枯雷尔氏菌侵染生物学

一、青枯雷尔氏菌侵染后烟草抗氧化酶活性及激素代谢的变化

中国农业科学院烟草研究所以抗病品种（系）岩烟 97、G80、633K 和易感品种翠碧一号、红花大金元为材料，通过盆栽试验研究了青枯雷尔氏菌侵染胁迫下不同抗性烤烟品种（系）的发病情况、生物量、激素、丙二醛（MDA）含量及抗氧化酶系活性

的变化。从综合表型特征和发病情况来看，红花大金元抗性最弱，633K 抗性最强。青枯雷尔氏病侵染胁迫下，抗病品种（系）生物量降幅均显著小于易感品种，MDA 含量降幅均显著大于易感品种，除岩烟 97 外，抗病品种（系）的 SOD、POD、CAT 酶活性增幅均显著大于易感品种，JA 含量显著升高，表明在青枯雷尔氏菌侵染胁迫下，抗病品种能够更有效地响应其侵染胁迫并作出应答，以此来抵御病原菌的侵染。

1. 青枯雷尔氏菌侵染后不同抗性烤烟品种（系）的表型差异

易感品种红花大金元和翠碧一号的发病率和病情指数均高于抗病品种（系）633K、G80 和岩烟 97（表 2–1）。红花大金元的病情指数和发病率最高，分别为 68.89、80%；抗病品种（系）中，633K 和 G80 没有发病。青枯雷尔氏菌胁迫处理 28d 后，易感品种翠碧一号和红花大金元都出现了明显的叶片萎蔫现象，红花大金元的病情指数更高；抗病品种（系）岩烟 97、G80 和 633K 的植株均可正常生长（图 2–13）。

2. 青枯雷尔氏菌侵染后不同抗性烤烟品种（系）的生物量差异

处理 28d 时，与未接种病菌烟株相比，青枯雷尔氏菌胁迫处理条件下，所有品种植株生物量均显著降低。抗病品种（系）降低幅度均小于易感品种；易感品种中，红花大金元生物量的降低幅度最大，为 84.01%；抗病品种（系）中，633K 的降低幅度最小，为 34.47%（图 2–14）。

表 2–1　青枯雷尔氏菌胁迫下不同品种发病情况

试验品种（Test varieties）	病情指数（Disease index）	发病率（Morbidity/%）
HD	68.89	80.00
CB	41.11	70.00
633K	0.00	0.00
G80	0.00	0.00
岩烟 97	3.33	10.00

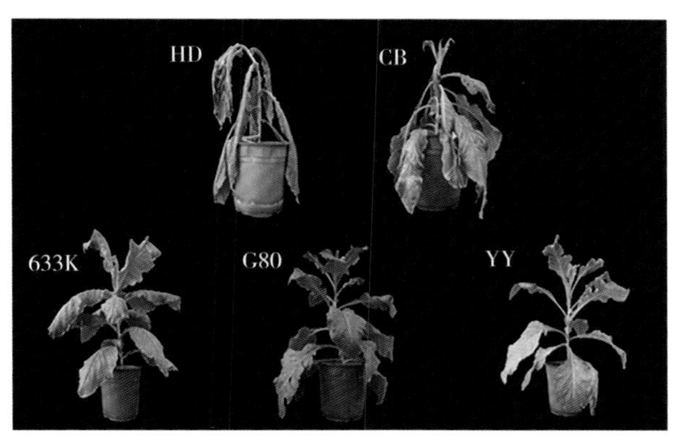

图 2–13　青枯雷尔氏菌胁迫对烟株表型的影响
（注：HD：红花大金元；CB：翠碧一号；YY：岩烟 97。下同）

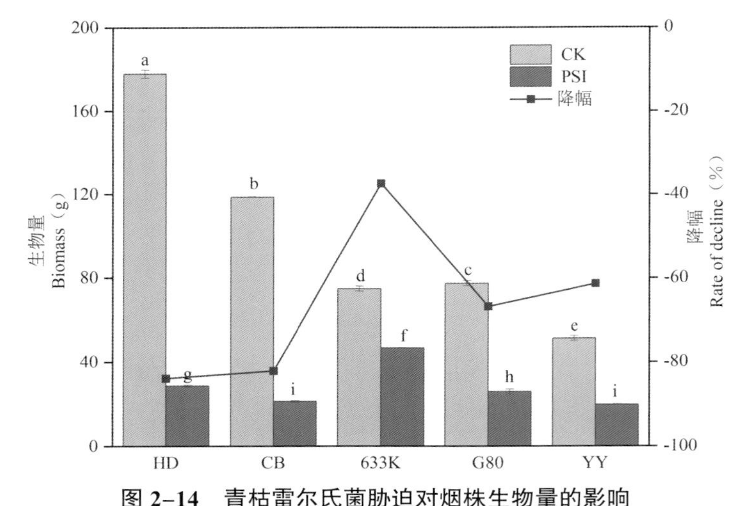

图 2–14 青枯雷尔氏菌胁迫对烟株生物量的影响

［注：处理间标有不同小写字母表示组间差异有统计学意义（$p < 0.05$），下同］

3. 青枯雷尔氏菌侵染后不同抗性烤烟品种（系）的生理生化指标变化

处理 28d 时，与未接种病菌烟株相比，在青枯雷尔氏菌胁迫处理条件下所有品种的 MDA 含量均显著下降。抗病品种（系）MDA 含量的降幅均大于易感品种；易感品种红花大金元和翠碧一号中 MDA 含量的降幅分别为 13.02% 和 24.55%；抗病品种（系）633K、G80、岩烟 97 中 MDA 含量降幅分别为 45.67%、25.05%、28.50%（图 2–15）。结果表明，抗病品种（系）能够通过减少 MDA 的含量更快地适应青枯雷尔氏菌胁迫并做出应答，提高抗病能力。抗病品种（系）633K 降幅最大，易感品种红花大金元降幅最小。

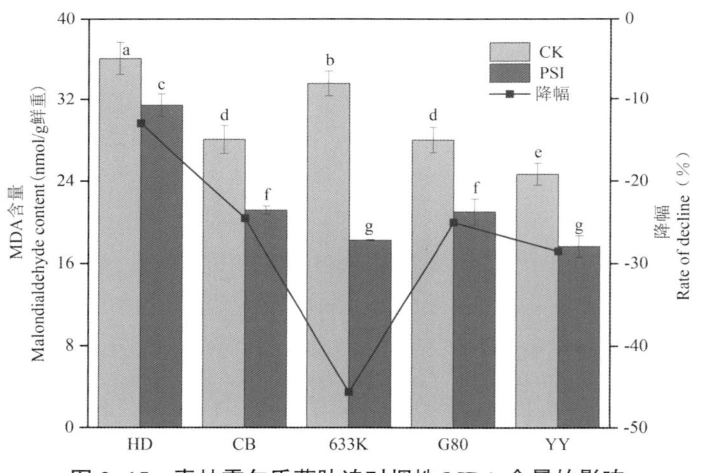

图 2–15 青枯雷尔氏菌胁迫对烟株 MDA 含量的影响

处理 28d 时，与未接种病菌烟株相比，在青枯雷尔氏菌胁迫处理条件下，除易感品种红花大金元外，其余品种的总抗氧化能力均显著降低，抗、感品种 SOD、POD、CAT 活性均显著提高。抗病品种（系）抗氧化酶系活性的变化幅度总体大于易感品种。易感品种中，红花大金元的 SOD、POD、CAT 活性增幅最小，分别为

13.01%、59.00%、28.30%，总抗氧化活性（T-AOC）的降幅为 2.88%；抗病品种（系）中，633K 抗氧化酶活性增幅最大，SOD、POD、CAT 活性的增幅分别为 122.17%、130.12%、76.74%，T-AOC 降幅为 66.52%（图 2-16）。

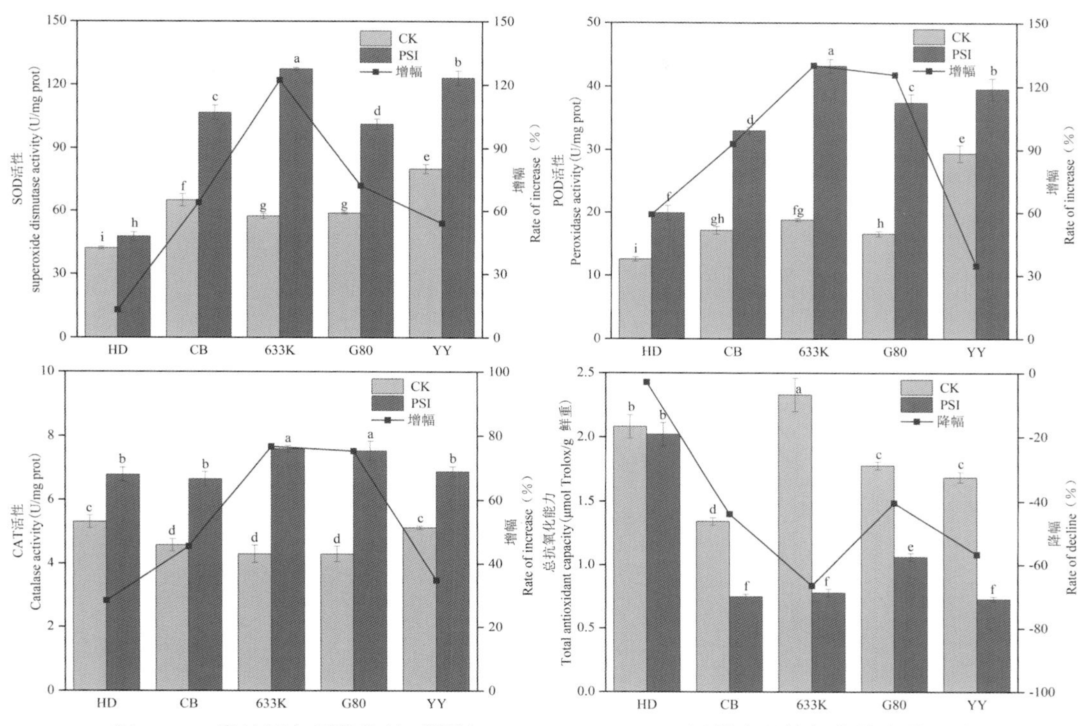

图 2-16　青枯雷尔氏菌胁迫对烟株 SOD、POD、CAT 活性和总抗氧化能力的影响

处理 28d 时，与未接种病菌烟株相比，在青枯雷尔氏菌胁迫处理条件下抗病品种（系）的 SA 和 JA 含量均显著增加，SA 增幅最大的品种是 633K，为 331.08%；JA 增幅最大的品种是岩烟 97，为 141.82%。感病品种中，JA 含量均显著降低，降幅最大的品种是红花大金元，为 21.74%；SA 含量均显著增加，增幅最小的品种是红花大金元，为 365.48%（图 2-17）。

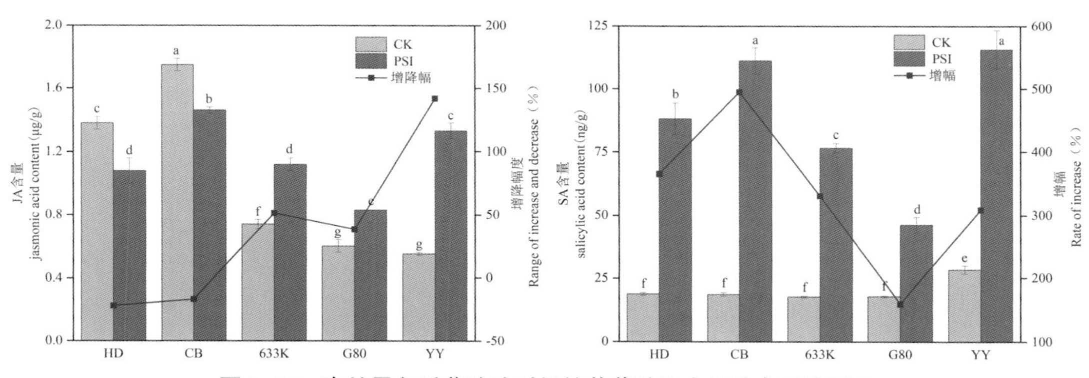

图 2-17　青枯雷尔氏菌胁迫对烟株茉莉酸和水杨酸含量的影响

对突变体材料（由 CB-1 经 EMS 诱变再通过与 CB-1 进行回交而后自交得到的 BC_3F_3 株系）和翠碧一号 CB-1 根系细胞壁的化学成分测定结果表明，突变体材料与翠碧一号相比无明显差异（图 2-18），说明突变体对青枯雷尔氏菌抗性的获得与细胞壁的化学成分无关。

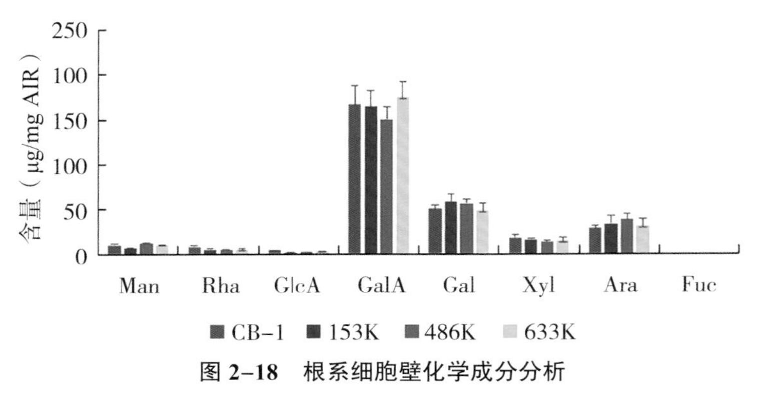

图 2-18　根系细胞壁化学成分分析

利用 qPCR 测定了突变体材料和翠碧一号 CB-1 在人工接种 0d、1d、3d、5d 时青枯菌的定殖情况，结果表明，接种后青枯雷尔氏菌在翠碧一号根系的定殖显著高于突变体材料（图 2-19），说明突变体具有一定的抵抗青枯雷尔氏菌的吸附、定殖的抗性。

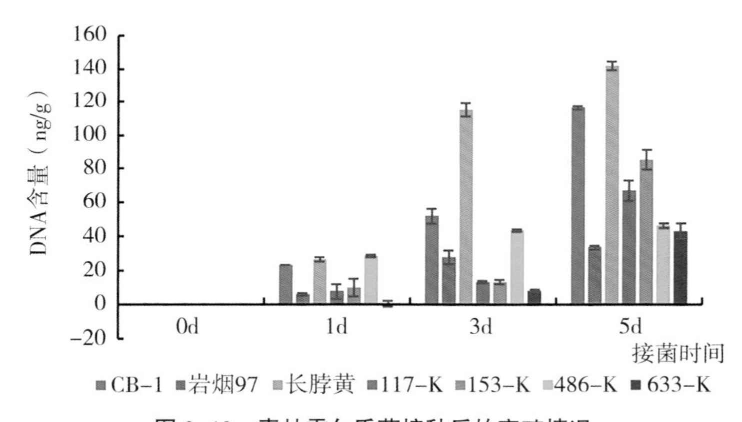

图 2-19　青枯雷尔氏菌接种后的定殖情况

对突变体材料和翠碧一号在人工接种 0d、1d、3d、5d 时叶片（图 2-20）和根系（图 2-21）中的 CAT、PPO、POD、SOD 酶活测定结果表明，整体上突变体材料根系酶活高于翠碧一号和长脖黄，说明根系酶活提高也是突变体材料具有青枯病抗性的原因之一。

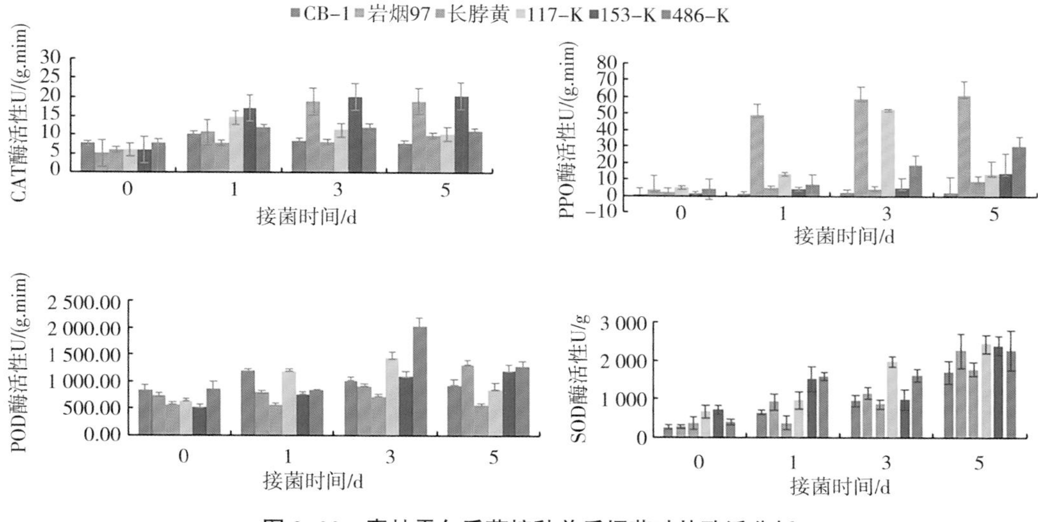

图 2-20 青枯雷尔氏菌接种前后烟草叶片酶活分析

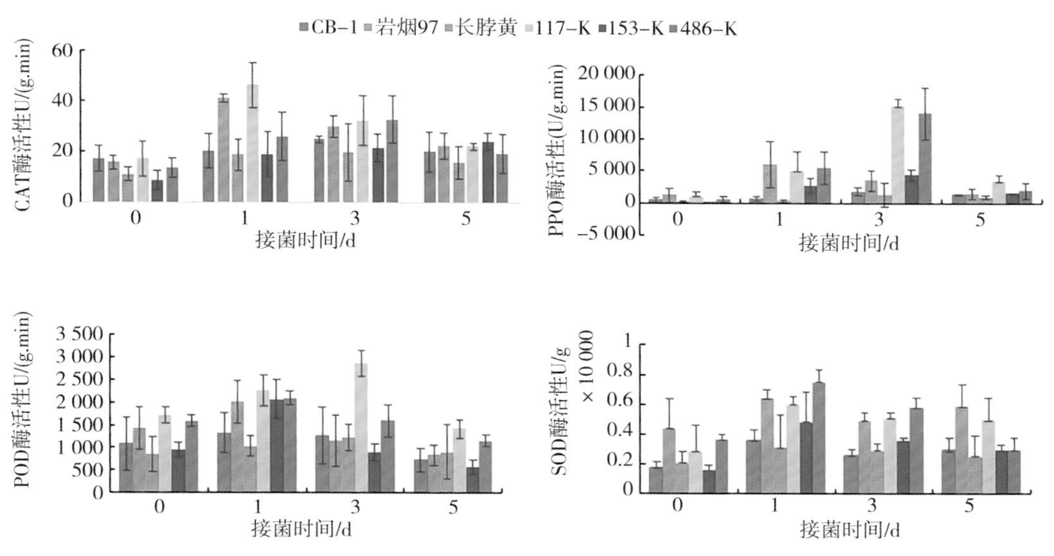

图 2-21 青枯雷尔氏菌接种前烟草根系酶活分析

4. 青枯雷尔氏菌侵染后改良 K326 株系 4411-3 的生理生化指标变化

广东省农业科学院作物研究所以 GDSY-1 为抗病供体，以亲本 K326 为轮回亲本，在通过 4 代回交和 2 代自交获得的回交遗传群体中筛选出抗病基因纯合（子代未出现感病单株）的株系（编号 4411-3）。4411-3 和 K326 两个品种在苗期（5 叶 1 心）分别进行接种和不接种青枯雷尔氏菌处理、5 次重复。在接种前、K326 发病初期和严重时期（接种 0d、10d 和 17d）取茎部和叶片样品，分别进行转录组测序及多种植物激素包括生长素（IAA）、赤霉素（GA3）、反式玉米素核苷（TZR）、脱落酸（ABA）和水杨酸（SA）和过氧化物酶（POD）、超氧化物歧化酶（SOD）、苯丙氨酸解氨酶（PAL）、多酚氧化酶（PPO）、抗坏血酸过氧化物酶（APX）、过氧化氢酶（CAT）、丙二醛（MDA）及叶绿素的含量检测。

K326 接种 10d 有轻微发病症状，接种 17d 发病严重；而 4411-3 接种 17d 仍无明显发病症状（图 2-22、图 2-23）。

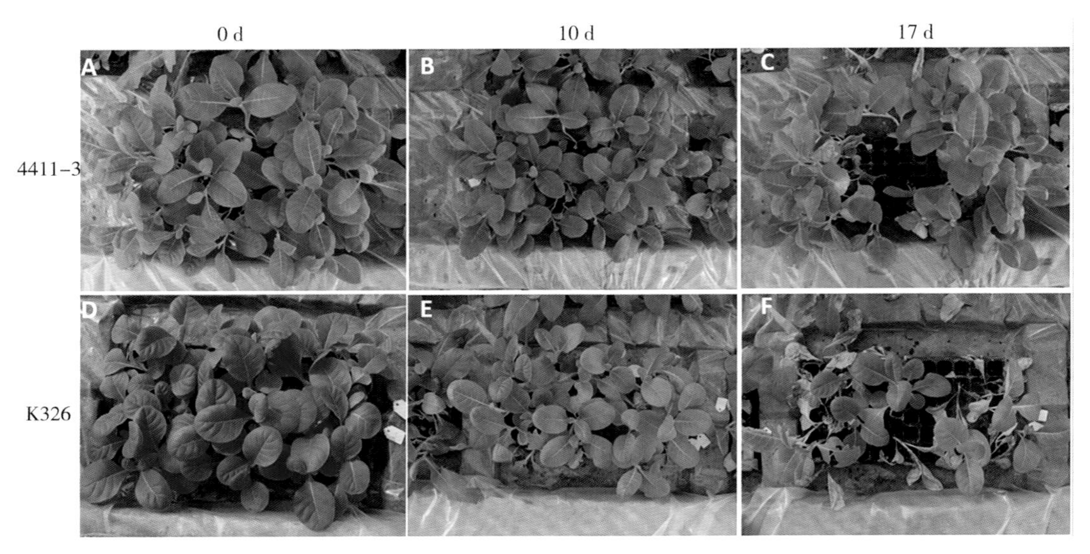

图 2-22　接种青枯雷尔氏菌 0d、10d 和 17d 的烟株发病情况

图 2-23　K326 发病症状

K326 接种青枯雷尔氏菌后 IAA、GA、TZR 和 ABA 的含量显著高于空白对照处理。4411-3 接种青枯雷尔氏菌后 SA 含量显著高于对照处理，而 IAA、GA、TZR 和 ABA 的含量无显著差异（图 2-24）。

ROS 的暴发意味着 ROS 清除系统的破坏。6 种抗氧化酶的活性水平包括 POD、CAT、SOD、PPO、PAL 和 APX，它们通常被激活以去除氧化应激下升高的 ROS。结果显示，K326 的 POD 活性在两个时间点显著高于 4411-3，在接种青枯雷尔氏菌前后的 CAT 和 SOD 水平没有显著差异。K326 的 PPO 活性显著低于 4411-3，在青枯雷尔氏菌感染前后 4411-3 和 K326 之间的 PAL 和 APX 没有显著差异。

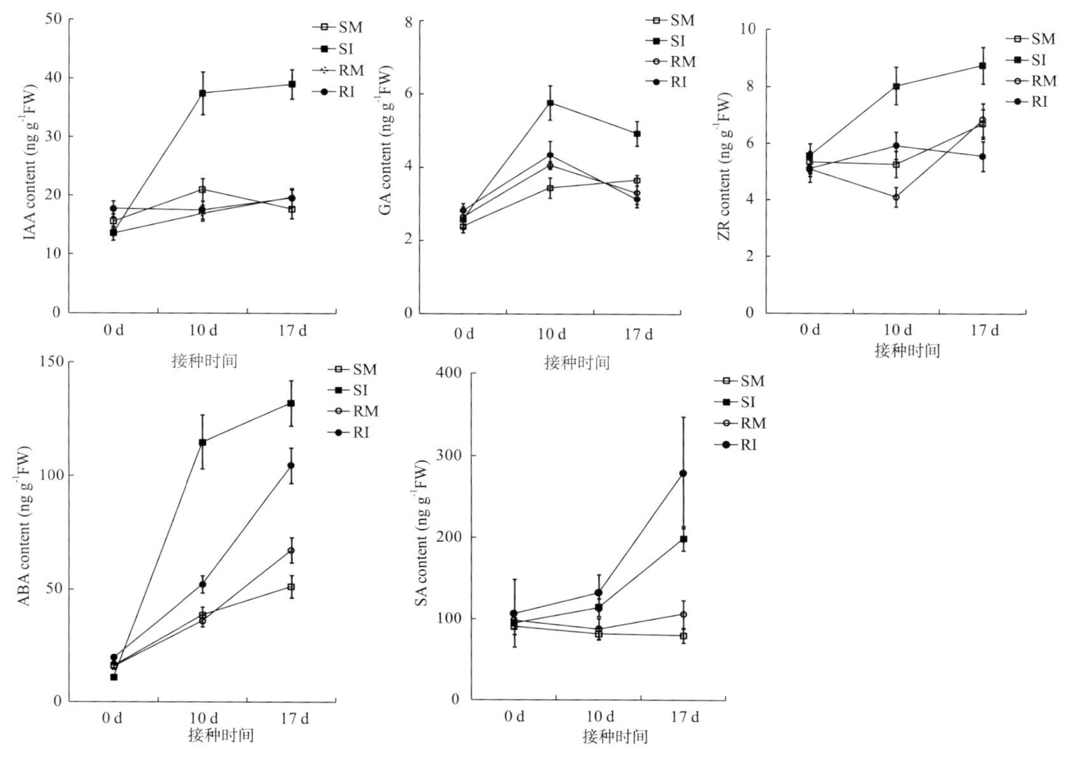

图 2–24　接种青枯雷尔氏菌后植株激素含量变化

二、青枯雷尔氏菌侵染后烟草抗感品种（系）的组织结构差异

中国农业科学院烟草研究所对烤烟品种翠碧一号（CB–1）（易感）和 KCB–1（高抗）侵染绿色荧光蛋白标记的青枯雷尔氏菌株 Rs10–GFP2 后的烟草组织结构差异进行了研究。包括侵染后表型观察，根部青枯雷尔氏菌含量检测，荧光显微镜观察，木质素染色观察以及多酚含量的检测。

1. 青枯雷尔氏菌侵染后的烟草表型

接种青枯雷尔氏菌后，CB–1 在第 3d 和第 5d 时部分植株叶片萎蔫，到第 7d 时植株基本死亡（图 2–25 a）。与 CB–1 相比，KCB–1 从接种到第 7d 均无发病情况（图 2–25 b）。CB–1 属于易感青枯病品种，KCB–1 对青枯病具有高抗性。

2. 青枯雷尔氏菌在烟草根和茎组织上的定殖

在接种青枯雷尔氏菌 1d 时，CB–1 的部分根部细胞中存在病原菌的聚集（图 2–26）。而在 KCB–1 中仅有少数细胞中有病原菌的少量定殖（图 2–26）。在 2d 时，病原菌在 CB–1 的定殖情况进一步加剧仅有少数根部细胞未被病原菌侵染（图 2–26）。而 KCB–1 在 2d 时尽管青枯雷尔氏菌的定殖量也增加，但数目仍明显少于 CB–1（图 2–26）。KCB–1 的根可能限制青枯雷尔氏菌的定殖。

采用平板计数法对两种烟草在 2d 时根和茎中的青枯雷尔氏菌数量进行了统计。结果显示，CB-1 根和茎中的青枯雷尔氏菌数量均明显多于 KCB-1（图 2-27）。此外，CB-1 以及 KCB-1 的叶中的青枯雷尔氏菌数无明显差异。说明 KCB-1 的根可以限制青枯雷尔氏菌的定殖。

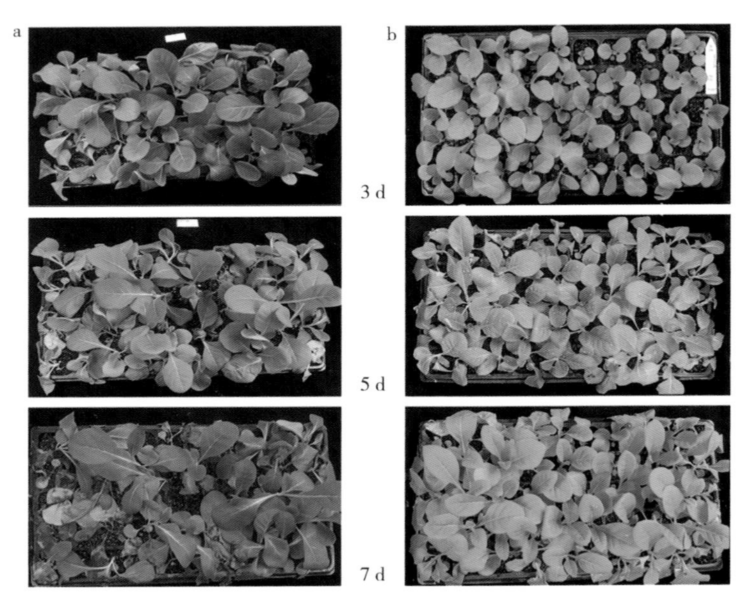

a. CB-1 在接种青枯雷尔氏菌后 3d、5d、7d 时的发病情况；b. KCB-1 在接种青枯雷尔氏菌后 3d、5d、7d 时的发病情况。

图 2-25　CB-1 和 KCB-1 在接种青枯雷尔氏菌后的发病情况

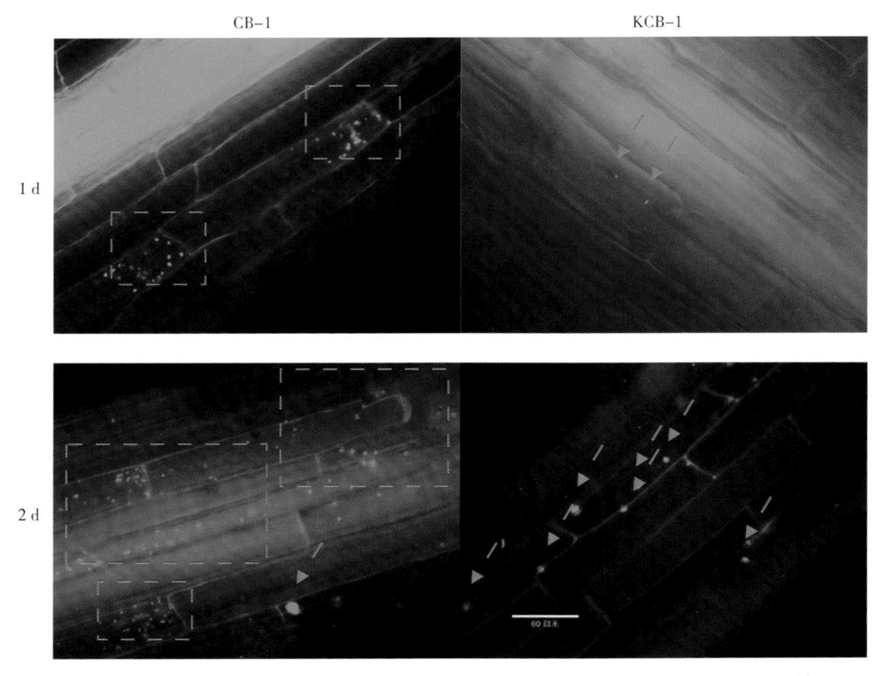

图 2-26　接种 1d 和 2d 时青枯雷尔氏菌在 CB-1 和 KCB-1 根部的定殖情况

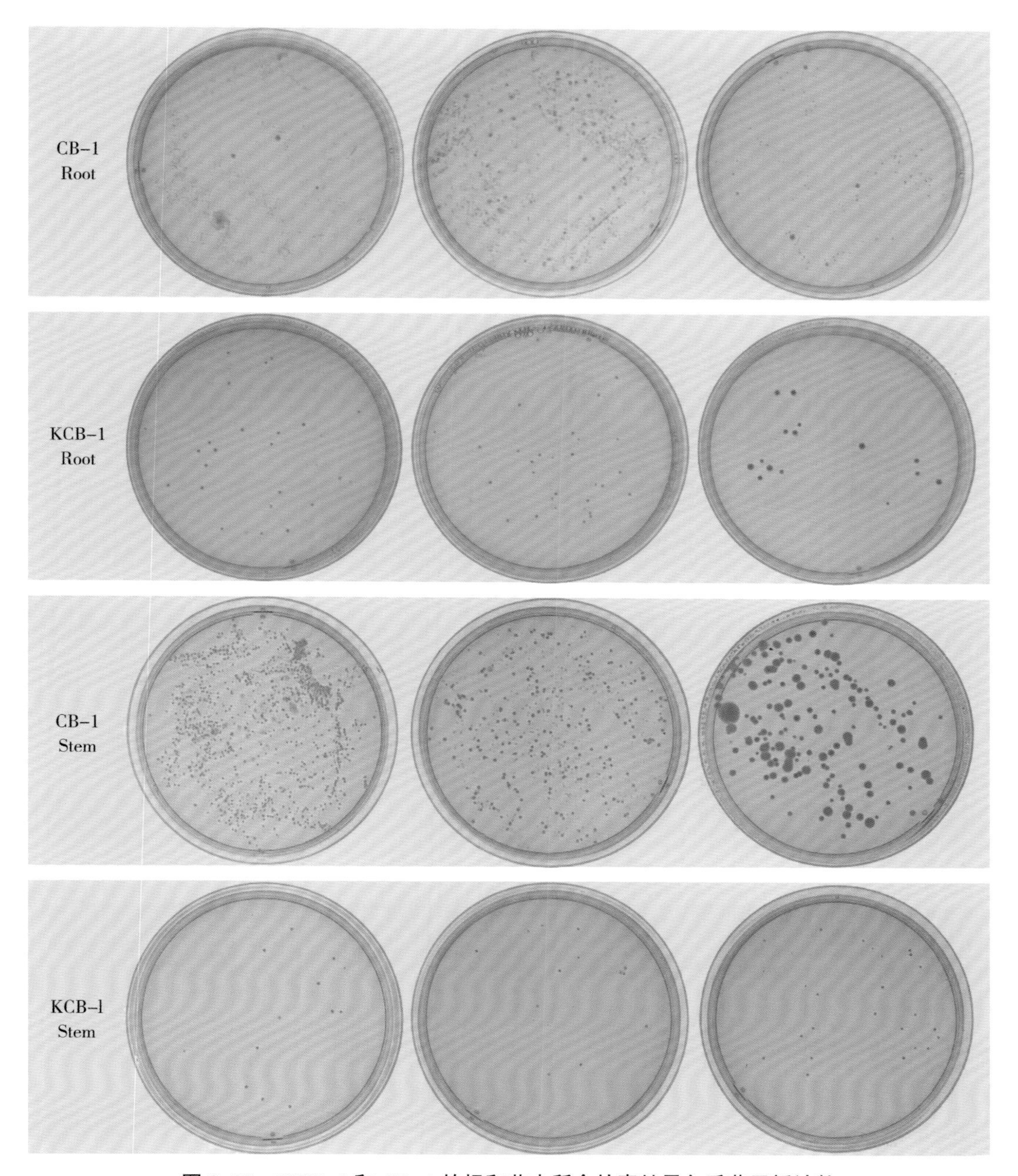

图 2-27　KCB-1 和 CB-1 的根和茎中所含的青枯雷尔氏菌平板计数

3. 青枯雷尔氏菌侵染后烟草茎木质素含量变化

采用间苯三酚-HCl 对 CB-1 和 KCB-1 的茎部木质素进行了染色。结果显示，KCB-1 的木质部中的木质素染色比 CB-1 的更深，说明 KCB-1 中含有更多的木质素（图 2-28）。

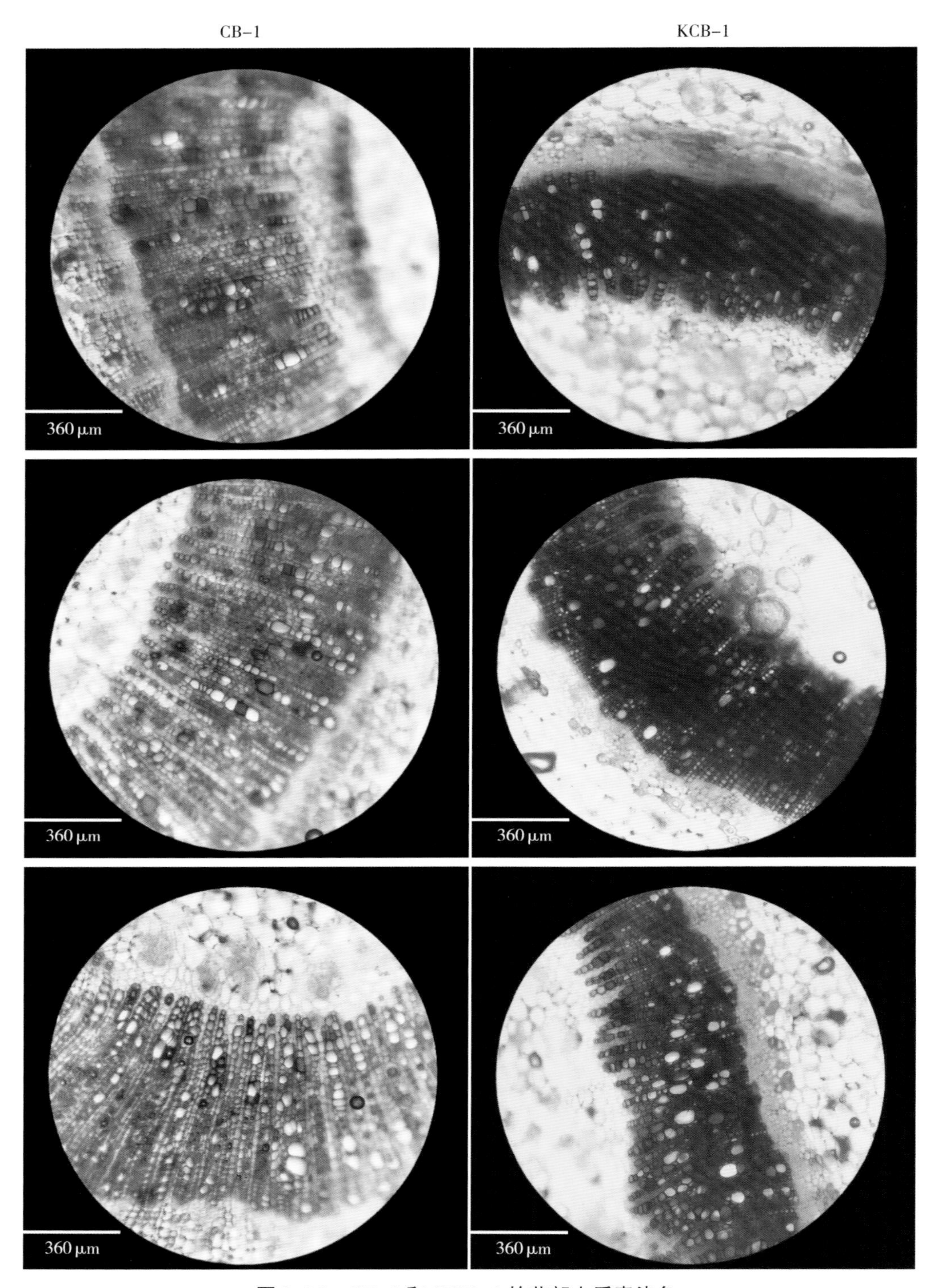

图 2-28　CB-1 和 KCB-1 的茎部木质素染色

4. 青枯雷尔氏菌侵染后烟草茎部多酚类物质变化

对接种 2d 的 CB−1 和 KCB−1 的茎部进行显微镜观察。结果显示，CB−1 的木质部出现较多的黑圈（图 2−29），说明青枯雷尔氏菌对 CB−1 的茎部有较大的损伤。KCB−1 的木质部出现褐色圈，可能是由于 KCB−1 诱导的多酚类物质形成。

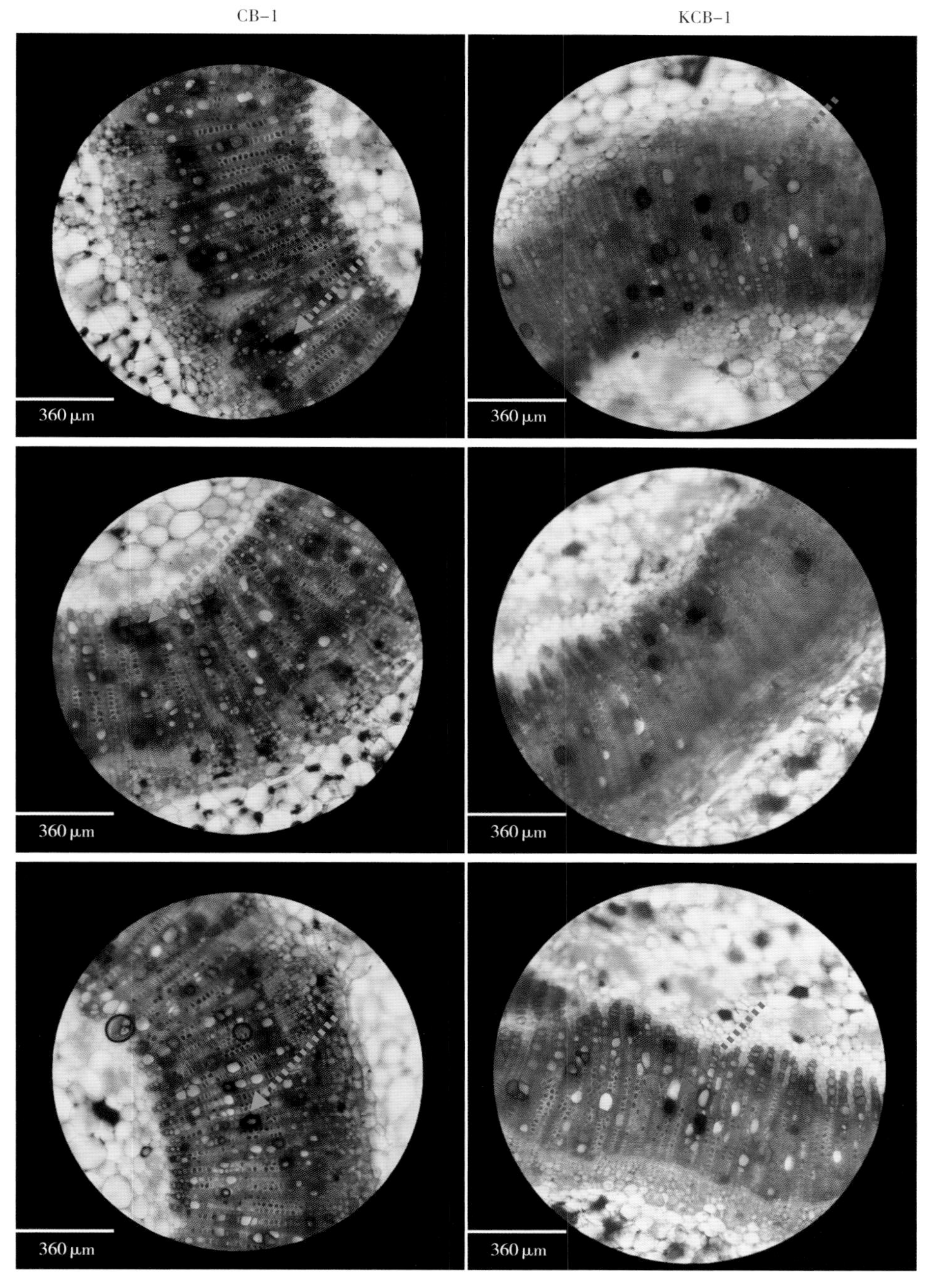

图 2−29　CB−1 和 KCB−1 茎部切片在光学显微镜下的成像

5. 青枯雷尔氏菌侵染后烟草茎部细胞壁的化学成分变化

通过三氯化铁与多酚的显色反应检测青枯雷尔氏菌侵染后 KCB-1 和 CB-1 的茎部多酚类含量，结果显示，KCB-1 中含有更多的多酚（图 2-30）。多酚位于木质部的外部，具有阻止青枯雷尔氏菌向外扩散的作用。KCB-1 具有更牢固的多酚圈，可以在一定程度上阻止青枯雷尔氏菌破坏茎部结构。

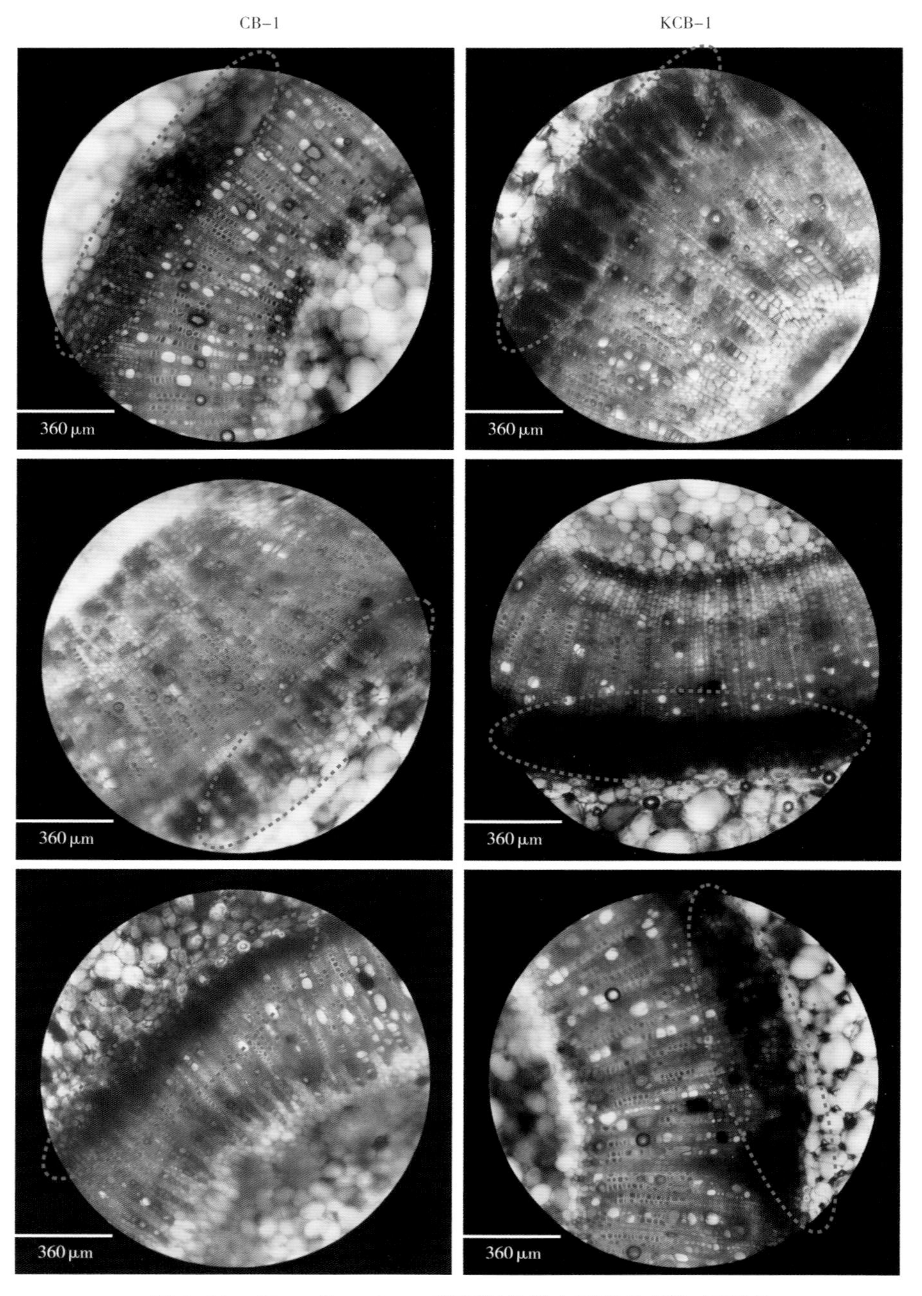

图 2-30　CB-1 和 KCB-1 茎部切片的多酚类物质染色观察

第四节　烟草与青枯雷尔氏菌的互作机制

一、烟草与青枯雷尔氏菌的互作及相关基因功能验证

1. 烟草与青枯雷尔氏菌的互作

西南大学选取烟草青枯病抗感对照品种 DB101（抗）、岩烟 97（抗）、长脖黄（感）和红花大金元（感）共 4 个烟草品种进行烟苗室内标准化培育，其中 DB101 与长脖黄遗传背景较近，岩烟 97 与红花大金元遗传背景较近。以菌株 CQPS-1 作接种病原进行室内烟苗灌根。接种后第 0d、5d、6d 和 7d 分别剪取烟苗全根系（每品系每时间点随机选取 3 棵烟苗全根系作为 1 个样本，共 3 个生物学重复）完成 48 个样品的转录组分析。共检测到表达基因 81 061 个，其中已知基因 65 122 个，新基因 15 939 个；表达转录本共 151 493 个，其中已知转录本 94 969 个，新转录本 56 524 个。

筛选抗性品种和感病品种特有基因。接种第 5d、6d、7d 抗性品种特有基因分别为 296 个、282 个和 176 个，感病品种特有基因 306 个、278 个和 303 个。抗性品种特有基因中 3 个时间点共有基因为 65 个，而感病品种为 51 个。KEGG 分析显示激素通路在抗性品种中具有重要作用（图 2-31）。结合前期研究基础对 36 个基因开展功能验证。

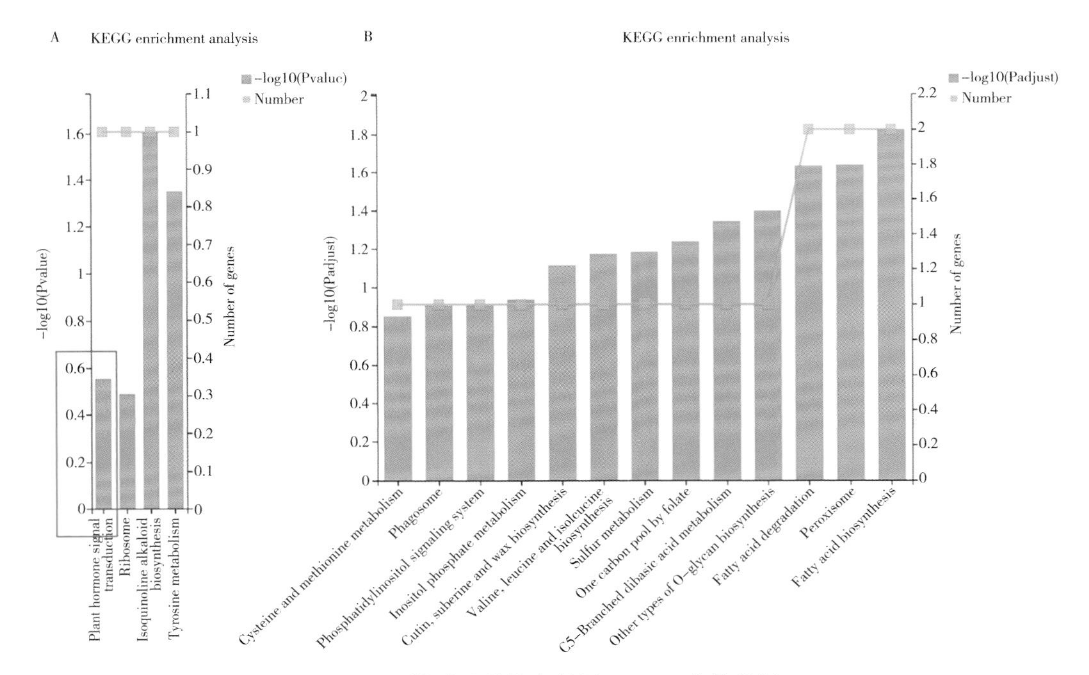

图 2-31　抗感品种特有基因 KEGG 富集分析

（注：A 为感病品种；B 为抗病品种。横坐标表示 KEGG pathway；右侧纵坐标表示比对上该通路的基因 / 转录本数量，对应的是折线上的不同的点；左侧纵坐标表示富集的显著性水平，对应的是柱子的高度，其中 FDR 越小 -log10（padjust）值越大，则该 KEGG pathway 越显著富集）

2. 相关基因的功能验证

烟草 E3 泛素连接酶 *NtRNF217* 基因、蛋白激酶 *NtSRK* 基因、类受体丝氨酸 / 苏氨酸蛋白激酶 *NtGK* 基因和 RING 型结构域蛋白 *NtATL6* 基因正调控烟草对青枯病的抗性，而与 Karrikin 激素相关的 *NtKAI2* 基因负调控烟草对青枯病的抗性。

烟草 E3 泛素连接酶基因 *NtRNF217* 基因能响应青枯雷尔氏菌的侵染及激素 SA 等处理。在云烟 87 中过表达 *NtRNF217* 基因能显著提升植株抗青枯病的能力，降低青枯雷尔氏菌在根部的定殖量（图 2–32）。

克隆了 NtKAI2 全长编码序列（822 bp）农杆菌介导蛋白，瞬时过表达 48h 后荧光显微观察显示，NtKAI2 定位于烟草细胞质和细胞核（图 2–33A）。致病性分析（叶片注射）显示，*NtKAI2* 过表达显著促进了青枯雷尔氏菌株 CQPS–1 在叶片上的增殖扩散（图 2–33B）。农杆菌介导转化红花大金元沉默 *NtKAI2* 表达后（图 2–33C）显著抑制了青枯雷尔氏菌株 CQPS–1 在叶片上的增殖扩散（图 2–33D）。沉默 *NtKAI2* 显著促进细菌相关分子模式 flg22 诱导的活性氧（ROS）迸发（图 2–33E）。HLPC/MS 分析显示，沉默 *NtKAI2* 显著提高抗病相关激素水杨酸（SA）在接种青枯雷尔氏菌 CQPS–1 的烟草叶片中的累积（图 2–33 F）。结果表明，*NtKAI2* 在烟草抗青枯病过程中呈负调控作用。

农杆菌介导 *NtSRK*、*NtGK* 和 *NtATL6* 的瞬时过表达显著增强烟草对 CQPS–1 的抗性（图 2–34A）。荧光显微观察显示，NtGK 定位于细胞膜 NtSRK、NtATL6 定位于细胞质（图 2–34 B、C、D）。

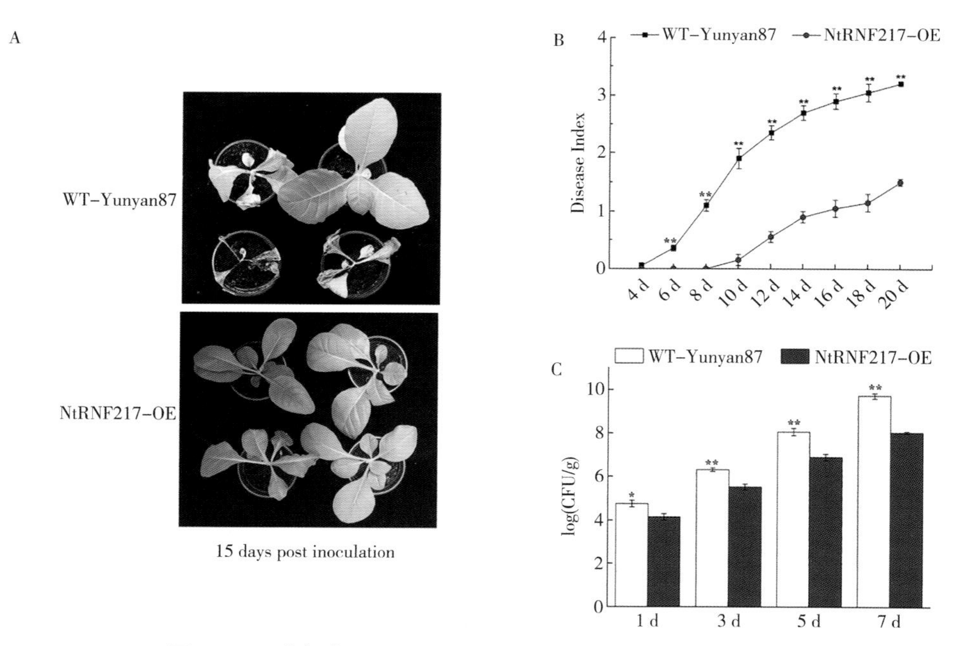

图 2–32　过表达 *NtRNF217* 基因增强了烟株抗青枯病能力

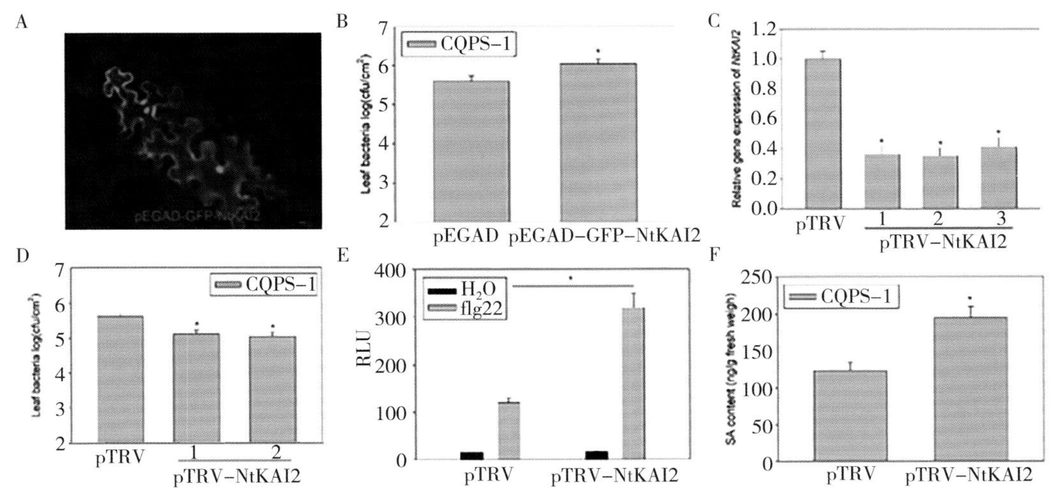

图 2-33 烟草 *NtKAI2* 基因负调控烟草青枯病抗性

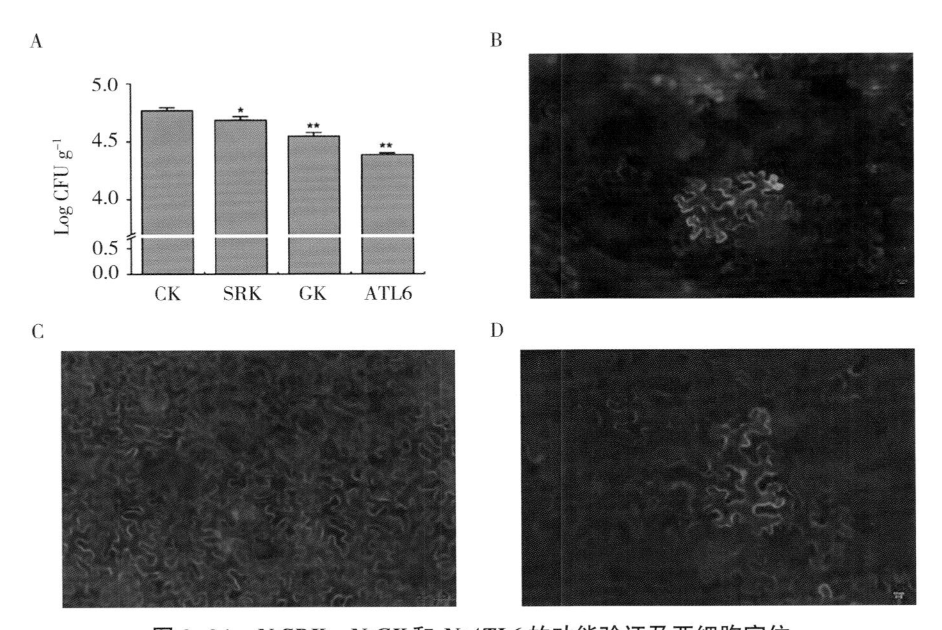

图 2-34 *NtSRK*、*NtGK* 和 *NtATL6* 的功能验证及亚细胞定位

二、烟草分子模块化育种新品系与青枯雷尔氏菌的互作

中国农业科学院烟草研究所以 OX2028×K326 分子模块化育种群体中的抗青枯病材料 C244（简写为 R）和感青枯病材料 C048（简写为 S）为供试材料，苗期（2 月龄）分别接种青枯雷尔氏菌 Y45 菌株 0h、3h、9h、24h、48h、72h 后收集根部组织进行转录组测序（RNA-Seq）。通过分析各组样品中差异表达的基因及其可变剪切转录本，挖掘青枯病抗性相关基因。

1. 烟草分子模块化育种抗感新品系差异表达基因

对抗病品系（R）和感病品系（S）进行组间比较，以未处理组（R0 VS S0）分别与接种 3h（R3–VS–S3）、9h（R9–VS–S9）、24h（R24–VS–S24）、48h（R48–VS–S48）、72h（R72–VS–S72）的差异基因数据集进行比较，分别发现有 401、771、290、790 和 639 个共同的差异表达基因。进一步将各组数据集整合比较，共发现 20 个在 5 组接种青枯雷尔氏菌的样品中表达水平均具有显著差异的基因（图 2–35）。利用 GO 数据库对差异表达基因进行富集分析发现，组间差异表达基因主要集中在细胞过程和代谢过程，其中结合和催化活性包含比较多的基因。根据 KEGG 注释结果以及分类将差异基因进行生物通路分类，发现差异基因主要参与了细胞过程、环境信息处理、遗传信息处理、代谢和有机系统 5 个过程；代谢是最大的一个过程，其中 Global and overview maps 是最重要的一个分支，在青枯雷尔氏菌侵染后转录和翻译先降低后升高（图 2–36）。在各组间差异表达基因的富集分析中，谷胱甘肽代谢途径在接种前和接种后都是差异表达基因显著富集的途径之一。在未处理（R0–VS–S0）中谷胱甘肽代谢途径和葡萄糖异生途径均显著富集；在接种 3 ～ 24h 谷胱甘肽代谢途径显著富集；在接种 48h（R48–VS–S48）后苯丙烷类生物合成途径显著富集；而在接种 72h（R72–VS–S72）后，内质网蛋白加工途径成为差异表达基因最显著的一类，碳代谢与核酸代谢途径也富集了较多差异表达基因。

将差异表达基因与植物转录因子数据库（PlantTFdb）进行比对发现了 109 个差异表达的转录因子（图 2–37），包括 MYB、NAC、AP2–EREBP、WRKY 等基因家族。其中 AP2–EREBP 家族转录因子数量最多且在接种青枯雷尔氏菌 3h 后表达水平开始上调，而 LOB、HSF、MADS 等 17 个转录因子在接种青枯雷尔氏菌 3h 后表达水平迅速降低。

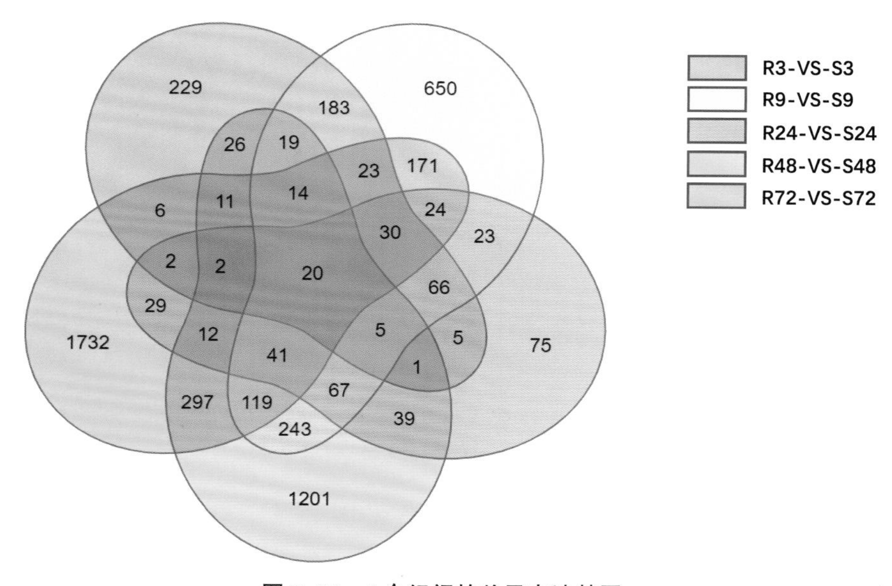

图 2–35　5 个组间的差异表达基因

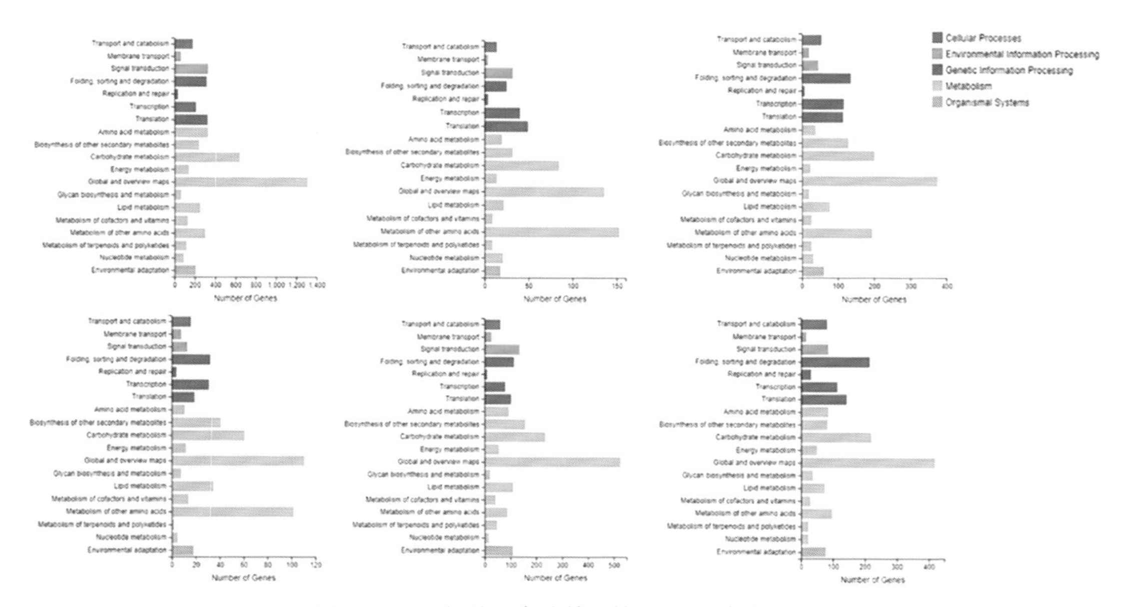

图 2-36　组间差异表达基因的 KEGG 富集分析

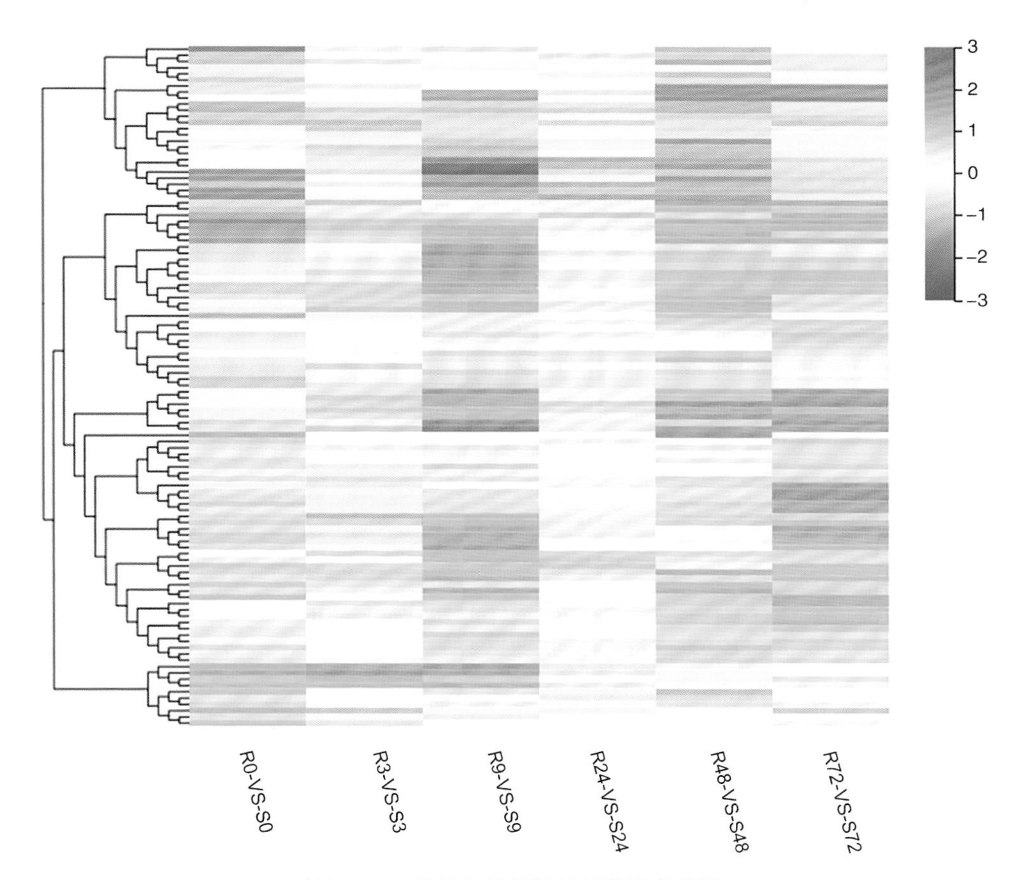

图 2-37　差异表达转录因子的聚类分析

2. 烟草分子模块化育种抗感新品系可变剪切

可变剪切（Alternative Splicing，AS）可以从单一基因产生多个不同的转录本从而增加蛋白的多样性，调节 mRNA 水平，在生物的生长发育和环境适应方面具有重要功能。可变剪切主要包括外显子互斥（MXE）、外显子跳跃（SE）、内含子保留（RI）、5’端/3’端可变剪切（A3SS/A5SS）等 5 种形式，在植物响应生物胁迫和非生物胁迫过程中发挥重要作用。

在未接种青枯雷尔氏菌的抗性烟草品系（R0）中共检测到 15 406 个 SE 事件、4 822 个 RI 事件、923 个 MXE 事件、2 640 个 A5SS 事件和 4 311 个 A3SS 事件，其中 SE 事件数目最多的一类，占总可变剪切事件的 54.8%。在未接种青枯雷尔氏菌的易感病品系（S0）中检测到 16 090 个 SE 事件、4 848 个 RI 事件、1 004 个 MXE 事件、2 621 个 A5SS 事件和 4 182 个 A3SS 事件，其中 SE 事件数目最多，占总可变剪切事件的 55.96%（图 2–38）。接种青枯雷尔氏菌后 RI、A5SS 和 A3SS 事件数量在各种材料和处理中均未出现显著变化，而 SE 和 MXE 事件数量自接种后 9h 起显著降低，说明 SE 和 MXE 类型可变剪切可能参与了烟草对青枯雷尔氏菌感染的响应过程和调控。另外在接种 9h 的材料中，易感病品系中的 SE 和 MXE 事件数量显著大于抗性品系中的同类型事件数量，说明接种后 3 ～ 9h 可能是青枯雷尔氏菌感染的关键时间节点，与不同品种对青枯雷尔氏菌的抗性密切相关。

将可变剪切差异基因进行组间比较，筛选出在 6 组间重复出现的 SE 类型基因 27 个、RI 类型基因 39 个、MXE 类型基因 5 个、A5SS 类型基因 11 个和 A3SS 类型基因 16 个。

3. 差异表达基因和可变剪切的联合分析

对不同处理时间点的差异表达基因和差异可变剪切基因联合分析表明，在未处理组（R0–VS–S0）中检测到 54 个差异表达基因具有可变剪切，占总差异表达基因数量的 0.95%、占总差异可变剪切数量的 24.77%；在接种 3h 组（R3–VS–S3）中检测到 4 个差异表达基因具有可变剪切，占总差异表达基因数量的 0.62%、占总差异可变剪切数量的 2.99%；在接种 9h 组（R9–VS–S9）中检测到 17 个差异表达基因具有可变剪切，占总差异表达基因数量的 1%、占总差异可变剪切的 14.05%；在接种 24h 组（R24–VS–S24）中检测到 1 个差异表达基因具有可变剪切，占总差异表达基因的 0.23%、占总差异可变剪切数量的 1.56%；在接种 48h 组（R48–VS–S48）中检测到 7 个差异表达基因具有可变剪切，占总差异表达基因数量的 0.33%、占总差异可变剪切数量的 7.87%；在接种 72h 组（R72–VS–S72）中检测到 8 个差异表达基因具有可变剪切，占总差异表达基因数量的 0.32%、占总差异可变剪切数量的 6.06%（图 2–38）。这些结果表明，青枯雷尔氏菌侵染影响烟草基因转录，接种 3h 起具有可变剪切的差异表达基因数量显著减少。

在以上具有可变剪切的差异表达基因中，*Ntab0932700* 在感病品种 C048 中的表达水平大约是抗病品系 C244 的 3 倍（图 2–39）。接种青枯雷尔氏菌前该基因具有 RI 和 MXE 类型可变剪切，接种 3h 后变为 RI、MXE 和 SE 类型可变剪切，接种 9h 和 24h 检测到 RI 和 SE 类型可变剪切，接种 48h 主要是 SE 类型，接种 72h 的可变剪切为 RI 类型。其中，SE 是接种青枯雷尔氏菌后出现可变剪切类型，而原有的 MXE 类型消失，说明外显子跳跃可变剪切可能参与了该基因对青枯雷尔氏菌侵染的响应。*Ntab0932700* 基因编码鸟苷酸结合类似蛋白（GBPL）是鸟苷三磷酸酶超家族成员。在动物中的研究表明，GBP 家族成员是干扰素诱导表达的一类重要的先天免疫蛋白，广泛参与宿主对病毒（HIV-1 病毒、流感病毒、丙型肝炎病毒）、细菌（结合分枝杆菌、团菌）等免疫反应。GBP 家族蛋白还参与炎症信号通路的调控，是免疫系统的枢纽。而植物同样具有极其丰富的免疫系统，以感知和控制入侵的细菌性植物病原，已知的报道多是由激素诱导的防御系统。GBPL 存在于很多植物中，从苔藓蕨类到开花的单双子叶植物中都有存在。GBPL 蛋白作为 NLR 上游细菌感应因子存在于细胞核内，在拟南芥玉米中 GBPL 蛋白是单子叶植物和双子叶植物细胞自主防御的一个新的信号枢纽。

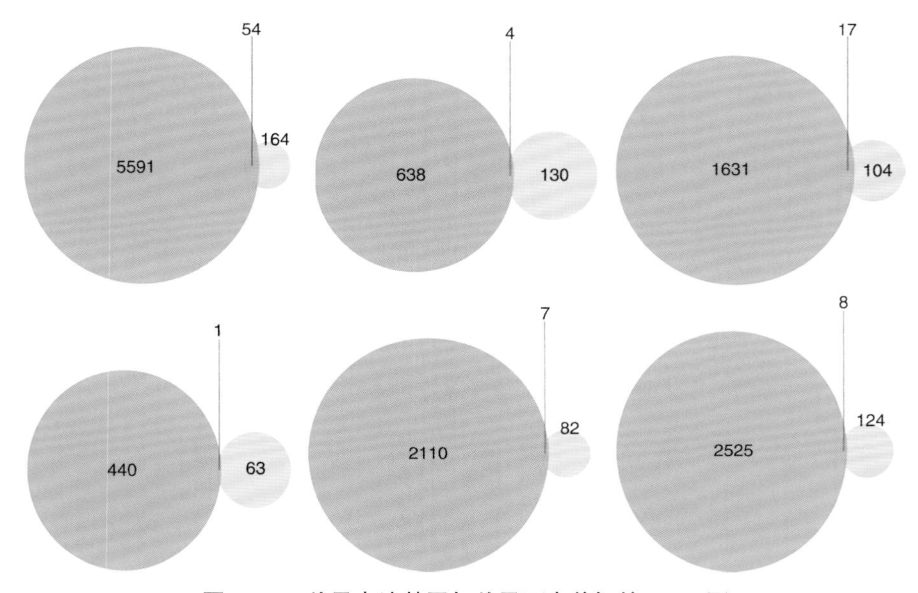

图 2-38　差异表达基因与差异可变剪切的 Venn 图

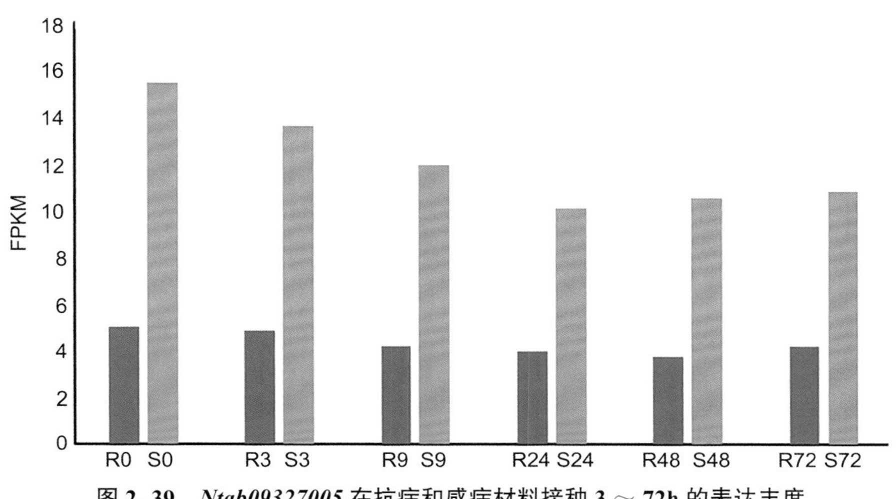

图 2-39　*Ntab09327005* 在抗病和感病材料接种 3 ～ 72h 的表达丰度

三、雪茄烟与青枯雷尔氏菌的互作

中国农业科学院烟草研究对雪茄烟 Beinhart 1000–1（BH–1）和烤烟品种小黄金 1025（XHJ）进行苗期根系接种青枯雷尔氏菌后的比较转录组学分析。BH–1 和 XHJ 在人工气候室水培于 Hoagland 营养液，五叶期以青枯雷尔氏菌 AM–NC 菌株作为接种病原进行室内烟苗侵染。接种前（0h）以及接种后 3h、9h、12h、24h、48h 和 72h 分别剪取烟苗全根系（每品种每时间点随机选取 6 棵烟苗全根系作为 1 个样本，共 3 个生物学重复）。转录组测序相关工作完成于华大基因，参考基因组来自烟草红花大金元（三代测序版本）。

基于前期研究，将转录组试验中接种侵染后 3h、9h 和 12h 划分为侵染Ⅰ阶段，该阶段青枯雷尔氏菌主要在皮层传播；将侵染后 24h、48h 和 96h 划分为侵染Ⅱ阶段，该阶段青枯雷尔氏菌已在中柱鞘定殖并大量繁殖，体现在烟苗根系青枯雷尔氏菌生物量的大量增加。BH–1 中侵染后 3h 相对于侵染前上调表达基因共计 3 311 个，这些基因中 BH–1 相较于 XHJ（3 hpi）优势表达的共计 426 个，作为“青枯雷尔氏菌侵染 BH–1 3h 后的优势表达基因”；同理鉴定“青枯雷尔氏菌侵染 BH–1 9h 后优势表达基因”128 个，“青枯雷尔氏菌侵染 BH–1 12h 后优势表达基因”256 个，此三者的并集共计 746 个基因，即为“模块Ⅰ – 青枯雷尔氏菌侵染 BH–1 Ⅰ阶段优势表达基因”；此外鉴定共计 2 482 个基因的“模块Ⅱ – 青枯雷尔氏菌侵染 BH–1 Ⅱ阶段优势表达基因”、共计 1 267 个基因的“模块Ⅲ – 青枯雷尔氏菌侵染 XHJ Ⅰ阶段优势表达基因”以及共计 319 个基因的“模块Ⅳ – 青枯雷尔氏菌侵染 XHJ Ⅱ阶段优势表达基因”。

对模块Ⅰ、Ⅱ、Ⅲ和Ⅳ所属基因进行 GO（Gene Ontology）分类，发现尽管模块Ⅱ和模块Ⅳ基因数量不同，但二者生物学功能相似（图 2–40 和图 2–41），此阶段（侵染Ⅱ阶段）青枯雷尔氏菌大量繁殖，植物与病原菌发生大量互作刺激反应、信号传输和生物调节，相关基因发挥重要作用；模块Ⅰ和模块Ⅲ拥有相似数量的基因，然而二者在生物学功能上的侧重点不尽相同（图 2–42），模块Ⅲ在细胞通讯、信号传导、生物调节和代谢过程调节等生物进程上占优势，而模块Ⅰ在水解酶活性、氧化还原酶活性和转移酶活性等方面更具优势，显然 BH–1 和 XHJ 在青枯雷尔氏菌侵染Ⅰ阶段拥有不同的响应策略。

侵染Ⅰ阶段 BH–1 和 XHJ 青枯病抗性的分子机制分析表明，对模块Ⅰ基因和模块Ⅲ基因进行 KEGG 富集分析，发现碳水化合物代谢、淀粉和蔗糖代谢、酪氨酸代谢等通路在模块Ⅰ中被显著富集，而模块Ⅲ基因显著富集到植物激素信号转导、转录因子、MAPK 信号通路等。此外对模块Ⅰ基因和模块Ⅲ基因进行 GO 富集分析得出类似结果，模块Ⅰ基因显著富集到碳水化合物代谢、葡聚糖代谢、多糖代谢等生物进程，而模块Ⅲ基因显著富集到细胞内源性刺激反应、细胞激素刺激反应、激素介导的信号通路等生物进程。基于此，青枯雷尔氏菌侵染 BH–1 Ⅰ阶段相较于 XHJ 可能在更大程度上改变细胞壁（或细胞间质）组成与结构，阻碍青枯雷尔氏菌扩散，而 XHJ 相较于 BH–1 可能具备更强烈的免疫反应，抑制青枯雷尔氏菌活性。

以模块基因中的信号转导相关转录因子以及细胞壁发育相关基因为重点，开展深入分析，模块Ⅲ中拥有31个AP2/ERF家族成员（图2–43），而模块Ⅰ中仅有该家族的3个成员；模块Ⅰ中鉴定到2个CesA/Csl基因、3个Lac基因、3个GAUT基因、4个GH9基因以及5个XTH基因（图2–44），这些基因涉及纤维素、半纤维素、果胶和木质素代谢，在细胞壁的生物合成和重塑中发挥重要作用，而模块Ⅲ中仅鉴定到1个CesA/Csl基因、2个Lac基因和3个XTH基因，未鉴定到GAUT基因和GH9基因。

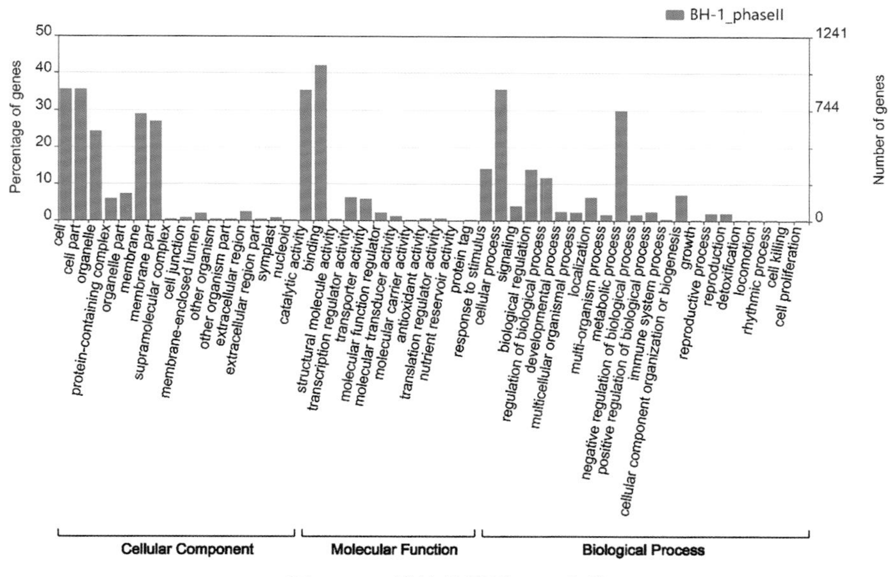

图2–40　模块Ⅱ基因GO分类

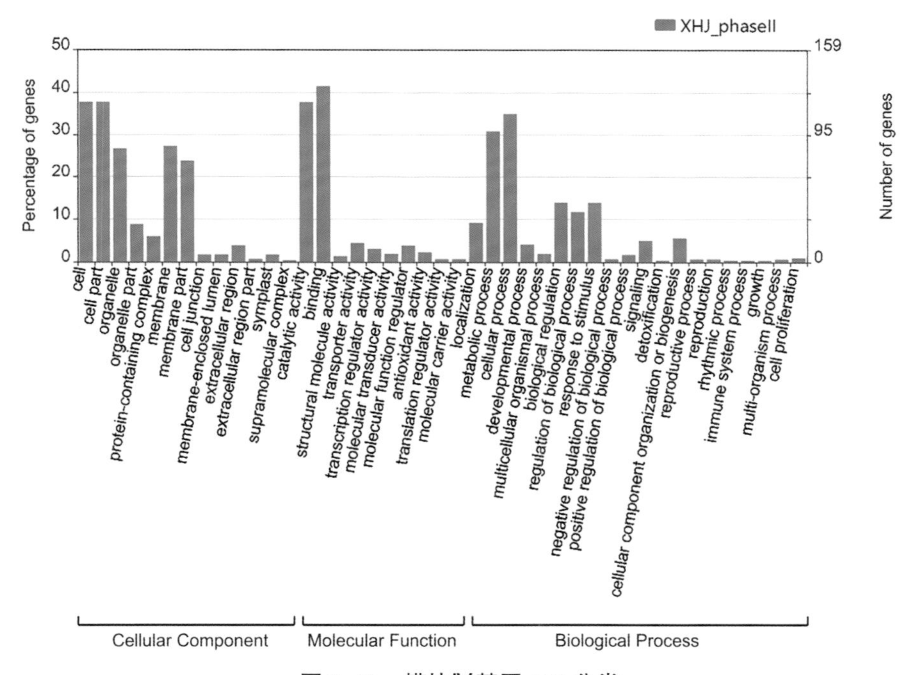

图2–41　模块Ⅳ基因GO分类

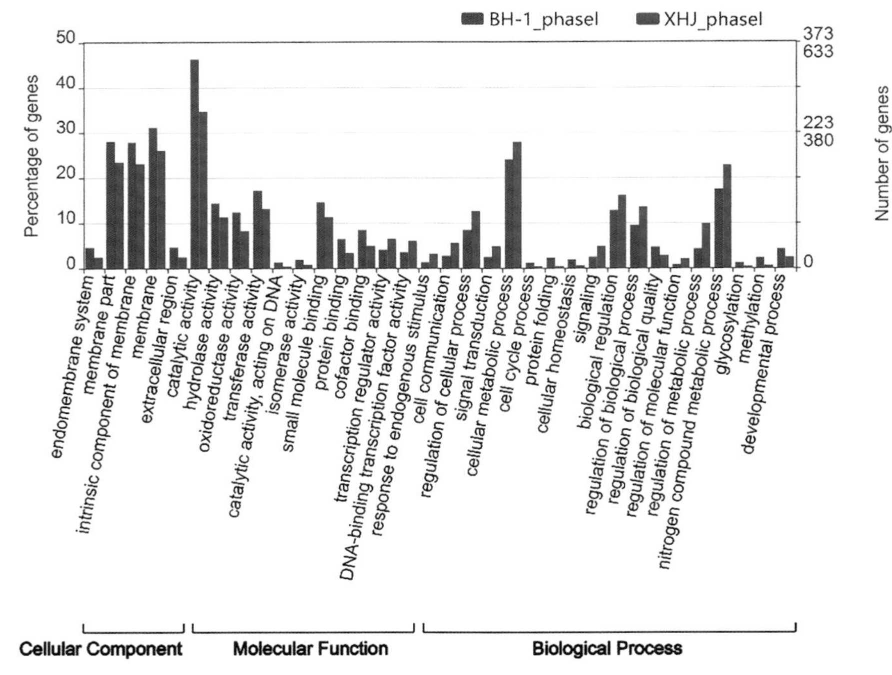

图 2-42　模块Ⅰ基因和模块Ⅲ基因 GO 分类比较

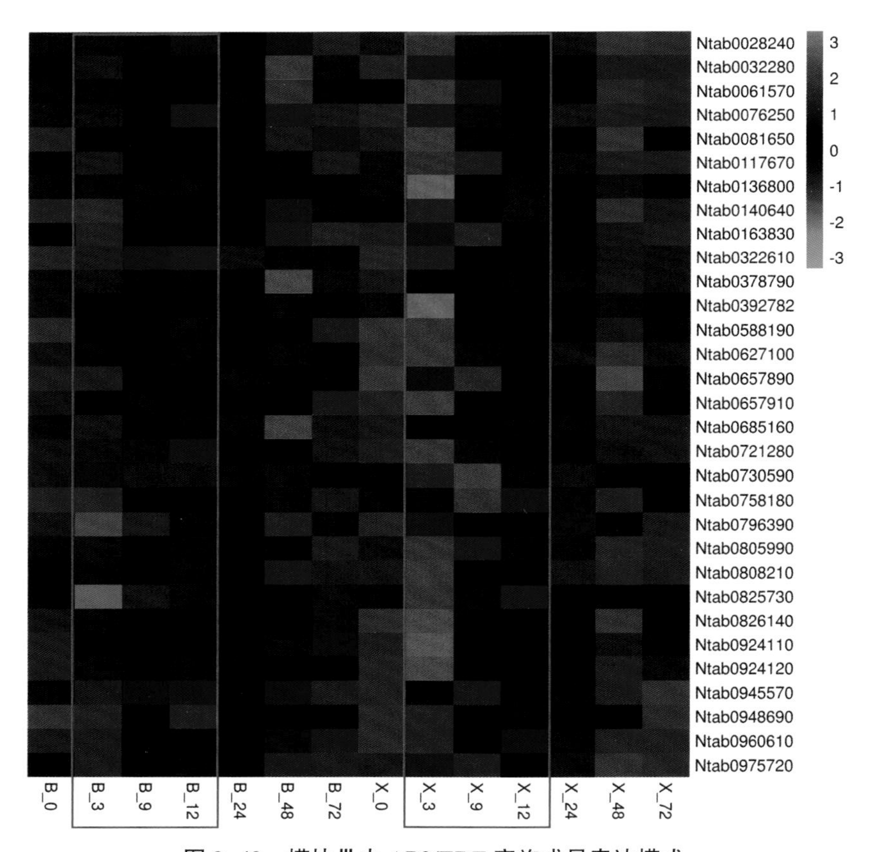

图 2-43　模块Ⅲ中 AP2/ERF 家族成员表达模式

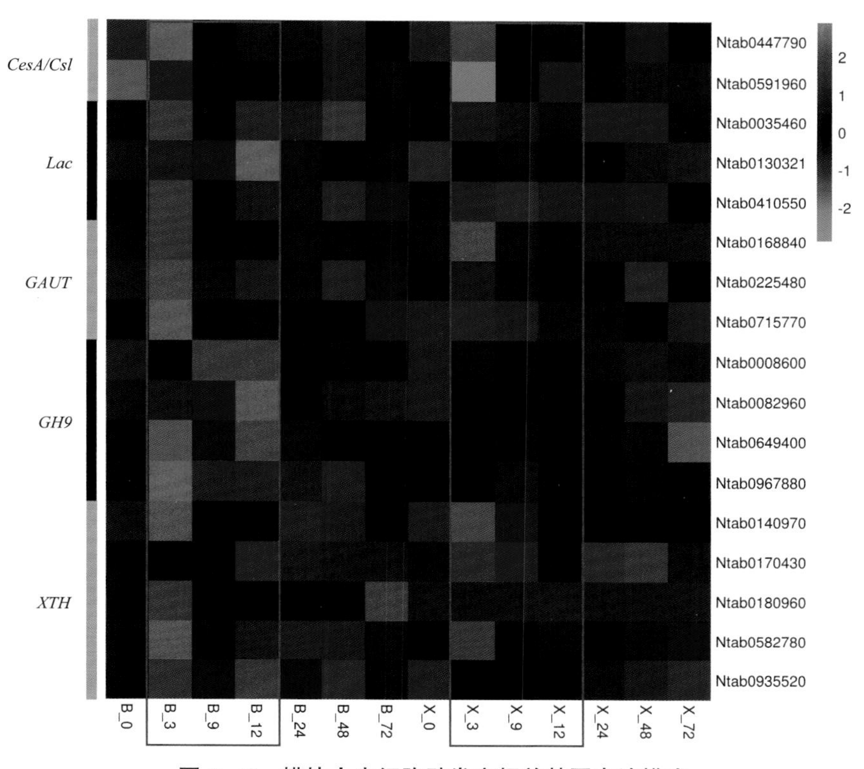

图 2-44　模块Ⅰ中细胞壁发育相关基因表达模式

四、烟草 EMS 诱变突变体与青枯雷尔氏菌的互作

1. 基于转录组的烟草 EMS 诱变突变体与青枯雷尔氏菌的互作

中国农业科学院烟草研究所选取人工接种条件下翠碧一号和翠碧一号 EMS 高世代改良系，对接种青枯雷尔氏菌后 0h、0.5h、3h 和 24h 的根系材料进行 RNA-seq 测序（图 2-45），获得了不同组别之间差异表达的 376 ～ 5 451 个 DEGs（图 2-46）。聚类分析结果表明，不同处理时间的翠碧一号与突变体 DEGs 聚在一起，说明突变体抗性获得并没有引起其与翠碧一号之间的显著基因表达差异（图 2-47）。KEGG 通路富集分析结果表明，差异基因主要在植物 - 病原菌互作、MAPK 信号转导和苯丙素代谢途径（图 2-48）。

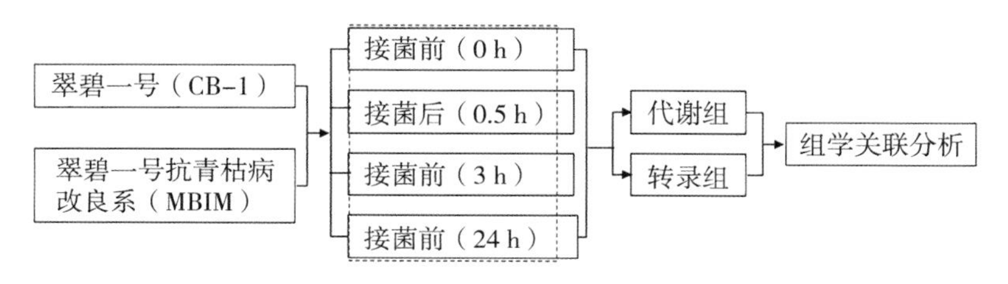

图 2-45　突变体组学取材方案及实验设计

Sample	Total	Up	Down
0h	5451	2318	3133
0.5h	951	769	182
3h	376	222	154
12h	2164	1590	574

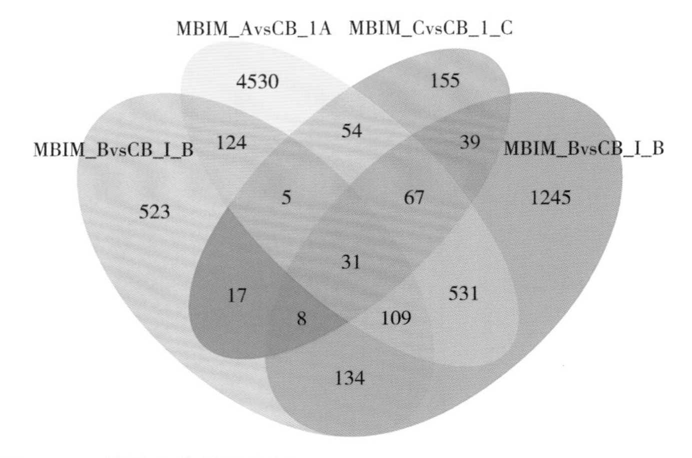

图 2-46　差异表达基因分析

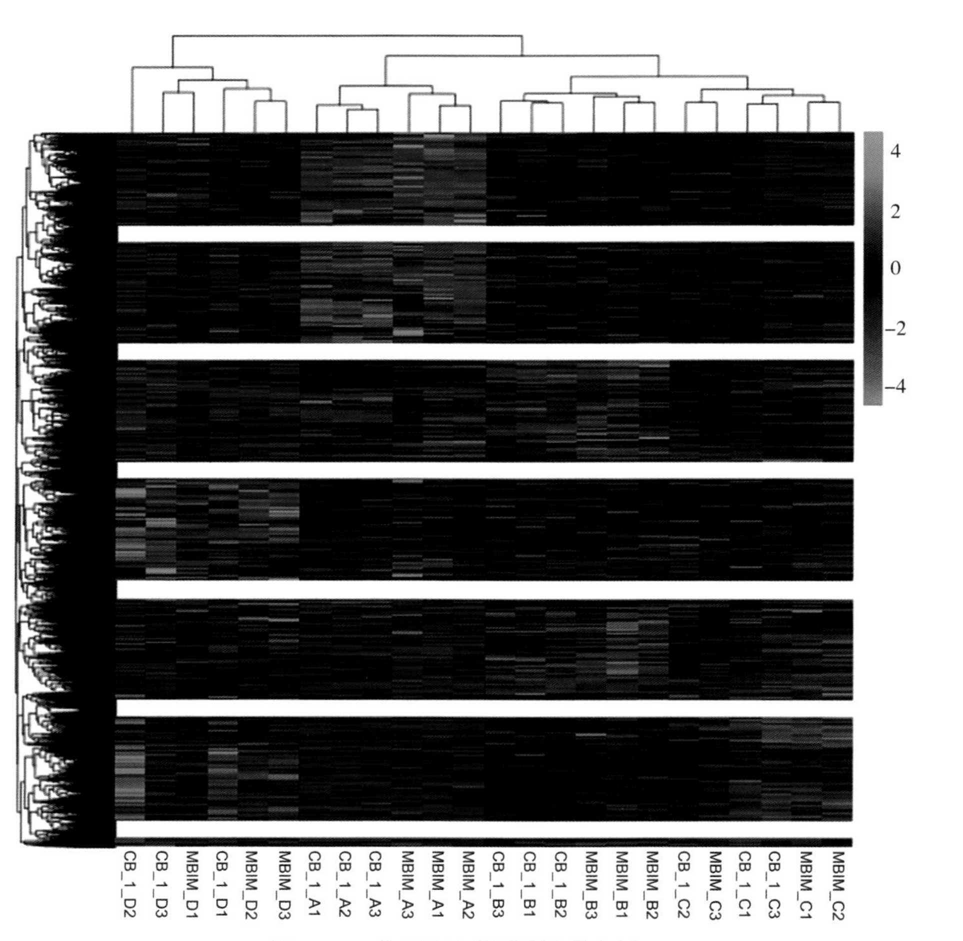

图 2-47　差异表达基因的聚类分析

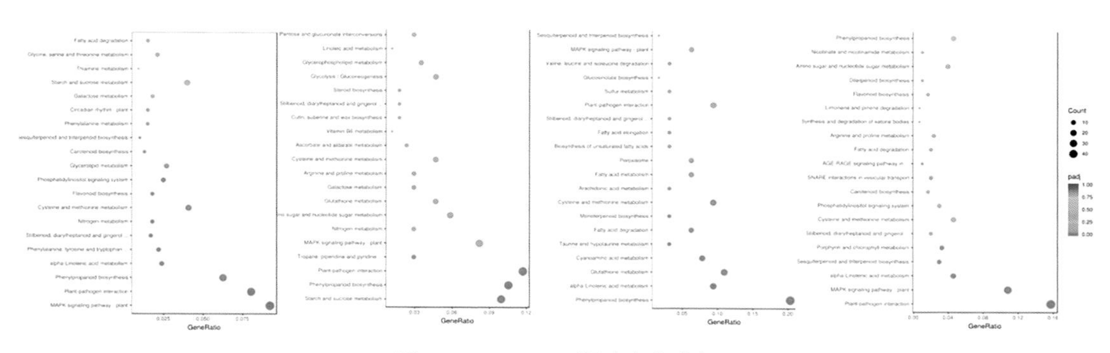

图 2-48　KEGG 通路富集分析

2. 基于代谢组的烟草 EMS 诱变突变体与青枯雷尔氏菌的互作

取人工接种条件下翠碧一号和翠碧一号高世代改良品系在接种后 0h、0.5h、3h 和 24h 的根系为材料进行代谢组研究分析（图 2-45）。对差异代谢物的主成分分析及聚类分析结果表明，翠碧一号和改良系品在接种后 0h、0.5h、3h 的代谢物分别聚为一类，而 24h 后代谢物无显著差异（图 2-49）。初步获得了 7 个差异代谢产物，可能在突变体抵御青枯雷尔氏菌的过程中发挥重要作用。

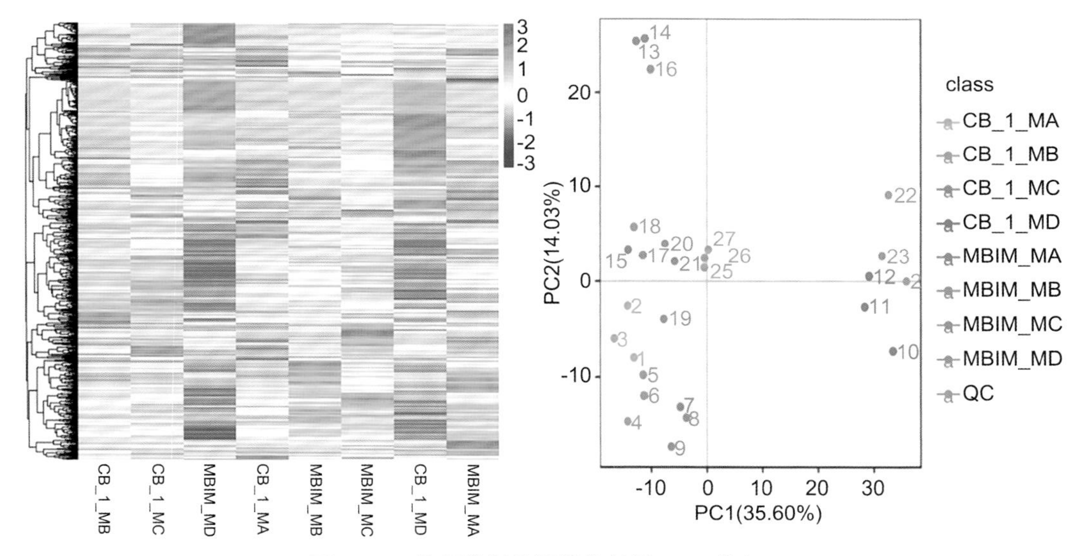

图 2-49　差异代谢物聚类分析及 PCA 分析

第三章

烟草青枯病抗性位点遗传定位与分子标记开发

烟草青枯病抗性遗传模式较为复杂，利用晾晒烟、香料烟及烤烟进行的青枯病抗性遗传分析表明，不同烟草类型以及同类型不同品种间的青枯病抗性遗传规律均差异较大，来源于同一抗源的品种之间其遗传规律也并非完全一致，但大多研究者认为烟草青枯病抗性为多基因控制且具有加性效应（耿锐梅等，2018；高加明等，2010；张振臣等，2017；牛文利等，2021）。有关烟草青枯病抗性 QTL 的定位研究开展较早，利用 AFLP、SSR 等分子标记在不同的分离群体内鉴定到了多个青枯病抗病 QTL 位点；利用 MELP 和 SSR 标记开展了基于关联分析的青枯病抗性位点发掘并取得了一定研究进展。由于上述研究普遍采用的是基于酶切和 PCR 的二代分子标记技术，其标记数量有限，定位区间较大且缺乏基因组信息支撑，限制了研究结果在抗病基因克隆和抗病分子标记辅助选择育种中的应用。近年来，随着高通量测序技术的快速发展，SNP 和 InDel 等新一代分子标记在动植物遗传研究中得到了广泛的应用。与 SSR 等传统分子标记技术相比，SNP 标记具有数量多、密度高、分布广泛等优势。基于简化基因组测序的 RAD-seq 技术在实现基因组全覆盖的同时，还能大幅降低测序成本，非常适合烟草这类基因组庞大的作物。

第一节　烤烟种质自然群体青枯病抗性全基因组关联分析与连锁标记开发

中国农业科学院烟草研究所以 219 份国内外表型变异丰富、遗传多样性较高的烤烟种质（由国家烟草种质资源中期库提供）构成自然群体（表 3-1），利用 RAD 简化基因组测序，结合自然群体表型，对烟草青枯病抗性进行全基因组关联分析，发掘与抗性水平显著关联的区段并预测抗病候选基因及开发分子标记，为开展烟草青枯病抗性分子育种奠定基础。

表 3-1　219 份种质材料基因分型及表型鉴定结果

编号	材料名称	病情指数	分型结果	编号	材料名称	病情指数	分型结果
1	NC82	22.22	AG	199	Speight G-41	87.65	GG
2	V2	61.11	GG	200	Virginia 182	11.11	AA
3	小黄金 1025	79.8	GG	201	P3	33.33	GG
4	Speight G-28	51.39	GG	203	黔南七号	-	GG
5	大白筋 599	53.33	AA	204	T.I.706	88.89	GG
6	中烟 90	93.65	GG	205	云多一号	85.71	AG
7	中烟 15	58.93	GG	206	席类烟	88.31	GG
8	9201	45.83	GG	207	大白筋 2522	82.83	GG
9	NC567	41.43	GG	208	春雷 4 号	65.28	GG
10	K346	10	AA	210	白筋黄苗	100	GG
11	白花 205	12.5	GG	211	武鸣二号	87.65	GG
12	Coker 176	0	GG	212	Red Hort	84.72	GG
13	云烟 85	43.43	GG	213	H68E-1	15.15	GG
15	翠碧一号	64.44	GG	214	Vesta 30	74.44	GG
16	CF80/ 中烟 98	29.09	GG	215	筑波一号	37.78	GG
17	NC89	69.7	GG	216	魁烟 2487	100	GG
18	K326	30	GG	217	辽烟九号	95.56	GG
20	CF965/ 中烟 100	82.86	GG	218	安丘满屋香	70.37	GG
22	Va116	46.67	GG	219	长毛黄	90	GG
23	云烟 87	30.91	GG	220	麻江立烟	43.43	GG
28	NCTG55	58.73	GG	221	Oxford 4	100	GG
30	RG13	33.33	GG	222	大苗黄	100	GG
32	CV088/CV88	76.67	GG	223	疙瘩筋烟	87.78	GG
33	CV87	92.59	GG	224	瓮安铁杆烟	100	GG
34	FC8	55.56	GG	225	Hicks 55	40.4	GG
35	中烟 14	78.79	GG	226	8813	55.56	GG
38	RG8	30	GG	227	大柳条	93.33	GG
39	RG89	18.18	GG	228	安选四号	93.65	GG
41	中烟 102	77.14	GG	229	桃柳子	85.93	GG
42	9111-21/ 龙江 911	63.33	GG	230	弯梗子	97.98	GG
43	台烟九号（T.T.9）	74.03	GG	231	平板柳叶	100	GG
44	台烟 11 号	77.78	GG	232	落地黄	37.04	GG
45	红花大金元	100	GG	233	ETWM 10	100	GG

续表

编号	材料名称	病情指数	分型结果	编号	材料名称	病情指数	分型结果
46	Speight G–80	30.86	GG	234	NC71	68.25	AA
47	RG11	20	GG	235	Criollo c–1–1	27.14	AA
48	RG17	22.22	GG	236	小黄金 0138	51.95	AA
50	岩烟 97	0	GG	237	Y–2	0	GG
53	09–53	92.59	GG	238	TI1500	28.57	AA
55	革新三号	90.12	GG	239	胎里富 1011	97.22	GG
57	净叶黄	100.00	GG	240	8022	46.67	GG
59	台烟八号（T.T.8）	70.00	GG	241	长脖烟	78.89	GG
60	中烟 86	91.11	–	242	黑苗竖把 2104	97.98	GG
62	中烟 103	71.11	GG	243	77089–12	72.73	GG
64	抗 88	60.49	GG	244	Va458	25.45	AA
65	CV91	92.59	GG	245	Coker187–Hicks	32.00	AA
66	Speight G–140	26.67	AG	246	吉烟 5 号	79.80	GG
71	T.I.245	100.00	GG	247	Coker 206	24.68	GG
73	抗 66	88.89	GG	248	蔓光柳叶尖	100.00	GG
74	铁耙子	100.00	GG	249	CT709	54.32	GG
76	满屋香	81.82	–	250	小黄烟	46.56	GG
79	Hicks（Broad Leaf）	78.79	GG	251	人参烟	61.35	GG
80	NC 95	10.1	GG	252	Coker9	57.49	GG
81	Coker 319	33.33	AA	253	薄荷烟	57.04	GG
82	Coker 139	38.46	AA	254	Hyco Ruce	83.84	GG
86	By 4	66.67	GG	255	瓦窑烟	74.60	GG
94	86–3002	75.00	AG	256	晋太 66–4	85.86	GG
95	82–3041	43.33	GG	257	瓮安枇杷叶	56.67	GG
97	7514	54.00	GG	258	G80B	20.00	GG
110	C151	47.48	GG	259	瓮安中坪烤烟	28.57	GG
111	7411	71.43	GG	260	福泉高脚黄	56.57	GG
112	B22	83.12	GG	261	晋太 88	41.67	GG
114	CV58	68.89	GG	262	春雷一号	34.52	GG
115	K149	30.00	GG	263	毕金一号	75.31	GG
116	NC 2326	27.14	AA	264	辽烟十一号	48.61	GG
117	永定一号	43.21	GG	265	丸叶	0.00	GG
119	单育二号	100.00	GG	266	JB–200	38.00	GG

续表

编号	材料名称	病情指数	分型结果	编号	材料名称	病情指数	分型结果
121	广黄 54	100.00	GG	267	DB101	30.00	AA
122	金星 6007	93.33	GG	268	牡单 79–2	11.11	AA
123	潘圆黄	95.06	GG	269	H80A432	13.33	GG
124	浦优一号	69.44	GG	270	TI1112	100.00	GG
125	云烟 2 号	28.39	GG	271	CNH–NO.7	86.67	GG
126	CF90NF	90.00	GG	272	CU263	30.00	AA
128	长脖黄	87.96	GG	273	K358	0.00	GG
129	胎里富 1060	85.19	GG	274	MRS–2	97.22	GG
131	炉山小柳叶	74.03	GG	275	NC1108	59.26	GG
132	革新五号	50.51	AA	276	NCTG60	85.19	AG
133	Special 401	52.52	GG	277	NCTG61	71.61	GG
134	秦烟 95	68.89	GG	278	OX2028	21.43	GG
135	秦烟 96	61.62	GG	279	OX2101	30.00	GG
137	Windel/ 龙江 851	76.77	GG	280	RG3414	47.78	GG
138	龙江 925	63.33	GG	281	SPG–169	22.00	GG
140	龙江 935	–	GG	282	SPG–172	71.11	GG
143	豫烟 3 号	40.00	GG	283	TI1597	91.11	GG
144	Special 400	0.00	AA	284	Va80	68.89	GG
145	Cash	57.78	GG	285	Va411	64.44	GG
147	乔庄多叶	100.00	GG	286	春雷三号	86.67	GG
148	Black Shank Resistant	100.00	GG	287	达磨	36.67	GG
149	Harrison Special	65.08	GG	288	TI 448A	71.11	GG
150	龙烟一号	41.27	AA	289	反帝三号 – 丙	28.00	GG
151	Kutsaga E1	45.71	GG	290	84–3117	33.33	AA
152	Virginia Gold	82.22	GG	291	Enshu	50.00	AA
153	SH.86–1	34.44	AA	292	K730	72.22	GG
154	NC–22–NF	38.57	GG	293	OX2007	55.56	GG
155	TL 106	46.75	AA	294	SPG–168	45.68	GG
156	78–3012	67.78	GG	295	长葛柳叶	100.00	GG
157	白色种	0.00	AA	296	大竖把（直把）	100.00	GG
158	I–35	100.00	GG	297	大竖把 2106	87.78	GG
159	胎里富 1061	97.98	GG	298	榆叶竖把 2109	93.33	GG

续表

编号	材料名称	病情指数	分型结果	编号	材料名称	病情指数	分型结果
160	龙舌	87.88	GG	299	开阳团鱼叶	67.78	GG
161	黑叶烟	100.00	GG	300	黄平毛杆烟	81.11	GG
162	圆叶烟	52.22	GG	301	福泉折烟	55.71	GG
163	大青筋	0.00	GG	303	黄平大柳叶	93.33	GG
190	小尖梢	74.44	GG	304	福泉大鸡尾	91.11	GG
191	柳叶尖 2017	100.00	GG	305	福泉朝天立	42.22	GG
192	大竖把 2101	100.00	GG	306	炉山大莴笋叶	95.56	GG
194	福泉厚节巴	74.75	GG	307	K394	88.57	GG
195	晋太 49	73.33	GG	308	小叶黄	100.00	GG
196	Pelo De Oro P-1-6	58.44	AG	309	Hicks	91.11	GG
197	九楼烟	80.00	GG	954	JM01	–	GG
198	Ky 151	97.53	GG				

1. 种质群体表型

以成熟期烟草单株为单位，在青枯病发病盛期（移栽后 60d）进行青枯病病情调查，参照国家标准 GB/T 23222—2008，根据烟株茎部条斑和叶片凋萎情况将发病等级分为 6 级，具体标准见表 3-2。并根据病级计算每个供试种质的病情指数。

参照国家标准 GB/T 23224—2008 中的品种抗病性评价标准，根据每个供试种质的病情指数将抗病性分为高抗（0）、抗病（0.1-20）、中抗（20.1-40）、中感（40.1-60）、感病（60.1-80）和高感（80.1-100）共 6 类。

表 3-2 烟草青枯病严重度分级标准

病害等级	分级标准
0 级	全株无病
1 级	茎部偶有褪绿斑或病侧 1/2 以下叶片萎蔫
3 级	茎部有少许黑色条斑或病侧 1/2 ～ 2/3 叶片萎蔫
5 级	茎部黑色条斑超过茎高 1/2 或病侧 2/3 以上叶片萎蔫
7 级	茎部黑色条斑到达茎顶部或病株叶片全部萎蔫
9 级	病株基本枯死

2. 全基因组关联分析

与深圳华大基因股份有限公司合作开展 RAD 简化基因组测序及 SNP 鉴定，参考基因组为烟草栽培品种红花大金元（V 4.0）。从全部 SNP 位点中筛选非缺失个体不少于 190 个的 SNP 位点，利用 Haploview 4.2（BARRETT et al., 2005）软件进行 SNP 间的连锁不平衡（LD）分析，计算 50 个 SNP 以内两两位点间的 LD 参数 r^2。用滑动窗口法统计 r^2 的平均值，其窗口长度为 36 kb，步长 0.8 kb，绘制成 LD 衰减曲线。利用 TASSEL V5.0（BRADBURY et al., 2007）软件的 MLM（PCA+K）模型进行全基因组关联分析。通过烟草基因组数据库（http://218.28.140.17/）获得关联区段内基因功能注释信息。

种质群体的病情指数在各个区间均有分布，而抗病性主要分布在中抗、中感和感病 3 个等级（图 3–1），种质群体病情指数的偏度系数 Skewness 为 0.051，峰度系数 Kurtosis 为 −1.078，基本符合正态分布。

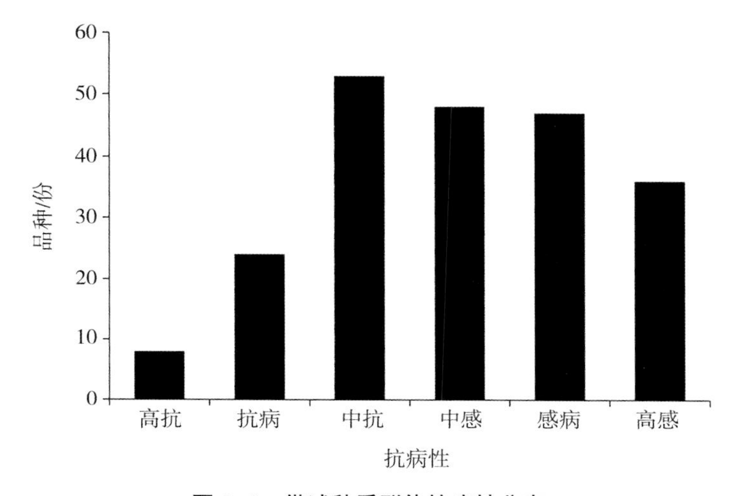

图 3–1　供试种质群体抗病性分布

通过 RAD–seq 共发掘到高质量的 SNP 位点 384 904 个，筛选到非缺失个体不少于 190 的 SNP 位点共 338 315 个，用于计算 LD 衰减距离。通过滑动窗口法共获得 16 914 526 组 LD 数据，其中 r^2 达显著水平以上的有 2 071 065 组、占 12.24%。绘制 LD 衰减曲线（图 3–2），以 r^2 低于 0.5 为临界值（SNP 位点间最高值 1.0，初始窗口 r^2 平均值 0.92），在此条件下烟草种质群体的 LD 衰减距离为 256 kb。

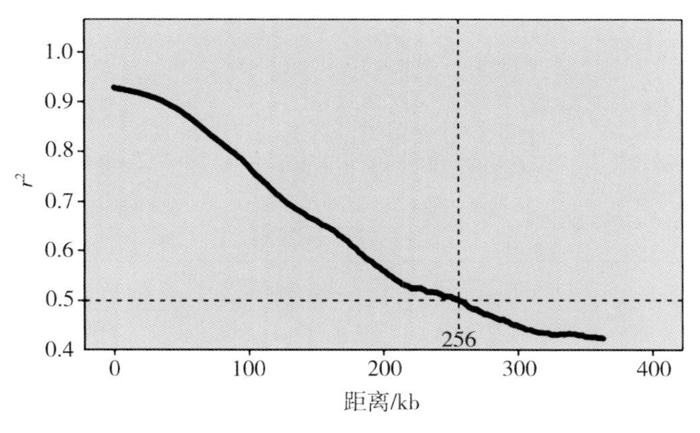

图 3–2　供试种质群体的 LD 衰减图

利用种质群体的青枯病抗性调查数据，基于群体 SNP 分型数据，进行全基因组关联分析，由关联分析结果的 Q-Q 图可知（图 3-3），本研究所选用模型适宜，关联分析效果理想。以关联位点的 p 值小于 1E-6 作为显著性阈值，在此阈值条件下共发掘到 1 个显著关联 SNP 区段（图 3-3），其峰值 SNP（C17_23 977 382）位于 17 号染色体的 23 977 382 bp 处（图 3-3），p 值为 6.196E-7 能解释 14.29% 的表型变异。

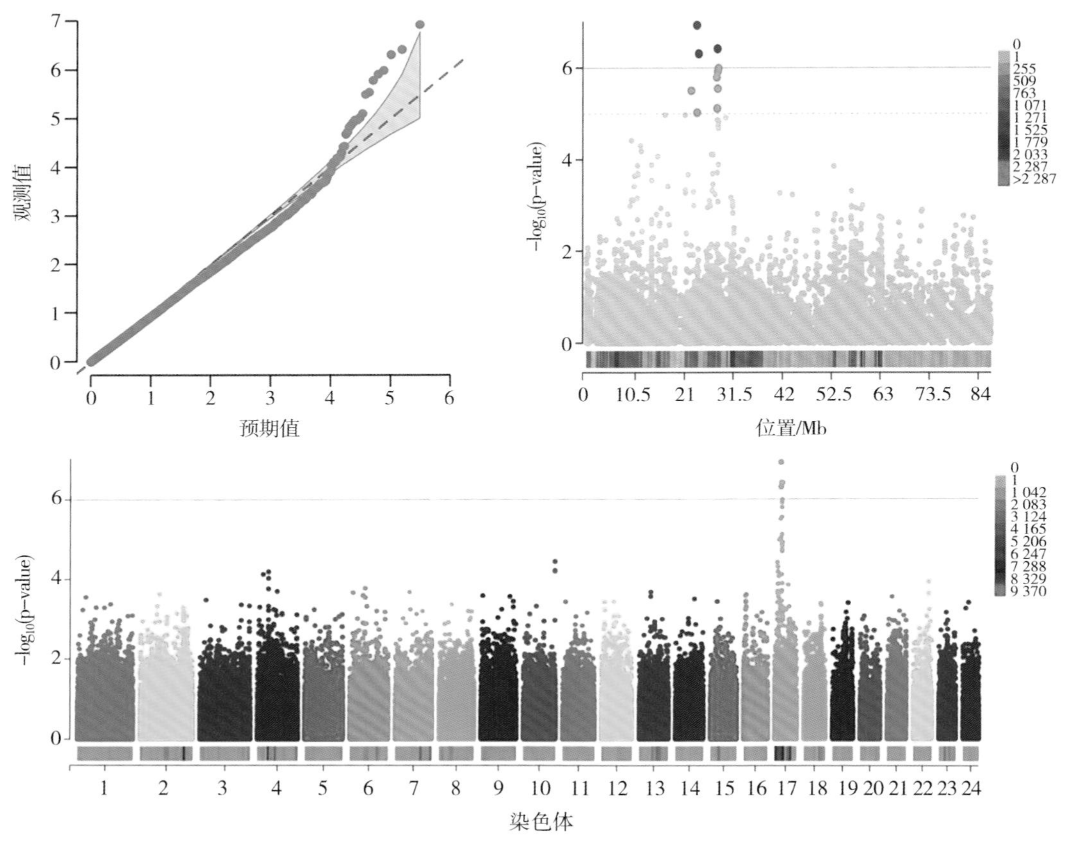

图 3-3　供试种质群体青枯病抗性的全基因组关联分析

（注：曼哈顿图右上角和底部不同颜色代表标记不同密度）

3. 抗青枯病优异等位变异

关联峰值位点 C17_23 977 382 在群体中的分型情况见表 3-1，该位点在群体中有 AA、GG、AG 3 种基因型，其中 AA 有 23 个种质（10.5%），GG 有 187 个种质（85.4%），AG 有 6 个种质（2.7%），另外 3 个种质（1.4%）基因型缺失。方差分析结果表明，等位变异 A 能够极显著（$p < 0.000\,1$）降低病情指数，是优异等位变异（图 3-4）。

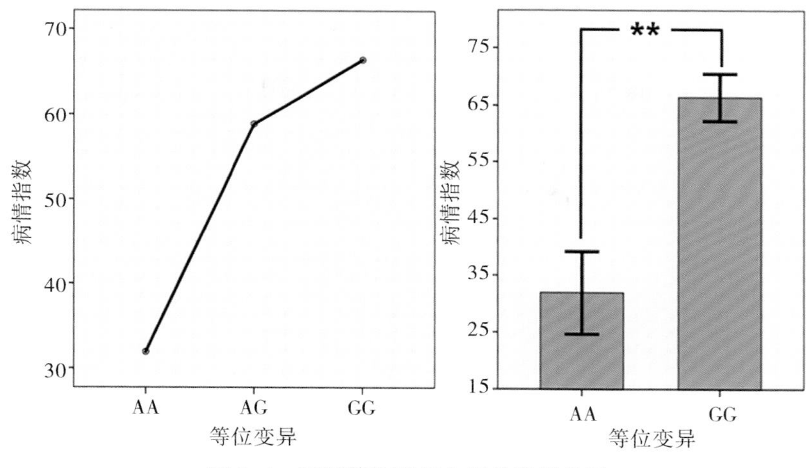

图 3–4　不同等位变异之间的表型差异

4. 青枯病抗性连锁标记开发

前文基于红花大金元参考基因组利用 RAD 简化基因组测序技术，对 219 份国内外烟草种质进行全基因组 SNP 分型，获得 384 904 个高质量的 SNP 位点，利用田间病圃对供试材料进行青枯病抗性鉴定，并通过全基因组关联分析发掘到 1 个与烟草青枯病抗性显著关联的染色体区段峰值、SNP 在 17 号染色体的 23 977 382 bp 处。考虑到红花大金元参考基因组染色体组装的局限性，利用中国农业科学院烟草研究所新近组装的高质量中烟 300 参考基因组，基于简化基因组测序原始 reads 对其中 200 份烟草种质进行 SNP 分型，共获得 798 446 个高质量 SNP 位点（测序深度 > 3；位点缺失率 < 50%；最小等位基因频率 > 5%），24 条染色体上分布的 SNP 位点数量为 20 219 ～ 106 951 个，平均为 32 690.17 个（表 3–3）。

表 3–3　染色体上 SNP 位点分布情况

染色体	数量	染色体	数量	染色体	数量
Chr1	29 499	Chr10	22 153	Chr19	44 207
Chr2	29 130	Chr11	20 224	Chr20	21 175
Chr3	48 565	Chr12	31 352	Chr21	20 219
Chr4	33 918	Chr13	29 225	Chr22	39 279
Chr5	54 931	Chr14	23 039	Chr23	36 972
Chr6	26 924	Chr15	26 980	Chr24	25 618
Chr7	21 760	Chr16	20 310	Scaffolds	13 882
Chr8	26 943	Chr17	106 951	总计	798 446
Chr9	23 747	Chr18	21 443		

基于上述 SNP 分型数据及田间病圃青枯病抗性鉴定表型，进行青枯病抗性全基因组关联分析，在中烟 300 参考基因组 17 号染色体上定位到 2 个显著关联区段，分别位于 62 Mb 和 110 Mb（图 3–5）。基于同源比对证实 62 Mb 显著关联区段，即前文基于红花大金元参考基因组鉴定的显著关联区段，而 110 Mb 显著关联区段为新鉴定的青枯病抗性位点。针对上述 2 处显著关联区段，基于 AS–PCR 方法开发 SNP 分子标记，策略为 3 条引物构成的两组 PCR 扩增体系，1 条通用引物用于区分普通烟草 S 和 T 亚基因组，另外 2 条引物分别对应显著关联位点的 2 种等位变异。SNP 分子标记 I（62 Mb）对应中烟 300 参考基因组 17 号染色体 62 103 303 bp 处，该位点在 RAD–seq 群体中表现为 CC、CA、AA 3 种基因型，其中 CC 基因型有 125 个种质（62.5%），CA 基因型有 7 个种质（3.5%），AA 基因型有 36 个种质（18.0%），另外 32 个种质（16.0%）在该位点基因型缺失；双尾 t 检验结果表明：AA 基因型种质相较于 CC 基因型种质在整体上表现出更强的青枯病抗性（图 3–6）。SNP 分子标记Ⅱ（110 Mb）对应中烟 300 参考基因组 17 号染色体 110 128 545 bp 处，该位点在 RAD–seq 群体中表现为 GG、GT、TT 3 种基因型，其中 GG 基因型有 141 个种质（70.5%），GT 基因型有 12 个种质（6.0%），TT 基因型有 46 个种质（23.0%），另外 1 个种质（0.5%）在该位点基因型缺失；双尾 t 检验结果表明：GG 基因型种质相较于 TT 基因型种质，在整体上表现出更强的青枯病抗性（图 3–6）。

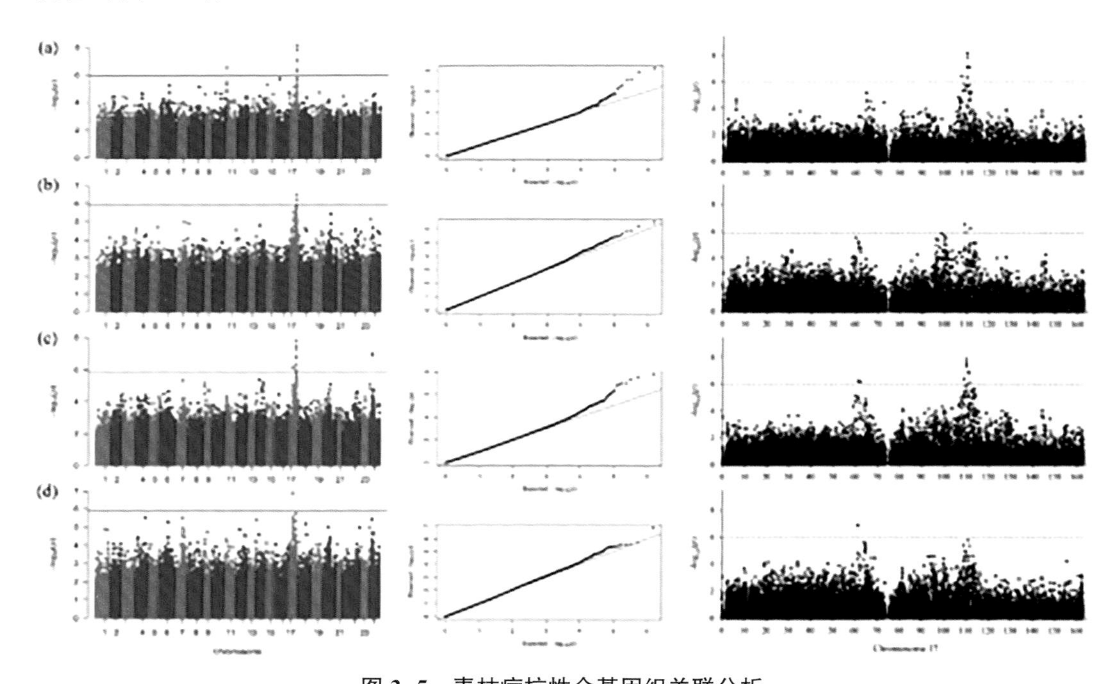

图 3–5　青枯病抗性全基因组关联分析

（注：a–d 分别产生自重复 1 数据、重复 2 数据、二者均值及二者最大值）

开展基于分子标记的种质基因分型以及分子标记功能验证，进一步验证上述分子标记在烟草抗青枯病分子育种中的应用潜力。基于苗期青枯病抗性鉴定结果及田间病圃发病情况，筛选 56 份烟草抗青枯病种质材料和 59 份感青枯病种质材料（表 3–4）。在抗青枯病供试材料中 SNP 分子标记Ⅱ的有利等位变异被广泛应用（50/56），SNP 分子标记Ⅰ的有利等位变异被部分应用（14/56），部分种质同时拥有 2 种有利等位变异，如 K346 和 DB101（图 3–6）；在感青枯病供试材料中，2 个位点的有利等位变异携带比率均较低，分别为 47.5%（28/59）和 13.6%（8/59），部分种质材料不携带其中任一有利等位变异，具有较大的青枯病抗性改良潜力，如红花大金元、长脖黄、净叶黄等（图 3–7）。

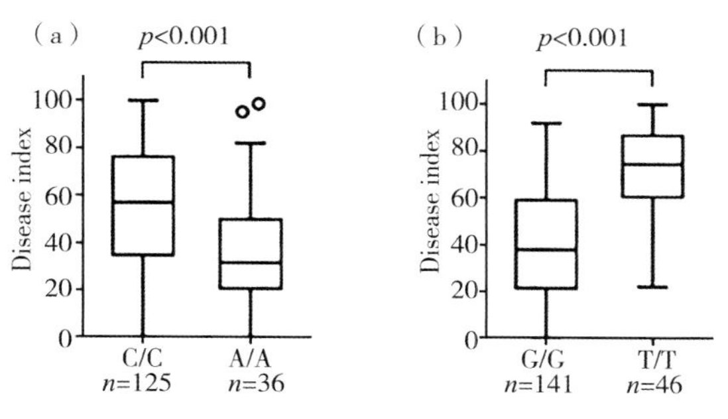

图 3–6　不同基因型种质青枯病抗性统计

表 3–4　分子标记验证种质

抗青枯病供试材料			感青枯病供试材料		
Coker 86	H68E–1	湄育 2–1	红花大金元	长葛柳叶	CV87
Coker 298	G80B	OX940	净叶黄	大竖把（直把）	长脖黄
琼中五指山 –1	OX2101	NC 60	T.I.245	小叶黄	CV91
NC86	OX2028	NC729	单育二号	胎里富 1011	鲁烟 2 号
RG12	岩烟 97	NC12	广黄 54	MRS–2	长毛黄
ZX144	K149	NC2514	乔庄多叶	Ky 151	革新三号
RG17	K326	NC 2326	Black Shank Resistant	胎里富 1061	抗 66
RG89	K346	云烟 2 号	I–35	弯梗子	T.I.706
ZX145	K358	Dixie Bright 101	黑叶烟	黑苗竖把 2104	九楼烟
K730	K399	Speight G–140	柳叶尖 2017	大柳条	黄平毛杆烟
反帝 3 号	RG8	SPG–169	大竖把 2101	榆叶竖把 2109	满屋香
LMAFC34	RG11	Criollo c–1–1	白筋黄苗	黄平大柳叶	Virginia Gold
歙圆四号	RG13	反帝 3 号 – 丙	魁烟 2487	中烟 90	大白筋 2522
大青筋	RG22	TI1500	Oxford 4	安选四号	中烟 100
丸叶	GDSY–1	Va458	大苗黄	潘圆黄	B22
NC 95	09–43–3	CU263	瓮安铁杆烟	辽烟九号	Hyco Ruce
Virginia 182	YS21		平板柳叶	炉山大窝笋叶	Red Hort
牡单 79–2	Coker 176		ETWM 10	中烟 86	胎里富 1060
白花 205	Coker 206		蔓光柳叶尖	TI1597	NCTG60
H80A432	Coker 254		TI1112	福泉大鸡尾	

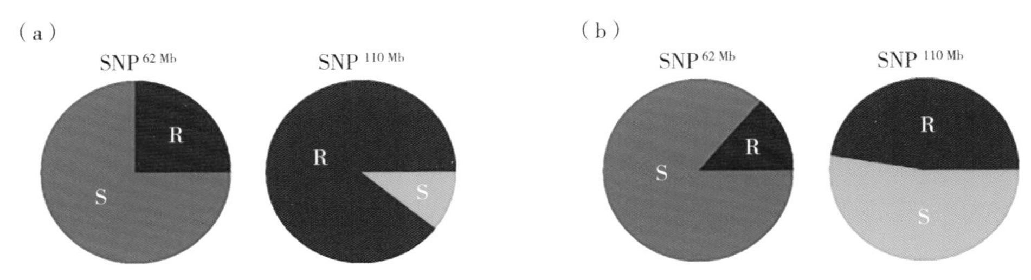

图 3-7 有利等位变异携带比率

（注：a 和 b 分别表示抗青枯病和感青枯病种质中的统计情况）

第二节 雪茄烟 Beinhart 1000-1 RIL 群体的青枯病抗性 QTL 定位

中国农业科学院烟草研究所对以雪茄烟 Beinhart 1000-1 为抗病亲本、烤烟小黄金 1025 为感病亲本创制的 F_7 代 RIL 群体，进行两个批次的苗期人工接种烟草青枯雷尔氏菌鉴定，结合该群体高密度 SNP 遗传图谱进行青枯病抗性 QTL 定位。定位结果显示：17 号连锁群上存在两个主效 QTL 位点 *qBTW-17-1* 和 *qBTW-17-2*，其 LOD 值最高，分别为 21.04 和 24.43，能够解释的表型变异率（PVE）最高，分别为 10.66% 和 24.65%。此外 *qBTW-17-2* 与本部分第一节通过自然群体种质材料检测到的青枯病抗性关联区段位置高度吻合，可见 *qBTW-17-2* 是后续青枯病抗性相关基因发掘的重要位点。

1. RIL 群体与青枯病抗性表型

以雪茄烟 Beinhart 1000-1 为抗病亲本、烤烟小黄金 1025 为感病亲本创制的 F_7 代 RIL 群体共 189 个株系。采用苗期人工接种鉴定方法进行群体材料的青枯病抗性鉴定，两个批次的鉴定均进行多个时期的病情指数调查，相关数据用于青枯病抗性 QTL 定位。

第一批次抗性鉴定采用的病原菌为青枯雷尔氏菌演化型Ⅱ菌株 AM-NC，第二批次抗性鉴定采用的病原菌为青枯雷尔氏菌演化型Ⅱ菌株 AM-NC 和演化型Ⅰ菌株 Y45（表 3-5）。RIL 群体第一批次和第二批次抗性鉴定病情指数分布情况见图 3-8、图 3-9 和图 3-10。

表 3-5 第二批次抗性鉴定所用菌株及调查日期

性状编号	菌株	调查日期
21AMr1	AM-NC	2021.5.15
21Y45r1	Y45	2021.5.15
21AMr2	AM-NC	2021.5.18
21Y45r2	Y45	2021.5.18
21AMr3	AM-NC	2021.5.28
21Y45r3	Y45	2021.5.29

续表

性状编号	菌株	调查日期
21AMr4	AM-NC	2021.6.4
21Y45r4	Y45	2021.6.5
21AMr5	AM-NC	2021.6.8
21Y45r5	Y45	2021.6.8
21AMr6	AM-NC	2021.6.20
21Y45r6	Y45	2021.6.21

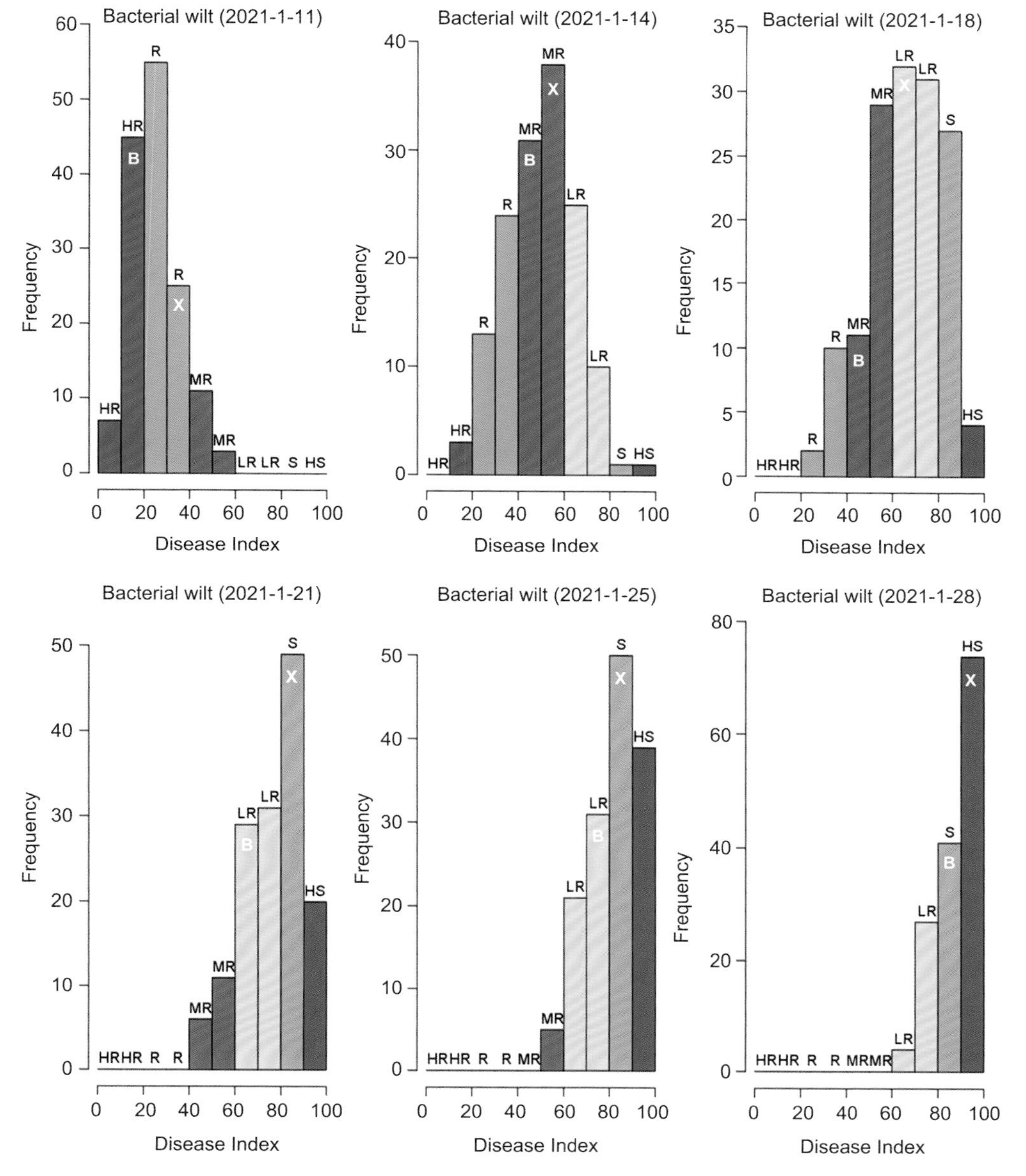

图 3-8　RIL 群体第一批次青枯病抗性鉴定病情指数分布（接种 AM-NC 菌株）

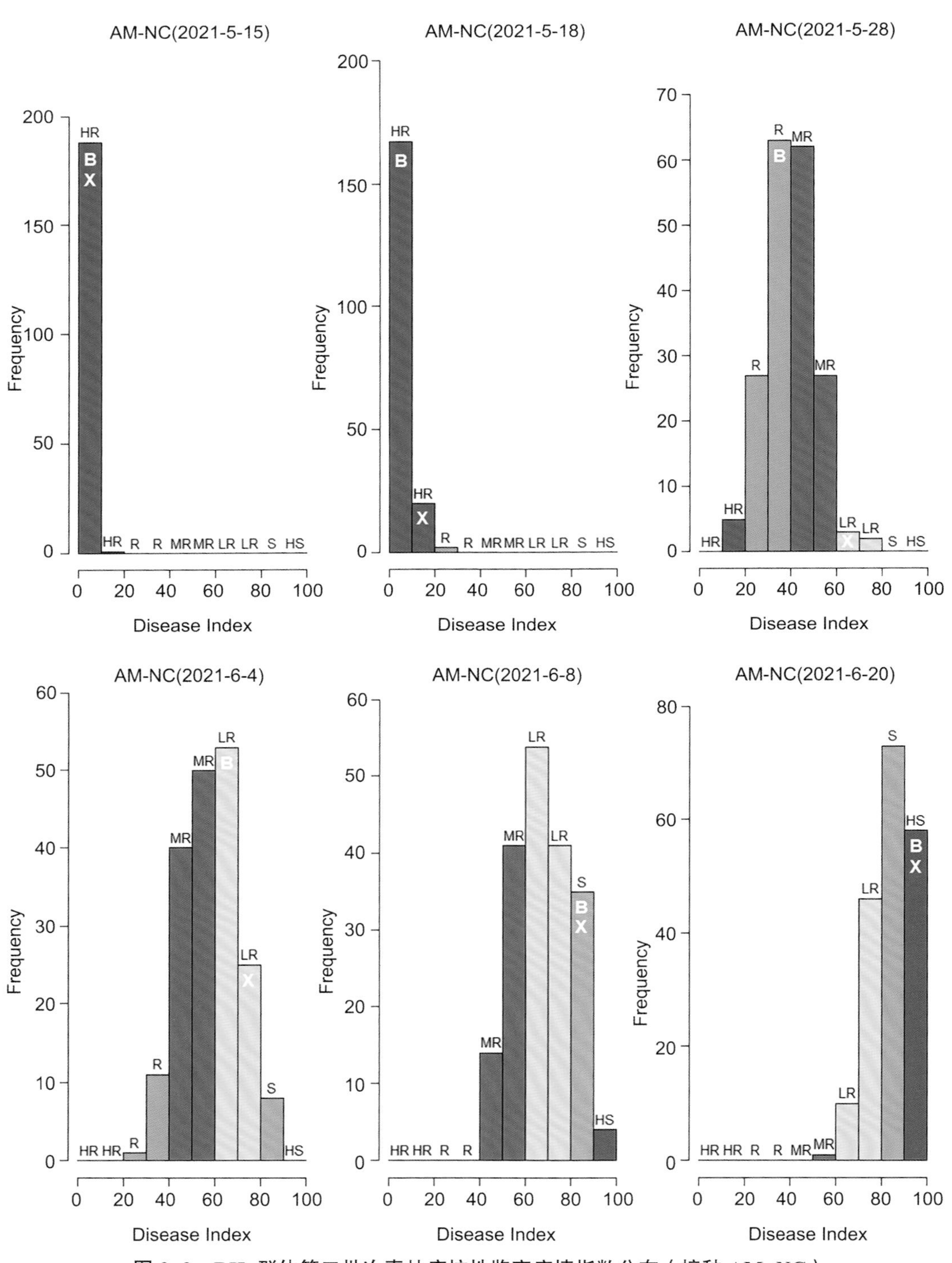

图 3-9　**RIL** 群体第二批次青枯病抗性鉴定病情指数分布（接种 **AM-NC**）

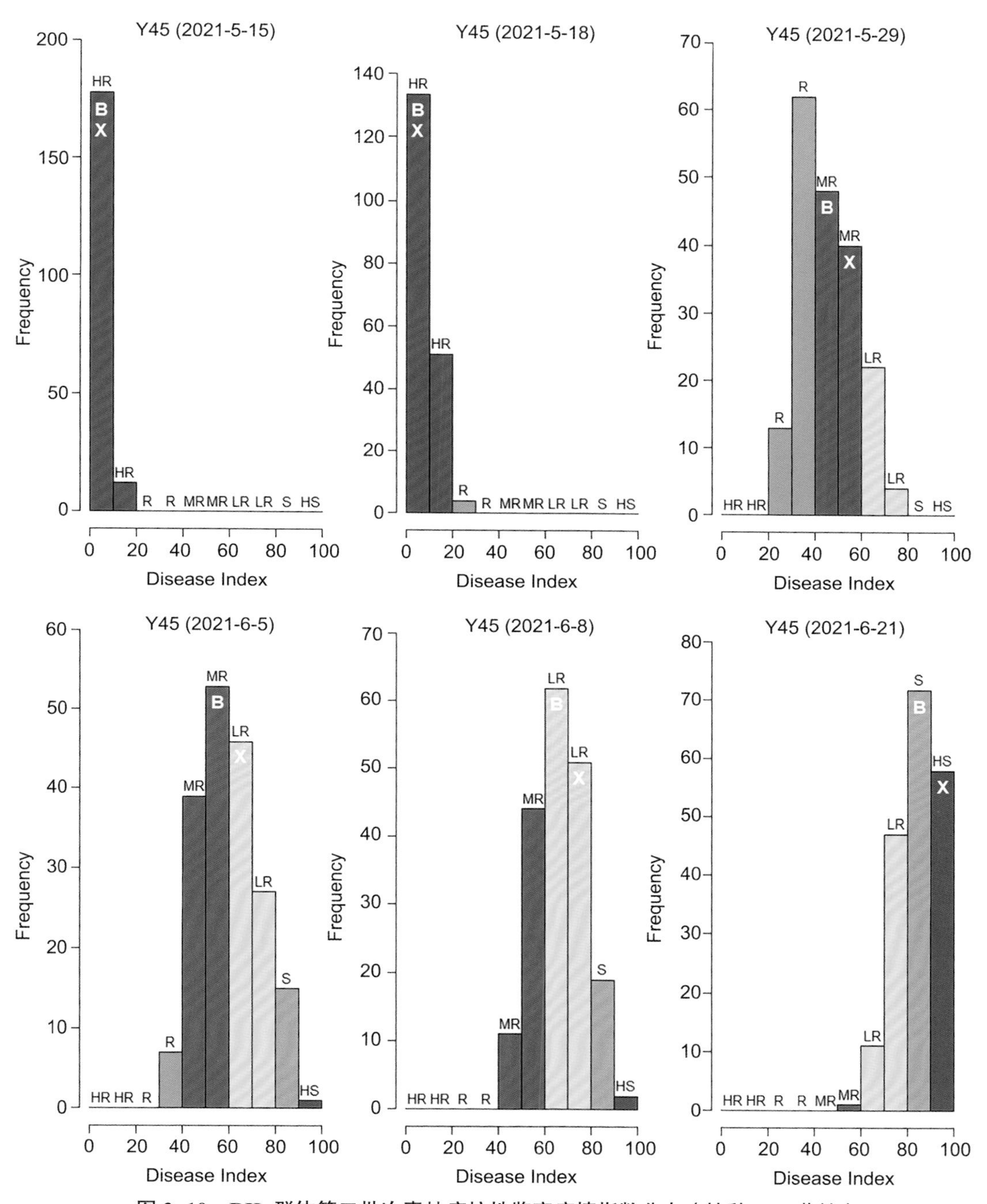

图 3–10　RIL 群体第二批次青枯病抗性鉴定病情指数分布（接种 Y45 菌株）

2. 青枯病抗性 QTL 定位

基于第一批次抗性鉴定 6 个调查时期的表型数据，共检测到 11 个青枯病抗性 QTL 位点，按连锁群顺序分别为：*qBTW-1-1*、*qBTW-3-1*、*qBTW-5-1*、*qBTW-6-1*、*qBTW-8-1*、*qBTW-11-1*、*qBTW-12-1*、*qBTW-13-1*、*qBTW-17-1*、*qBTW-17-2*、*qBTW-18-1*，各 QTL

位点在连锁群上的分布情况见图 3–11。LOD 值最高的 QTL 位点为 *qBTW-17-2*，在 R1 和 R6 中分别达到了 24.43 和 17.41；其次为 *qBTW-17-1*，在 R1 中达到了 10.33；LOD 值超过 5 的 QTL 位点还有 *qBTW-12-1*，在 R6 中达到 5.96。*qBTW-17-2* 在基于 6 套表型数据开展的 QTL 定位中均被检测到，是最稳定的青枯病抗性 QTL 位点，17 号连锁群上 QTL 位点分布情况见图 3–12。

基于第二批次抗性鉴定产生的表型数据共检测到 13 个青枯病抗性 QTL 位点（图 3–13），按连锁群顺序分别为：*qBTW-1-2*、*qBTW-11-2*、*qBTW-11-3*、*qBTW-12-2*、*qBTW-13-2*、*qBTW-13-3*、*qBTW-17-1*、*qBTW-17-2*、*qBTW-17-3*、*qBTW-18-2*、*qBTW-23-1*、*qBTW-23-2* 和 *qBTW-24-1*。其中 *qBTW-17-1* 和 *qBTW-17-2* 为重复鉴定到的青枯病抗性 QTL 位点，17 号连锁群上 QTL 位点的分布情况见图 3–14。

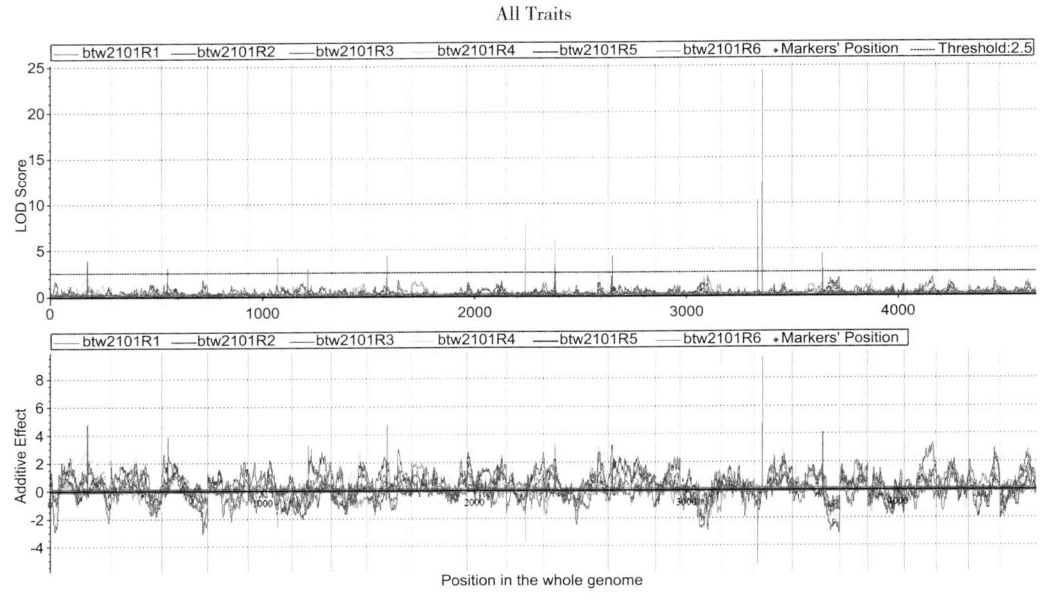

图 3–11　青枯病抗性 QTL 位点分布情况（第一批次）

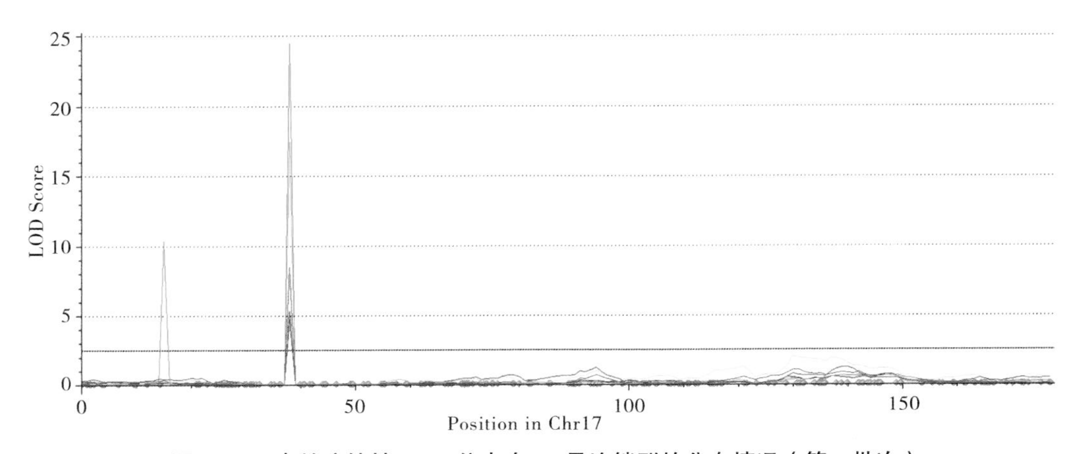

图 3–12　青枯病抗性 QTL 位点在 17 号连锁群的分布情况（第一批次）

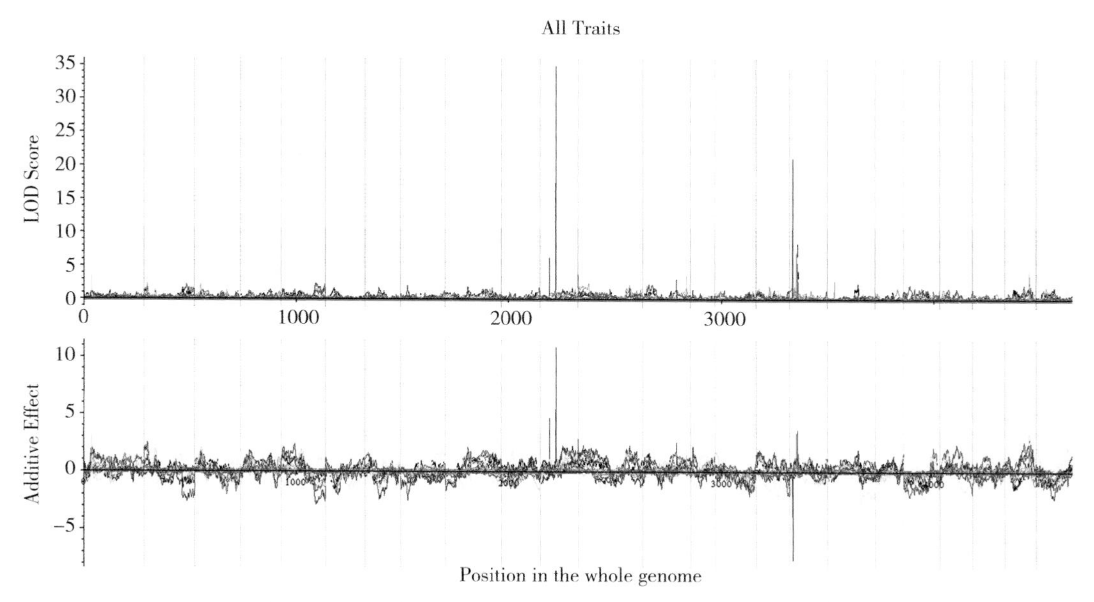

图 3-13　青枯病抗性 QTL 位点分布情况（第二批次）

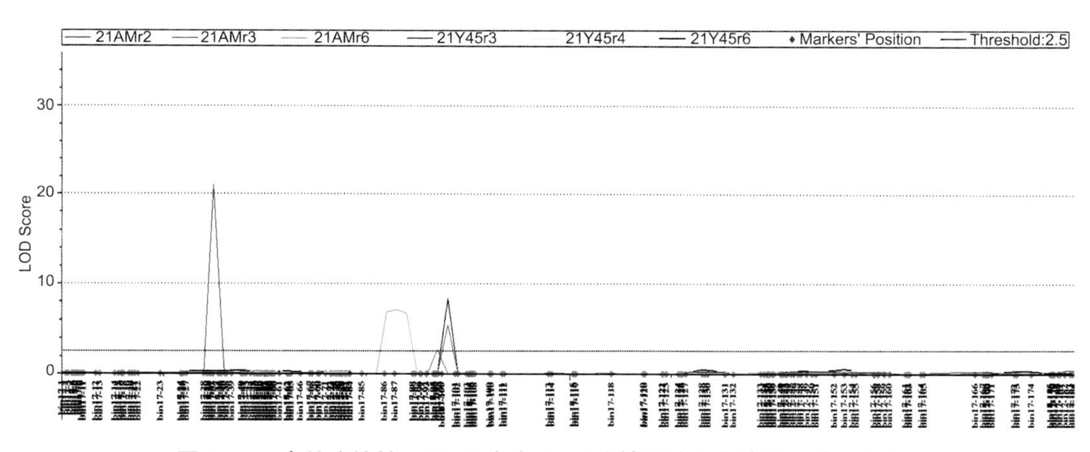

图 3-14　青枯病抗性 QTL 位点在 17 号连锁群的分布情况（第二批次）

3. 青枯病抗性相关基因挖掘

qBTW-17-1、*qBTW-17-2* 在基于多个表型数据的青枯病抗性 QTL 定位中均能被检测到，并且 *qBTW-17-2* 与烟草青枯病抗性全基因组关联分析结果交叉验证，重点针对 *qBTW-17-1* 及 *qBTW-17-2* 开展青枯病抗性相关基因挖掘工作。根据已公布的烟草基因组数据库（http://218.28.140.17/）确定 QTL 区间内基因并将基因序列在 NCBI 数据库（https://www.ncbi.nlm.nih.gov/）、UniProt 数据库（https://www.uniprot.org/）、InterPro 数据库（https://www.ebi.ac.uk/interpro/）及茄科基因组数据库（https://solgenomics.net）中进行同源比对以明确其功能注释。

根据功能注释筛选到10个可能与烟草青枯病抗性相关的基因，其中包括几丁质受体激酶LYK5（*Ntab0717250*）、与细胞壁发育相关的伸展蛋白（*Ntab0717220*）、SnRKs激酶（*Ntab0770880*）、B3类转录因子（*Ntab0717460*）等（表3–6）。

表3–6　*qBTW-17-1* 和 *qBTW-17-2* 区间内青枯病抗性相关候选基因

基因	功能注释	基因功能相关
Ntab0770880	Serine/threonine–protein kinase	植物SnRKs上游激酶参与盐胁迫响应
Ntab0770850	expressed protein	番茄抗枯萎病Ⅰ–3基因与 *Ntab0770850* 具有同源性
Ntab0770840	similar to Protein fluG	无
Ntab0717460	B3 transcription factor	B3转录因子应答多种逆境胁迫
Ntab0717320	similar to STS14 protein	STS14蛋白与病程相关蛋白PR–1具有同源性
Ntab0717250	similar to Protein LYK5	拟南芥CPK5磷酸化LYK5，以调节植物先天免疫
Ntab0717220	RING finger protein	富含亮氨酸重复的伸展蛋白，调节植物耐盐性
Ntab0717210	Calcium uniporter protein, mitochondrial	Ca^{2+} 参与调控植物抗病性

提取抗青枯病品种“反帝三号–丙”和感青枯病品种“红花大金元”接种青枯雷尔氏菌Y45后不同阶段（0hpi、3hpi、9hpi、24hpi和48hpi）的根系RNA，反转录获得cDNA，利用Primer 5.0软件设计候选基因特异性引物，以烟草 *Actin* 基因为内参，利用实时荧光定量PCR手段，分析候选基因在抗感材料中响应青枯雷尔氏菌侵染的表达模式（图3–15），发现上述多个候选基因在不同程度上响应青枯雷尔氏菌侵染，可能参与烟草对青枯雷尔氏菌的防御反应。

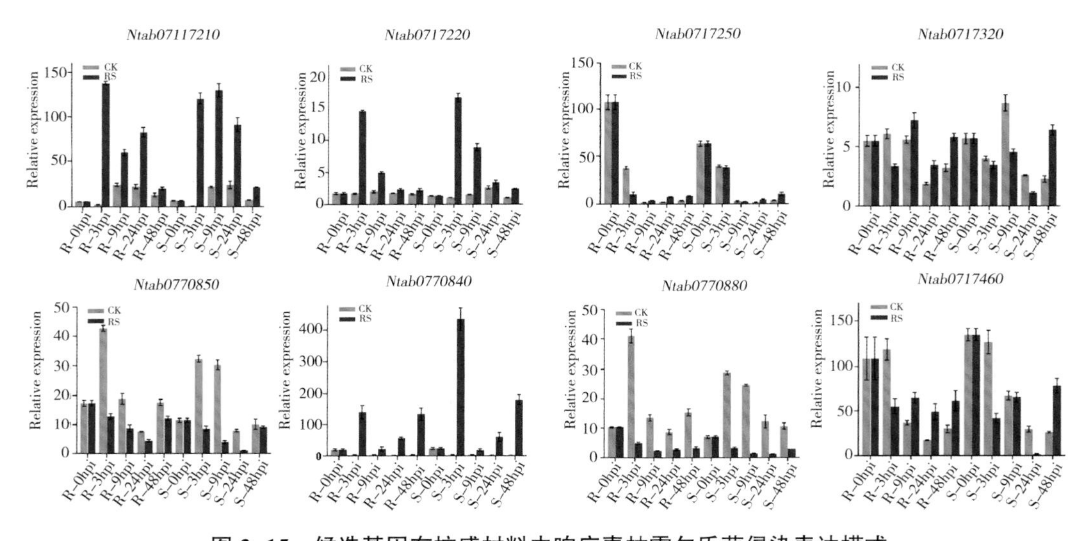

图3–15　候选基因在抗感材料中响应青枯雷尔氏菌侵染表达模式

利用病毒诱导的基因沉默体系（VIGS）验证上述候选基因的抗青枯病功能，分别将上述候选基因的靶标片段构建至TRV2载体中（图3–16），后续于本氏烟中对候选基因进行基因沉默，接种青枯雷尔氏菌后，观察表型，确认候选基因功能。

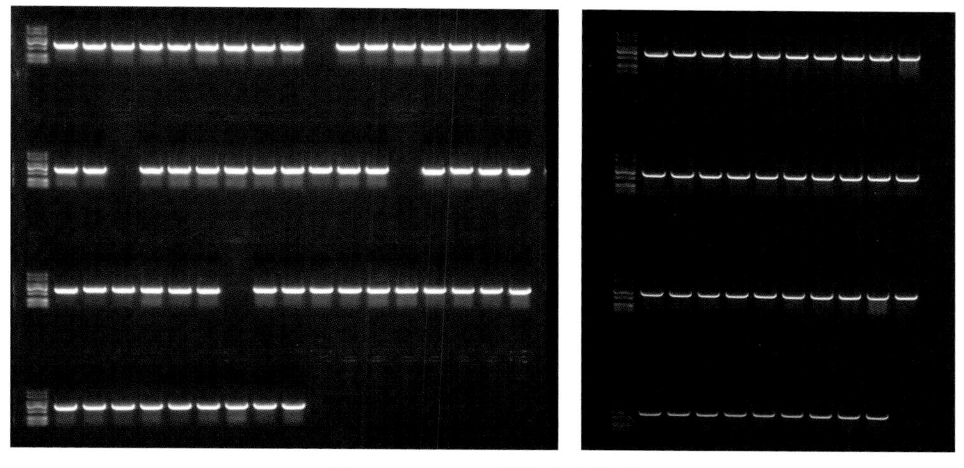

图 3-16　VIGS 载体构建情况

基于功能注释、表达模式等筛选出 4 个重要的青枯病抗性相关候选基因（B3 转录因子、几丁质受体激酶、富含亮氨酸重复的伸展蛋白和 STS14 蛋白），将其 CDS 构建至过表达载体，开展烟草遗传转化（图 3-17）。

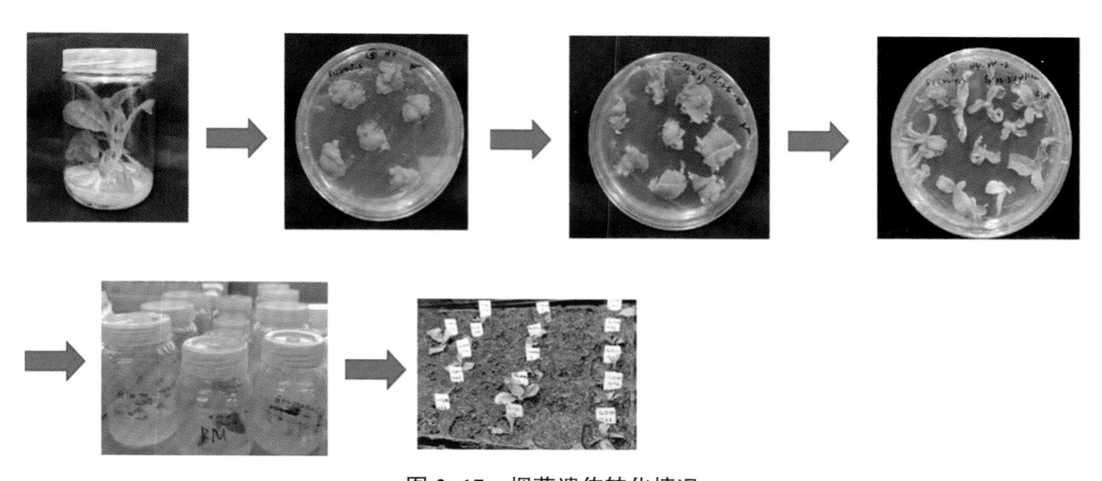

图 3-17　烟草遗传转化情况

第三节　烤烟反帝三号 - 丙 $F_{2:3}$ 家系群体的青枯病抗性 QTL 定位

烟草青枯病抗性遗传机制十分复杂，在不同类型烟草间以及同类型不同品种间的抗性遗传规律均可能存在较大差异，但大多学者认为烟草青枯病抗性属于多基因控制且具有一定的加性效应。近年来，随着二代测序技术和分子标记辅助育种技术的发展，对多基因的有效聚合变成现实，因此，鉴定青枯病抗性位点，挖掘抗性相关基因具有重要意义。2002 年 Nishi 等通过 DH 群体鉴定出 1 个 32 cM 的烟草青枯病抗性区段，随后一系列有关烟草青枯病抗性 QTL 定位的研究相继展开，但整体上看，目前烟草青枯病抗性 QTL 位点信息仍然匮乏，并且 QTL 定位的精度普遍不高。

中国农业科学院烟草研究所以抗病亲本反帝三号－丙和感病亲本红花大金元创制了 254 份 $F_{2:3}$ 家系群体材料，通过混合取样提取每个家系的 DNA，基因分型后用于构建遗传连锁图谱，并通过烟草青枯病苗期人工接种进行青枯病表型鉴定，基于连锁分析挖掘烟草青枯病抗性 QTL 位点，为烟草青枯病抗病分子育种提供参考。

$F_{2:3}$ 家系群体前后共种植两批次群体材料，每批次包括两个重复，每个重复各家系均包括 20 株烟苗。接种青枯雷尔氏菌菌株 YN，在接种后 15d 左右进行青枯病病情调查。

与青岛欧易生物科技有限公司合作完成简化基因组测序。样品 DNA 质检合格后，进行测序文库构建，Raw reads 经过滤后得到 Clean reads，基于红花大金元参考基因组（V4.0）进行序列比对，利用 GATK（https://www.broadinstitute.org/gatk/）鉴定样品 SNP 位点，使用 VCFtools 对获得的 SNP 分型结果进行整合过滤。对所获得的基因型数据，仅保留存在交换的标记位点进行连锁图谱构建。基于供试群体的青枯病表型数据，结合遗传连锁图谱信息，利用 MapQTL 6 软件，基于区间作图法（IM）进行烟草青枯病抗性 QTL 定位分析。

1. 群体表型变异

对接种青枯雷尔氏菌的两亲本和 254 份 $F_{2:3}$ 家系群体，进行烟草青枯病病情调查及病情指数统计，反帝三号－丙的平均病情指数为 34.4，红花大金元的平均病情指数为 84.0，$F_{2:3}$ 家系材料的平均病情指数为 72.0，$F_{2:3}$ 家系材料的青枯病病情指数分布见图 3-18。

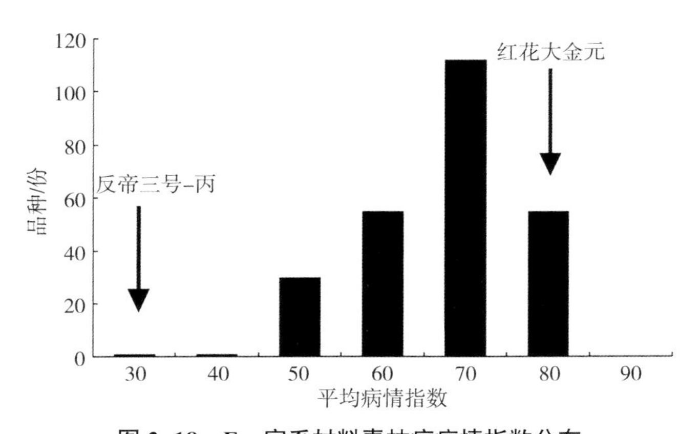

图 3-18　$F_{2:3}$ 家系材料青枯病病情指数分布

2. 遗传连锁图谱

简化基因组测序共获得 20 297 个高质量 SNP，在亲本中纯合且在亲本间有差异的位点共 588 个，剔除偏分离标记后，有效标记 349 个，共获得 25 条连锁群，遗传连锁图谱标记信息见表 3-7。连锁群总长度为 2 595.92 cM，平均标记距离为 7.44 cM，遗传连锁图谱及其 SNP 分布密度见图 3-19。将标记的遗传位置与其在参考基因组上的物理位置进行关联，发现连锁群与参考基因组染色体存在较为明确的对应关系（图 3-20）。

表 3-7　遗传连锁图谱标记信息

连锁群	标记数	有效标记数	连锁群长度（cM）	标记间平均距离（cM）
LG1	30	27	139.287	4.64
LG2	21	21	149.254	7.11
LG3	19	19	124.439	6.55
LG4	19	19	98.052	5.16
LG5	19	19	141.686	7.46
LG6	23	22	256.98	11.17
LG7	20	20	170.271	8.51
LG8	20	20	137.531	6.88
LG9	16	16	67.319	4.21
LG10	18	18	212.234	11.79
LG11	15	15	183.858	12.26
LG12	10	10	124.934	12.49
LG13	13	13	96.228	7.40
LG14	9	9	30.151	3.35
LG15	11	11	49.49	4.50
LG16	13	13	97.329	7.49
LG17	11	11	144.22	13.11
LG18	11	11	71.621	6.51
LG19	9	9	20.731	2.30
LG20	8	8	79.614	9.95
LG21	6	5	26.703	4.45
LG22	3	3	16.82	5.61
LG23	14	14	135.29	9.66
LG24	6	6	21.014	3.50
LG25	5	4	0.864	0.17
汇总	349	343	2 595.92	7.44

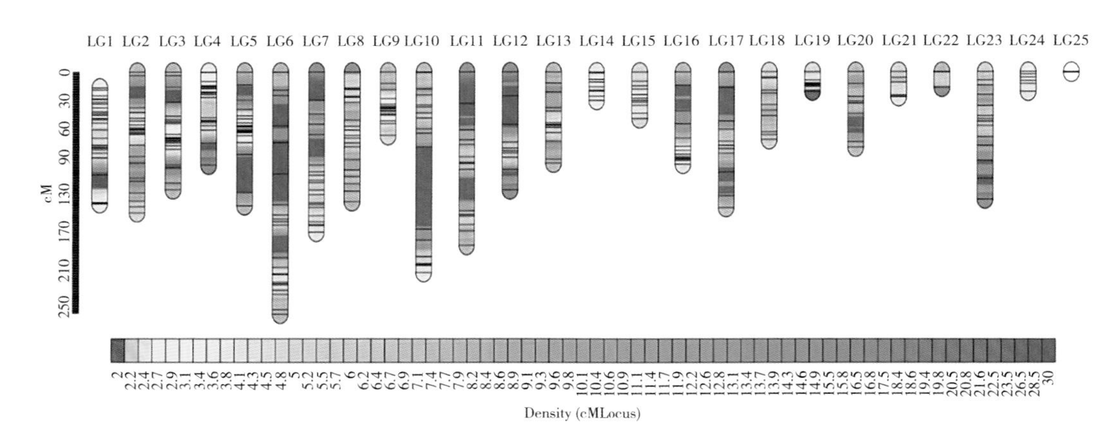

图 3-19　遗传连锁图谱及其 SNP 分布密度

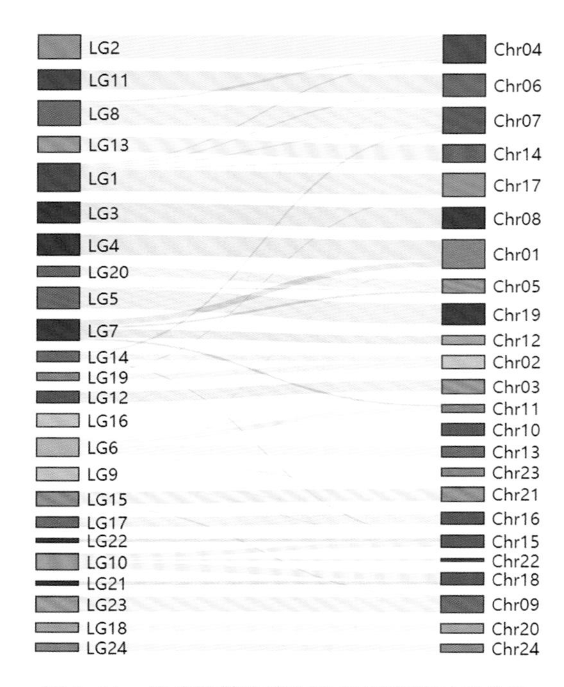

图 3-20　遗传连锁图谱与物理图谱的对应关系

（注：由于 LG25 的 SNP 全部来自 Scaffolds，故图中未出现 LG25）

3. 烟草青枯病抗性 QTL 定位

根据烟草青枯病苗期人工接种鉴定病情指数的统计结果，进行青枯病抗性 QTL 定位，LOD 阈值设置为 2.5，基于 4 套表型数据（两个批次，每个批次包括两个重复）开展的烟草青枯病抗性 QTL 定位结果如图 3-21 所示。共检测到 2 个青枯病抗性 QTL 区段，*qBTW-5-1* 和 *qBTW-12-1*，其中 *qBTW-5-1* 位于 5 号连锁群，上下游 SNP 标记分别为 marker420 和 marker098，峰值 LOD 为 3.81，可以解释 6.7%的表型变异（图 3-22）；*qBTW-12-1* 位于 12 号连锁群 marker061 标记处，峰值 LOD 为 3.99，可以解释 7.1%的表型变异（图 3–23），定位结果详细信息见表 3–8。

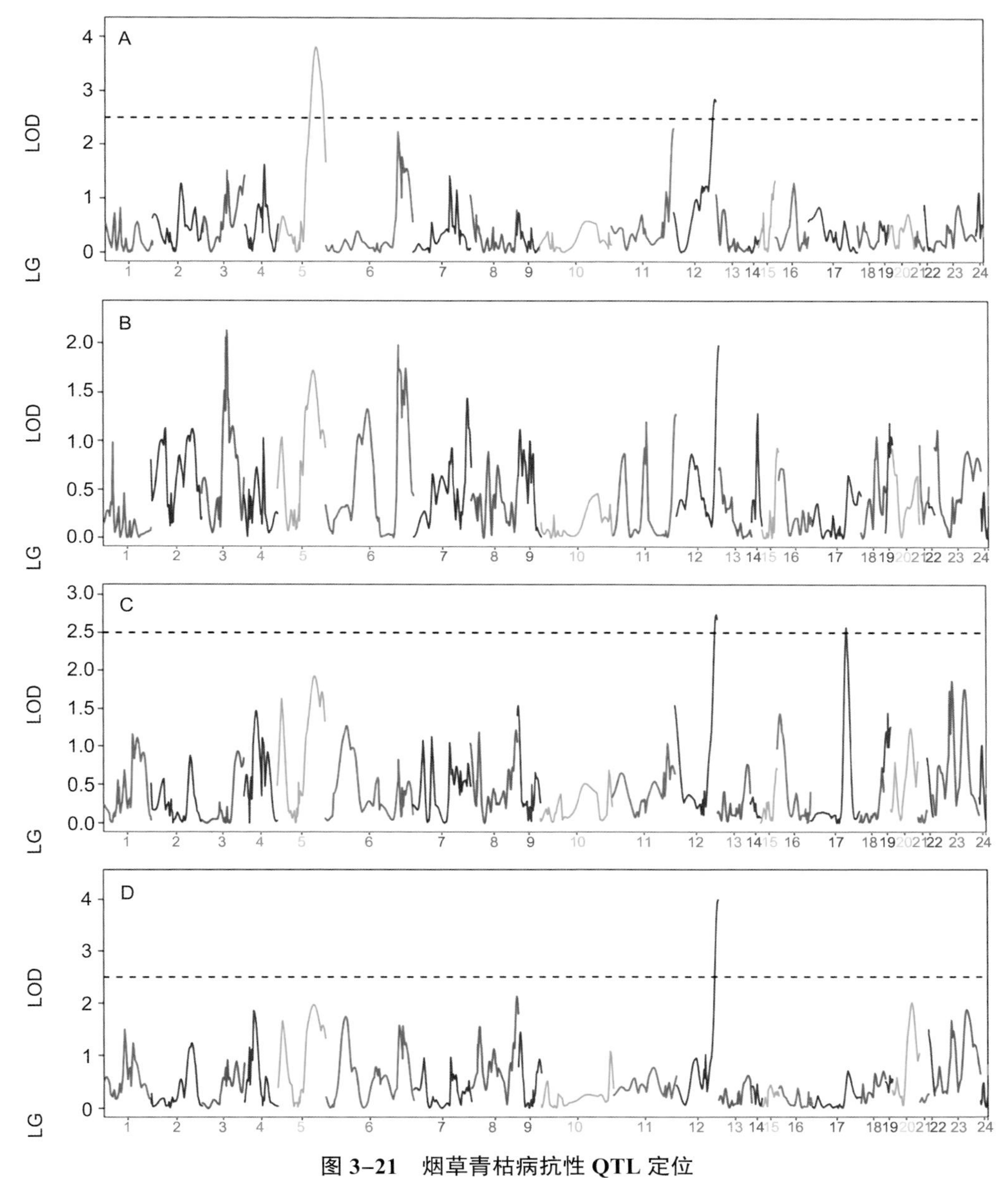

图 3–21　烟草青枯病抗性 QTL 定位

（注：A 为批次Ⅰ重复Ⅰ，B 为批次Ⅰ重复Ⅱ，C 为批次Ⅱ重复Ⅰ，D 为批次Ⅱ重复Ⅱ）

表 3–8　烟草青枯病抗性 QTL 定位

QTL	LOD	表型解释率（%）	加性效应	显性效应	遗传位置（cM）	物理位置（bp）
qBTW-5-1	3.81	6.70	3.93	–0.26	LG5: 87.28–127.38	Chr19: 60 417 605–74 660 639
qBTW-12-1	3.99	7.10	3.12	5.04	LG12: 124.93	Ntab_scaffold_2865: 145 955

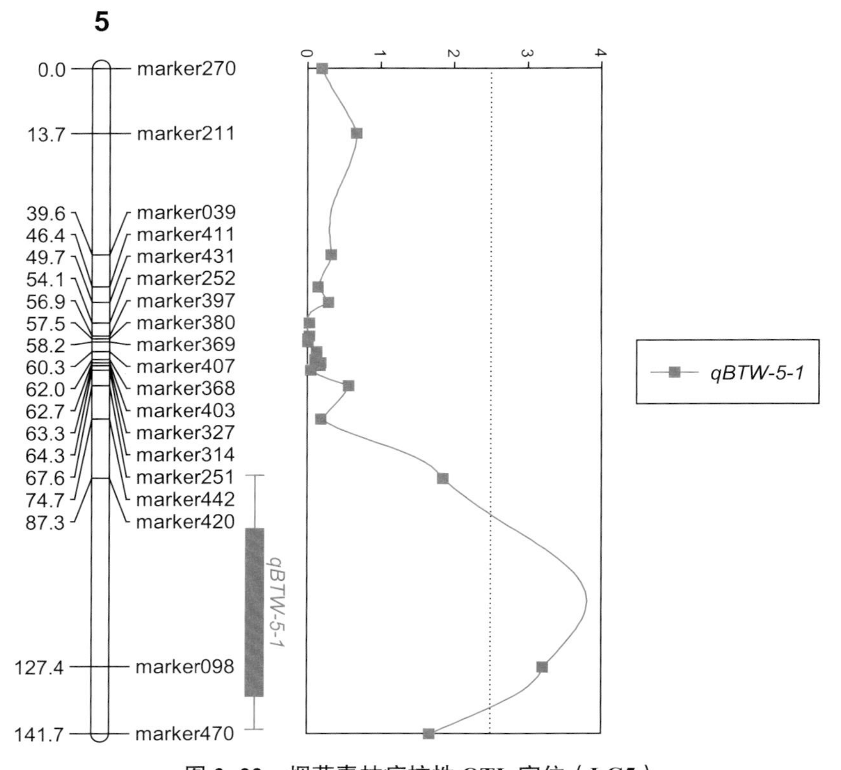

图 3–22　烟草青枯病抗性 QTL 定位（LG5）

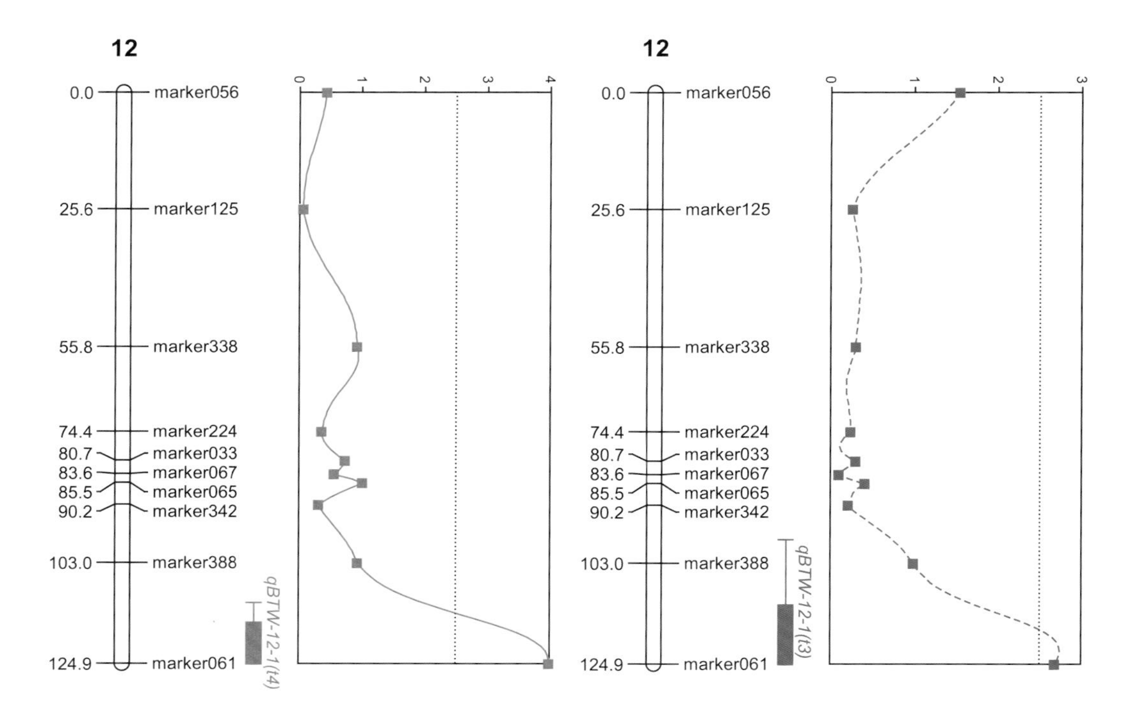

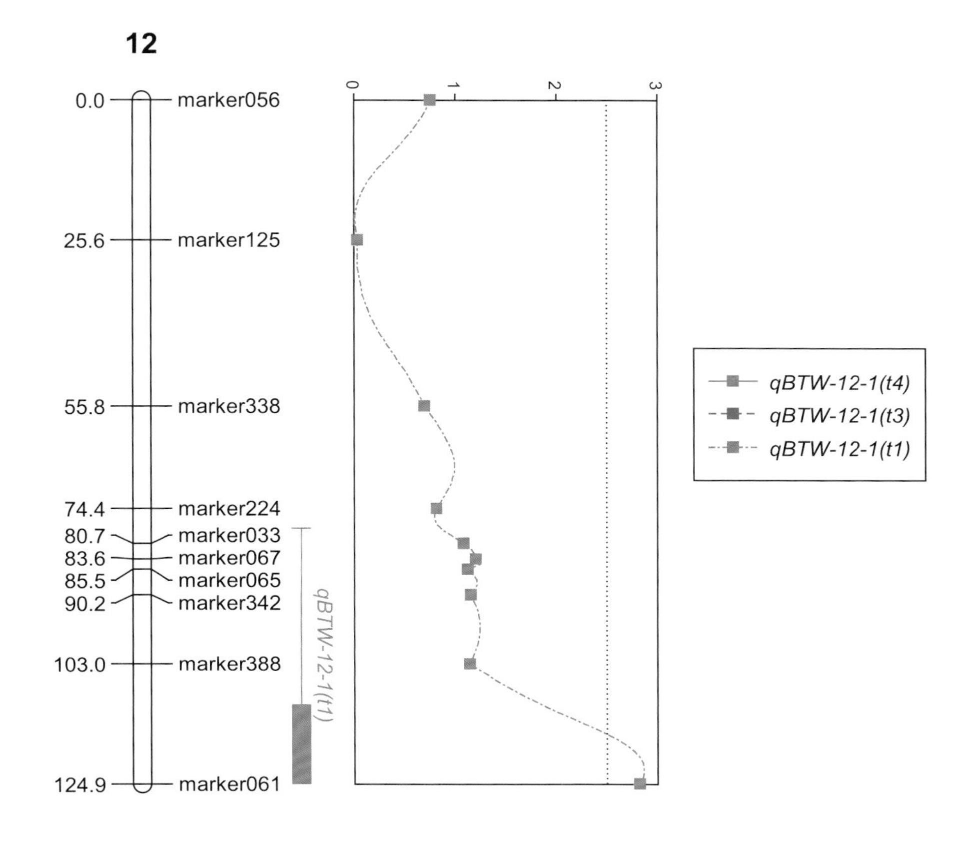

图 3–23 烟草青枯病抗性 QTL 定位（LG12）

（注：t1 为批次Ⅰ处理Ⅰ，t3 为批次Ⅱ处理Ⅰ，t4 为批次Ⅱ处理Ⅱ）

第四节 烟草 EMS 突变体 486K 和 633–K 分离群体青枯病抗性基因定位

一、EMS 突变体 486K 分离群体青枯病抗性基因定位

中国农业科学院烟草研究所由 EMS（甲基磺酸乙酯）诱变 CB–1（翠碧一号）创制抗青枯病突变体 486K。对 CB–1 为父本、486K 为母本的杂交后代，以 CB–1 为轮回亲本连续回交两代，自交后得到 BC_2F_2 代材料，随后在安徽宣城青枯病自然病圃中种植 500 株，筛选极端抗青枯病和极端感青枯病单株。与诺和致源科技股份有限公司合作完成文库构建及测序。将测序得到的 Raw reads 进行过滤得到 Clean reads，Clean reads 通过 BWA 软件比对到烟草参考基因组，采用 GATK3.8 软件的 UnifiedGenotyper 模块进行 Indel 和 SNP 检测，使用 Variant Filtration 进行过滤，利用 ANNOVAR 对变异

检测结果进行注释。

子代混池 SNP 频率差异分析：以 CB-1 为参考，统计子代池和 CB-1 在某一个碱基位点相同或者不相同的 reads 条数，计算不相同 reads 条数占总条数的比例，即为该碱基位点的 SNP index，过滤掉子代抗感池中 SNP-index 均小于 0.3 的碱基位点；利用滑动窗口法统计某窗口中所有 SNP-index 的平均值作为该窗口的 SNP-index，窗口大小为 1 Mb，滑动距离为 1 kb；按照上述方法分别计算两个子代池的 SNP-index，然后再计算两个子代池 SNP-index 的差值即为△ SNP-index。

目标性状关联区域定位及候选基因鉴定：在全基因组范围内挑选抗病混池中 SNP-index 大于等于 0.5，感病混池中 SNP-index 小于等于 0.2，且△ SNP-index 在 95% 置信水平显著的区间为候选区间；根据 SNP 注释信息，优先挑选上游区域、获得终止密码子变异以及非同义变异的 SNP 位点作为候选多态性位点，将其所在基因作为候选基因，在 GO、NR 以及 Pfam 等数据库中对候选基因进行功能注释分析。

1. EMS 突变体抗性遗传规律解析

烟草青枯病的抗源大多表现为中抗青枯病水平，高抗青枯病的品种较少，烟草青枯病抗性突变体株系在田间的青枯病抗性水平较高，可对其进行抗性遗传规律探究。利用翠碧一号与青枯病抗性突变体材料为亲本，构建 F_1 和 F_2 群体材料，根据各世代在田间的青枯病抗性进行抗性基因的遗传规律解析。

利用“主基因 + 多基因”遗传模型初步明确了突变体材料 486K 和 633-K 的青枯病抗性由 2 对主基因控制，同时 2 对主基因还具有加性效应、显性效应或上位性效应。对 F_2 群体材料的青枯病抗性及主要农艺性状进行相关性分析，初步确定突变体材料的抗病性与主要农艺性状如株高、叶数、节距、腰叶长和宽等无显著相关性。

2. 抗青枯病突变体 486K 的 BSA-seq 分析及候选基因鉴定

利用抗青枯病突变体株系 486K 和感青枯病品种 CB-1 作为亲本配置 F_2 群体材料，进而构建抗青枯病混池和感青枯病混池，对亲本以及子代混池进行高通量测序（表 3-9）。Clean data 通过 BWA 比对到烟草参考基因组，参考基因组大小为 4 002 742 375 bp，基因组比对率为 99.25% ～ 99.72%，平均测序深度为 17.49X ～ 35.17X，1X 测序深度基因组占比在 98.29% 以上，4X 测序深度基因组占比在 97.31% 以上（表 3-10）。

表 3-9　测序数据统计

Sample	Raw Base（bp）	Clean Base（bp）	Effective Rate（%）	Q20（%）	Q30（%）	GC Content（%）
486K	91 723 175 700	91 025 916 600	99.24	97.06	92.15	38.62
CB_1	93 456 726 900	92 699 986 800	99.19	97.08	92.19	38.98
Resistant	189 082 110 300	187 803 216 300	99.32	96.44	90.47	39.32
Susceptible	189 474 376 800	188 197 634 100	99.33	96.35	90.28	39.22

表 3–10　参考基因组比对情况统计

Sample	Mapped reads	Total reads	Mapping rate（%）	Average depth （X）	Coverage at least 1X（%）	Coverage at least 4X（%）
CB–1	616 278 920	617 999 912	99.72	18.73	98.33	97.39
486K	602 268 088	606 839 444	99.25	17.49	98.29	97.31
Susceptible	1 250 181 241	1 254 650 894	99.64	35.17	98.52	97.93
Resistant	1 247 541 048	1 252 021 442	99.64	34.31	98.52	97.91

SNP 检测及注释结果显示，共检测到 3 043 014 个 SNP 突变位点，其中非同义突变 SNP 有 27 189 个，同义突变 SNP 有 20 983 个，导致终止子提前的 SNP 突变位点有 889 个，导致终止子丢失的 SNP 突变位点有 166 个，转换与颠换比值为 2.339；Indel 检测及注释结果显示，共检测到 384 446 个 Indel 突变位点，其中引起移码突变的有 1 108 个。SNP 和 Indel 的突变类型主要是基因上游、基因下游、基因间区和内含子，基因非编码区的变异高于基因编码区的变异（表 3–11）。

表 3–11　突变位点类型统计

类别	SNP 数目	Indel 数目
上游 Upstream	50 304	13 065
5' 端 UTR	–	3
终止子提前 Stop gain	889	36
终止子丢失 Stop loss	166	13
同义突变 Synonymous	20 983	–
非同义突变 Non–synonymous	27 189	–
移码突变 Frameshift	–	1 108
非移码突变 Non–frameshift	–	716
未注释 Unknown	425	36
内含子 Intronic	160 537	31 593
剪接 Splicing	258	67
下游 Downstream	46 674	10 644
基因上游 / 基因下游 Upstream/Downstream	2 716	551
基因间区 Intergenic	2 732 295	326 509
其他 Other	578	105
插入 Insertion	–	181 607
缺失 Deletion	–	202 839
转换 ts	2 131 705	–
颠换 tv	911 309	–
转换 / 颠换 ts/tv	2.339	–
总数 Total	3 043 014	384 446

选择 1 Mb 为窗口，1 kb 为步长，计算每个窗口中 SNP-index 的平均值，子代池的 SNP-index 在全基因组上的分布如图 3-24、图 3-25 所示。为了更直观地体现两个子代极端池之间的差异，计算△ SNP-index，△ SNP-index 在染色体上的分布如图 3-26 所示，其中横坐标为 SNP 位点所在窗口的中间值，纵坐标为两个子代池 index 的差值，黑色的线代表△ SNP-index 均值，蓝色的线代表 95% 置信区间阈值线，紫色的线代表 99% 置信区间阈值线，不同的颜色代表不同的染色体。

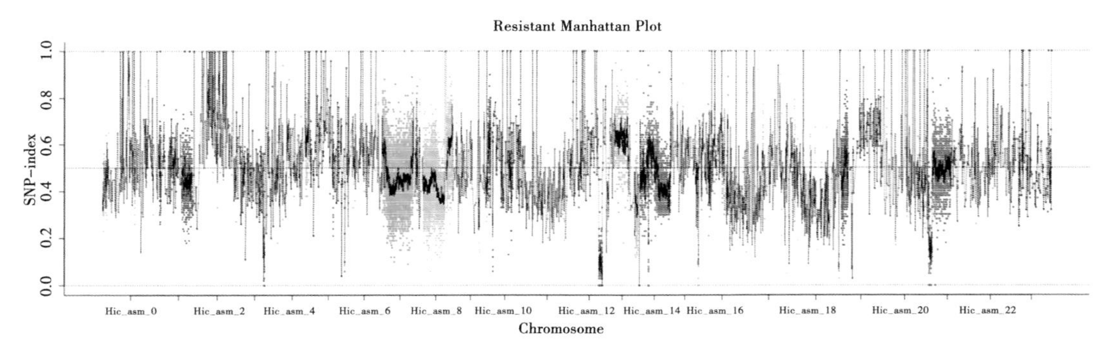

图 3-24　抗病极端池中 SNP-index 在染色体上的分布

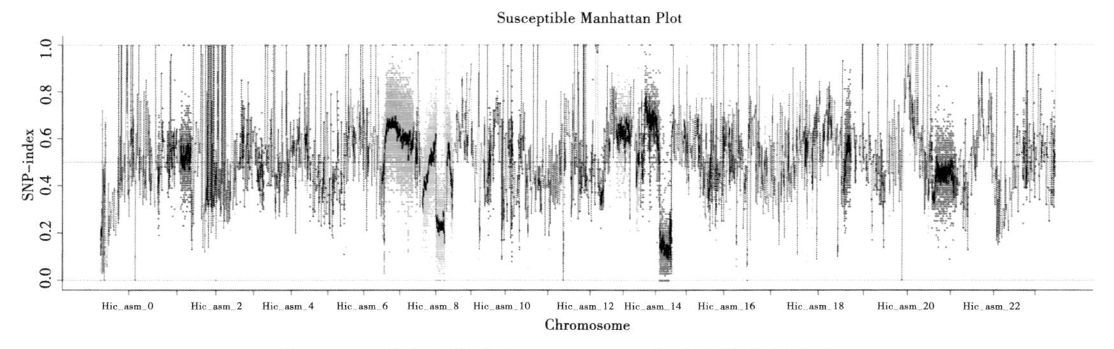

图 3-25　感病极端池中 SNP-index 在染色体上的分布

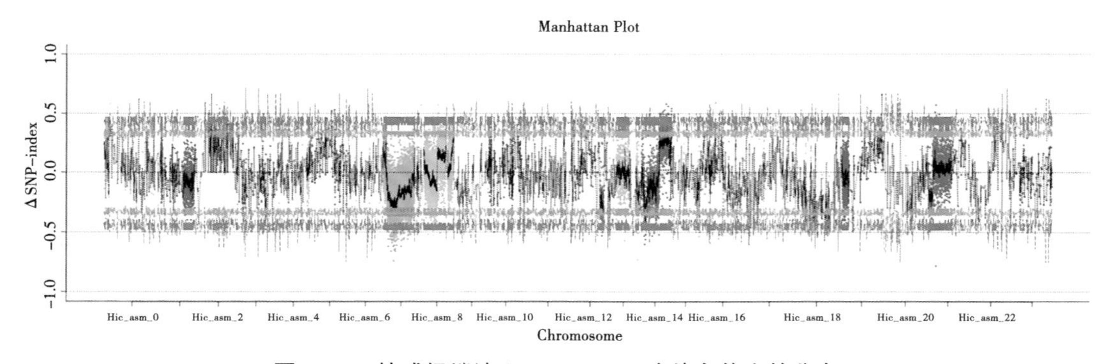

图 3-26　抗感极端池△ SNP-index 在染色体上的分布

在全基因组范围内挑选抗病极端池中 SNP-index ≥ 0.5 的位点，感病极端池中 SNP-index ≤ 0.2 的位点，并选取 95% 置信水平显著的窗口为候选区间；共得到 495 个显著的 SNP 位点，主要分布在 3 号、7 号、10 号、14 号染色体（图 3-27）。图中红色的线代表△ SNP-index 的均值线，绿色的线代表 95% 置信区间阈值线，紫色的线代表 99% 置信区间阈值线，蓝色点代表一个 SNP 位点。

对候选 SNP 位点注释情况进行汇总，如表 3-12 所示，495 个 SNP 位点中，4 个位于上游区域，1 个导致终止子提前，5 个导致非同义突变，而绝大多数的变异都位于基因间区。

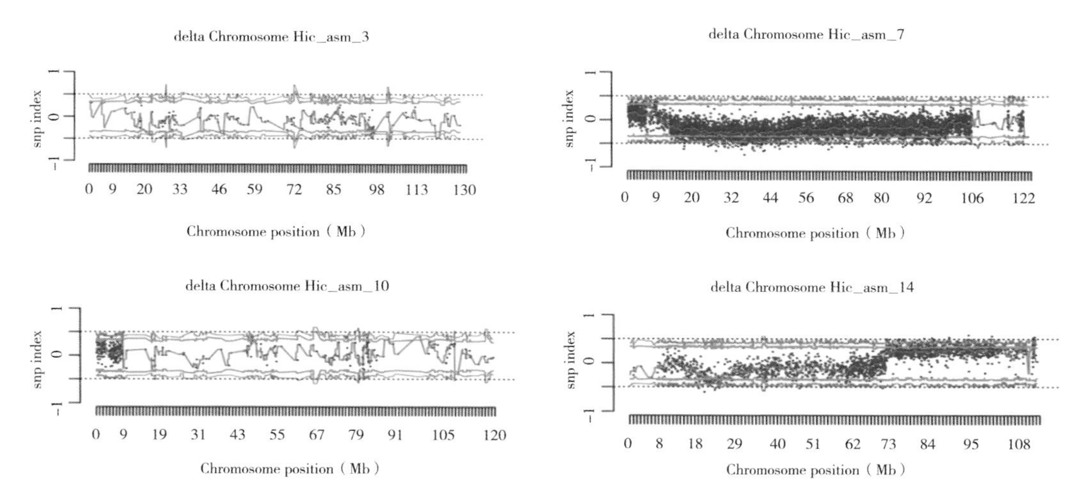

图 3-27　候选区间所在染色体的△ SNP-index 分布

表 3-12　SNP 位点注释情况统计

类型		SNP 数目
Upstream（上游区域）		4
Exonic（外显子区域）	Stop gain（获得终止密码子变异）	1
	Synonymous（同义变异）	2
	Non-synonymous（非同义变异）	5
Intronic（内含子区域）		20
Splicing（剪接位点）		0
Downstream（下游区域）		3
Upstream/Downstream（上游、下游区域）		1
Intergenic（基因间区）		459
ts（转换）		459
tv（颠换）		36
ts/tv（转换 / 颠换）		12.75
Total（总计）		495

对于已确定的495个SNP位点，根据其注释信息，优先挑选上游区域、获得终止密码子变异以及非同义变异的位点，并将其所在的11个基因作为烟草青枯病抗性候选基因，通过GO数据库、NR数据库以及Pfam数据库对11个候选基因进行注释，其涉及膜组分（GO:0016021）、核糖体（GO:0000786）、烟酰胺合成酶活性（GO:0030410）、氧化还原酶活性（GO:0016712）、多糖代谢过程（GO:0005976）等（表3–13至表3–15）。

表3–13　烟草青枯病抗性候选基因统计

基因ID	染色体	SNP类型
evm.TU.Hic_asm_7.1746	Hic_asm_7	非同义突变
evm.TU.Hic_asm_10.2212	Hic_asm_10	非同义突变
evm.TU.Hic_asm_14.2767	Hic_asm_14	非同义突变
evm.TU.Hic_asm_14.3282	Hic_asm_14	非同义突变
evm.model.Hic_asm_14.3304	Hic_asm_14	获得终止密码子变异
evm.TU.Hic_asm_7.738	Hic_asm_7	上游区域
evm.TU.Hic_asm_7.2220	Hic_asm_7	上游区域
evm.TU.Hic_asm_7.2219	Hic_asm_7	下游区域
evm.TU.Hic_asm_14.2609	Hic_asm_14	上游区域
evm.TU.Hic_asm_14.2713	Hic_asm_14	上游区域
evm.TU.ctg497.1	ctg497	上游区域

表3–14　烟草青枯病抗性候选基因注释信息

基因ID	GO注释	NR注释	Pfam注释
evm.TU.Hic_asm_7.1746	GO:0046983（蛋白质二聚体活性）	类锌指蛋白RICESLEEPER–2	—
evm.TU.Hic_asm_10.2212	GO:0004674（蛋白丝氨酸/苏氨酸激酶活性）	含BTB/POZ结构域的	—
	GO:0006468（蛋白磷酸化）	蛋白质FBL11的异构体	
evm.TU.Hic_asm_14.2767	GO:0005198（结构分子活性）		
	GO:00059759（碳水化合物代谢过程）	未表征的LOC107761113	RNA转录调节
	GO:0016773（磷酸转移酶活性）	（烟草）	SAGA亚单元
	GO:0070461（SAGA复合体）		
evm.TU.Hic_asm_14.3282	GO:0005634（细胞核）	CRT同系物	CRT
evm.model.Hic_asm_14.3304	GO:0000786（核糖体）	转录调节ATRX同系物	—
	GO:0006334（核糖体组装）		

续表

基因 ID	GO 注释	NR 注释	Pfam 注释
evm.TU.Hic_asm_7.738	GO:0016712（氧化还原酶活性）	未表征的 LOC109225967	未知功能的结构域
	GO:0055114（氧化还原过程）	（烟草）	（DUF4283）
evm.TU.Hic_asm_7.2220	GO:0004415（透明质酸葡糖胺酶活性）		
	GO:0006952（防御反应）	26s 蛋白酶调节亚基同源物	ATP 酶家族
	GO:0017111（核苷三磷酸酶活性）		
evm.TU.Hic_asm_7.2219	GO:0004339（葡聚糖 1,4-α-葡糖苷酶活性）	未表征的 LOC107795110	EEIG1 和 EHBP1 蛋白
	GO:0005976（多糖代谢过程）	（烟草）	
	GO:0009401（PTS 系统）		
evm.TU.Hic_asm_14.2609	GO:0007186（G- 蛋白偶联受体信号通路）	未表征的 LOC107802544	DDE 超家族核酸内切酶
	GO:0016021（膜的组成成分）	（烟草）	
evm.TU.Hic_asm_14.2713	GO:0005249（钾离子通道活性）		
	GO:0006813（钾离子运输）	未表征的 LOC104215887	未知功能的蛋白结构域
	GO:0016021（膜的组成成分）	（烟草）	（DUF642）
	GO:0016539（蛋白剪接）		
evm.TU.ctg497.1	GO:0030410（烟酰胺合成酶活性）	烟酰胺合成酶	烟酰胺合成酶蛋白
	GO:0030418（烟酰胺生物合成过程）		

表 3-15　部分候选基因功能注释

基因 ID	注释	功能相关
evm.TU.Hic_asm_14.2767	SAGA 复合物	在转录调控中发挥重要作用
evm.TU.Hic_asm_14.3282	CRT 同系物	增强烟草对烟草花叶病毒的抗性
		番茄 *CRT1* 及 *CRT3* 响应灰霉菌侵染
evm.TU.Hic_asm_10.2212	含 BTB/POZ 结构域蛋白	增强大豆对大豆疫霉菌的抗性
		增强草莓对炭疽病、叶斑病、白粉病的抗性
		增强苹果对胶锈菌、黑星病菌和火疫病的抗性
evm.TU.Hic_asm_7.2220	ATP 酶家族	部分 P 型 ATP 酶与病菌致病作用相关

二、EMS 突变体 633-K 分离群体青枯病抗性基因定位

以翠碧一号 ×633-K 为亲本组合，构建 F_2 群体材料，选取极端抗感单株分别构建抗青枯病混池和感青枯病混池，进行 BSA 测序及 SNP 检测，定位候选区段并筛选候选基因。通过田间青枯病病情调查后，筛选极端抗病、感病单株各 20 株进行基因组 DNA 提取，进行质量检测后分别将抗病单株、感病单株基因组 DNA 等量混合，构建抗病、感病混池。与诺和致源科技股份有限公司合作完成文库构建及测序。建库和测序的流程如下（图 3-28）。

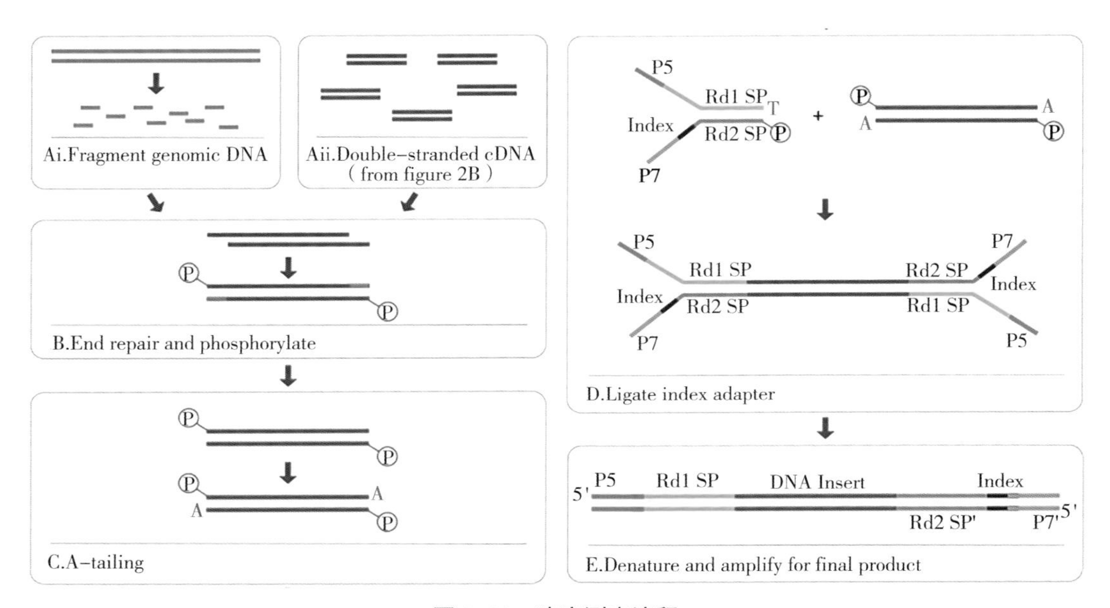

图 3-28　建库测序流程

对测序得到的原始数据进行质量检测，按照要求过滤掉不合格的数据后得到 Clean data，将亲本翠碧一号及极端抗感混池的 Clean reads 比对到烟草参考基因组，统计各样品的比对率、测序深度等信息，进行 SNP 检测并对检测结果进行注释。统计抗感混池的 SNP-index，其原理是选取参考基因组或其中一个亲本为参考，对选取的参考基因组或亲本与抗感池在某个碱基位点相同或不相同的 reads 条数进行统计，计算不相同 reads 条数占总数的比例，则认为是该碱基位点的 SNP-index。按照该原理计算抗病池的 SNP-index 和感病池 SNP-index 的差值△ SNP-index，筛选 SNP-index 差异显著的区域为候选区域，候选标记所在的基因即为候选基因。具体流程图如下（图 3-29）：

测序产生的原始数据大小为 248.87 Gbp，其中原始数据最大的为感病池样本，共 109 820.76 Mbp，最小的为翠碧一号样本，共 46 338.63 Mbp，过滤后的数据共计 248.45 Gbp，Q20 大于 97.12%，Q30 大于 92.31%，各样本的 GC 含量均接近 40%（表 3-16）。

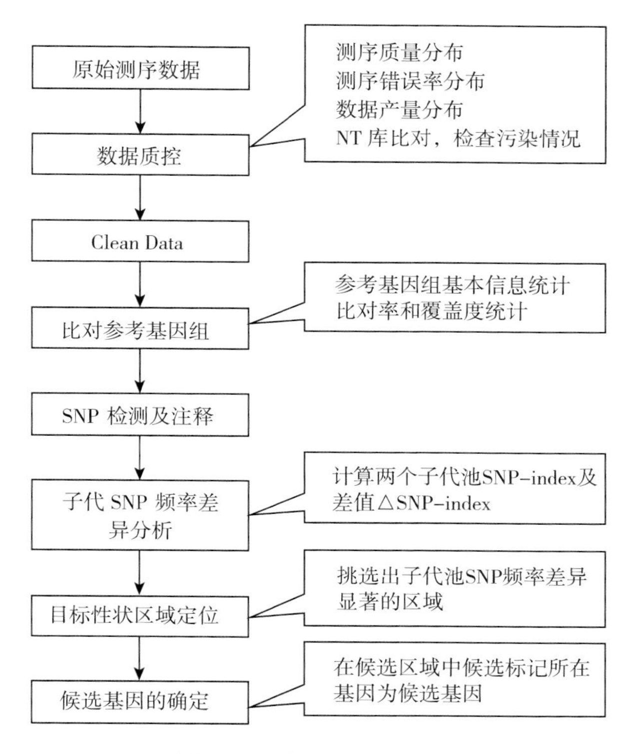

图 3-29　生物信息分析流程

表 3-16　各样本测序数据质量情况

样本	原始数据（bp）	过滤后数据（bp）	Q20（%）	Q30（%）	GC 含量（%）
翠碧一号	46 338 635 700	46 279 118 700	97.22	92.56	39.35
抗池	92 714 198 100	92 552 439 300	97.12	92.31	39.28
感池	109 820 757 700	109 620 697 800	97.16	92.40	39.37

对各样本 reads 比对到参考基因组的情况进行统计分析（表 3-17），全部样本的比对率均大于 99.49%；翠碧一号的平均测序深度最小，为 9.93X，感病池样本的平均测序深度最大，为 22.99X；1X 测序深度基因组占比均大于 98.1%，4X 测序深度基因组占比均大于 94.56%。比对结果正常，可进行下一步分析。

表 3-17　参考基因组比对结果统计

样本	Reads 数量	比对率（%）	平均测序深度	覆盖率	
				1X（%）	4X（%）
翠碧一号	308 527 458	99.64	9.93	98.10	94.56
抗池	617 016 262	99.61	19.86	99.10	98.51
感池	730 804 652	99.49	22.99	99.13	98.63

1. SNP 检测、注释及目标区间定位

通过和参考基因组比对，共获得 1 942 809 个 SNP，其中上游区域有 32 643 个 SNP，外显子区域中同义变异 SNP 有 17 651 个，非同义变异 SNP 有 19 757 个，获得终止密码子的变异 SNP 有 494 个，失去终止密码子的变异 SNP 有 137 个，绝大多数 SNP 位于基因间区（表 3-18）。

表 3-18　SNP 检测及注释结果统计

类型		SNP 位点数
上游区域		32 643
外显子区域	获得终止密码子的变异	494
	失去终止密码子的变异	137
	同义变异	17 651
	非同义变异	19 757
内含子区域		114 074
剪接位点		126
下游区域		31 414
上游区域 / 下游区域		1 930
基因间区		1 723 794
转换		1 314 177
颠换		628 632
转换 / 颠换		2.090
总数		1 942 809

子代混池样本 SNP 频率的计算：根据亲本翠碧一号的检测结果，选出纯合多态性标记共 1 100 791 个，计算抗感池样本在该多态性标记位点的 SNP-index，其中抗感池中与翠碧一号完全相同的标记位点 SNP-index 等于 0，而完全不同于翠碧一号的标记位点 SNP-index 等于 1。根据抗感子代池的 SNP-index，对翠碧一号的多态性位点进行过滤，去除测序深度小于 7 且频率小于 0.3 的位点，去除任一个子代池中 SNP-index 缺失的位点，共得到 1 019 098 个多态性标记位点。结合 SNP-index 在染色体上的分布情况绘制曼哈顿散点图，将窗口和步长参数分别设置为 1 Mb 和 1 kb，然后计算各个窗口中对应的 SNP-index 平均值。

依据 SNP-index 和△ SNP-index 的计算结果，筛选在抗感池中 SNP-index 差异显著的 SNP 位点，即筛选抗病池中 SNP-index 大于等于 0.8，且感病池中 SNP-index 小于等于 0.2 的位点。根据上述要求得到多态性标记位点共计 264 个，主要分布在 12 号（41.1 Mb ～ 129.5 Mb）、13 号（72.2 Mb ～ 82.9 Mb）、20 号（23.1 Mb ～ 86.8 Mb）、23 号（76.5 Mb ～ 132.9 Mb）染色体（图 3-30）。图 3-30 中的红线表示△ SNP-index 分布，置信水平以上的窗口即为候选区间，蓝色部分代表每个位点△ SNP-index 的分布。

对候选多态性标记位点注释情况进行汇总（表 3-19），候选的 264 个标记中，上游区域有 7 个 SNP，非同义变异的 SNP 仅有 1 个，绝大多数位点位于基因间区，其中转换与颠换的比率为 1.869。

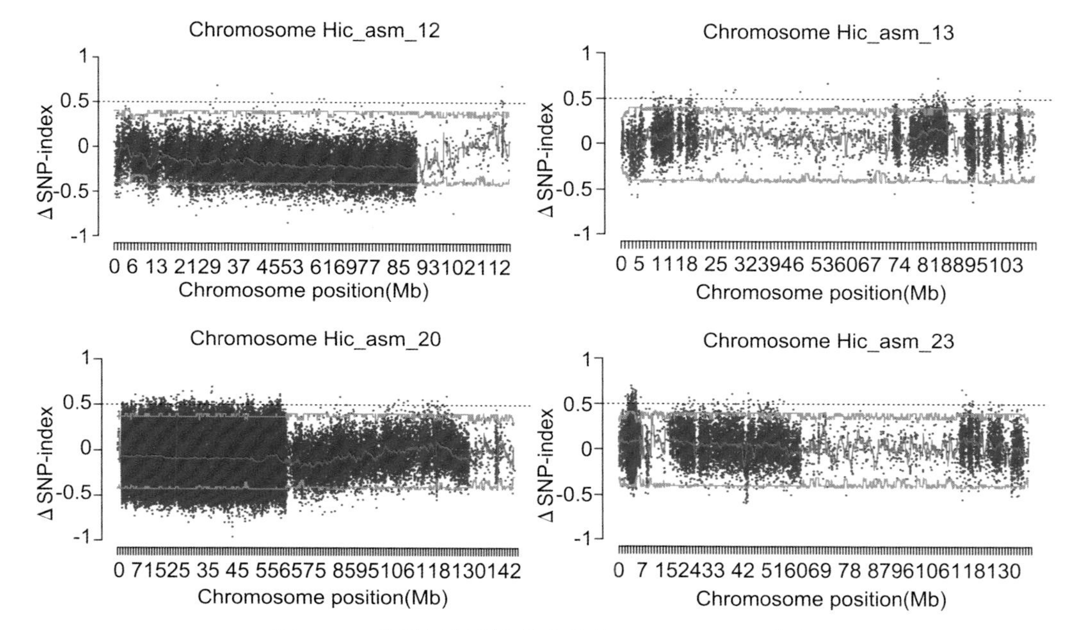

图 3-30　候选区间所在染色体的△ SNP-index 分布

表 3-19　候选多态性标记位点注释情况

类型		SNP 位点数
上游区域		7
外显子区域	获得终止密码子的变异	0
	失去终止密码子的变异	0
	同义变异	0
	非同义变异	1
内含子区域		12
剪接位点		0
下游区域		1
上游区域 / 下游区域		0
基因间区		243
转换		172
颠换		92
转换 / 颠换		1.869
总数		264

2. 候选基因的确定

对于选出的 264 个多态性标记位点，根据其注释信息，优先挑选位于上游区域或者引起 stop loss、stop gain、非同义变异、可变剪接、移码突变的位点作为候选的多态性位点，并将其所在基因视为候选基因。本研究中，候选基因共有 6 个，SNP 均位于其上游区域（表 3–20）。

表 3–20　候选基因的统计分析

染色体编号	位置	基因 ID
Hic_asm_12	上游区域	*evm.TU.Hic_asm_12.2330*
Hic_asm_13	上游区域	*evm.TU.Hic_asm_13.3107*
Hic_asm_20	上游区域	*evm.TU.Hic_asm_20.424*
Hic_asm_20	上游区域	*evm.TU.Hic_asm_20.1244*
Hic_asm_20	上游区域	*evm.TU.Hic_asm_20.1909*
Hic_asm_23	上游区域	*evm.TU.Hic_asm_23.254*

通过 GO、NR 等数据库对 6 个候选基因进行深度注释（表 3–21），其中，将 GO 注释按照细胞组分、分子功能和生物进程分为三种：第一种是和细胞组分相关的基因，如线粒体内膜（GO：0005743）；第二种是与分子功能相关的基因，如蛋白激酶类、还原酶类活性（GO：0004713，GO：0004349，GO：0050662，GO：0004420）等；第三种是指参与生物进程的基因，如蛋白磷酸化（GO：0006468）、氧化还原过程（GO：0055114）、代谢过程（0015936）、转运过程（GO：0006850）、生物合成过程（GO：0006561）等。通过对 7 个候选基因的蛋白质功能预测发现，evm.TU.Hic_asm_12.2330 与糖原合成酶激酶有关，并参与调控蛋白磷酸化；预测出 evm.TU.Hic_asm_23.254 有 K11086 小核糖核糖核蛋白 B 和 B' 的功能，且与线粒体内膜相关。烟草青枯病致病机理与胞外多糖有关，还与果胶酶、纤维素酶等多种细胞壁降解酶有关，初步预测其与烟草青枯病抗性相关性最大。

表 3–21　青枯病抗性候选基因注释信息

基因 ID	GO 注释	NR 注释	Pfam 注释	蛋白质功能预测
evm.TU.Hic_asm_12.2330	GO：0004713（蛋白酪氨酸激酶活性）；GO：0006468（蛋白磷酸化）	蓬松相关蛋白激酶 ε（烟草）	蛋白激酶结构域	蓬松相关蛋白激酶 ε；K03083 糖原合酶激酶 3β
evm.TU.Hic_asm_13.3107	GO：0004349（谷氨酸 5- 激酶活性）；GO：0006561（脯氨酸的生物合成过程）	类 S1FA DNA 结合蛋白（烟草）	DNA 结合蛋白 S1FA	—
evm.TU.Hic_asm_20.424	ζ- 微管蛋白	包含 SMR 域的蛋白 At5g58720（烟草）	SMR 域	未表征的 LOC105339472；K15720 NEDD4 结合蛋白 2

续表

基因 ID	GO 注释	NR 注释	Pfam 注释	蛋白质功能预测
evm.TU.Hic_asm_20.1244	GO：0004420（羟甲基戊二酰辅酶A还原酶）；GO：0050662（辅酶结合）；GO：0015936（辅酶A代谢过程）	类3-羟基-3-甲基戊二酰辅酶A还原酶（烟草）	羟甲基戊二酰辅酶A还原酶	3-羟基-3-甲基戊二酰辅酶A还原酶2；K00021羟甲基戊二酰辅酶A还原酶
evm.TU.Hic_asm_20.1909	—	可能的WRKY转录因子72（烟草）	WRKY DNA结合域	可能的WRKY转录因子33；K13424 WRKY转录因子33
evm.TU.Hic_asm_23.254	GO：0005743（线粒体内膜）；GO：0006850（丙酮酸转运）	线粒体丙酮酸载体4（烟草）	（UPF0041）	含upf0041域的蛋白；K11086小核糖核糖核蛋白

第五节　晒烟 GDSY-1 回交群体青枯病抗性位点定位与分子标记开发

1. GDSY-1 回交群体青枯病抗性位点遗传定位

广东省农业科学院作物研究所以GDSY-1为抗病供体亲本、以K326为轮回亲本，通过4代回交和2代自交获得回交遗传群体材料。通过极端抗感材料的BSA混池测序，初步将GDSY-1抗青枯病基因定位在烟草参考基因组14.6 Mb的区间。在候选的14.6 Mb区间内筛选均匀分布的150个SNP位点，位点间平均距离100 Kb，设计150对引物对919份以GDSY-1为抗源的多亲本杂交分离后代群体材料进行基因分型，检测到Marker025位点的LOD值大于100，可解释70%～91.75%的表型变异，表明Marker025位点是GDSY-1青枯病抗性的主效位点，并与青枯病抗性高度连锁，同时将抗病基因候选区间缩小到4.06 Mb。为了进一步缩小抗病候选区间，选取277个以GDSY-1为抗病供体亲本，以K326和云烟87为轮回亲本，通过5次回交和1次自交获得的回交遗传群体单株，进行QTL精细定位。将包含Marker025位点的候选基因区间缩小到368.12 Kb（图3-31），该区间包含10个基因，基于重测序数据，发现其中3个基因在基因上游1 Kb范围有SNP和Indel，1个基因在外显子区域有非同义突变，将这4个基因列为抗病相关候选基因。

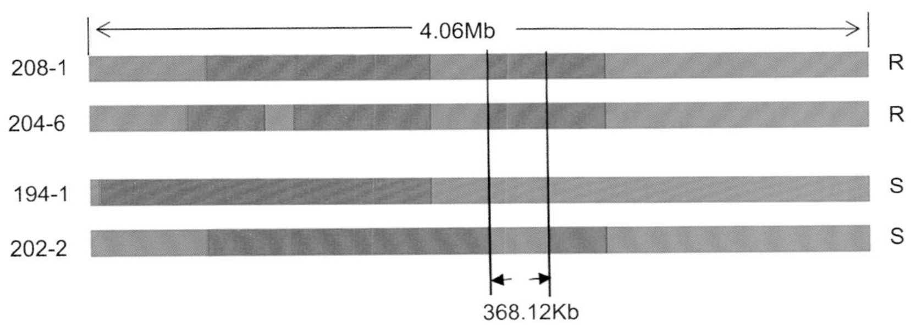

图 3-31　GDSY-1 青枯病抗性位点

2. SNP 分子标记开发

利用引物设计软件 Primer Premier 5 在 Marker025 的两端设计引物，采用多重 PCR 进行扩增，扩增产物经酶切后进行电泳（图 3–32）。结果表明，通过标记与测序基因型、表型比较分析，参试 41 个材料中，所有材料的测序基因型与表型一致，2 个标记与测序基因型、表型不一致，1 个标记与测序基因型不一致，分子标记与测序基因型的一致性为 92.68%，分子标记与表型的一致性为 95.12%（表 3–22）。

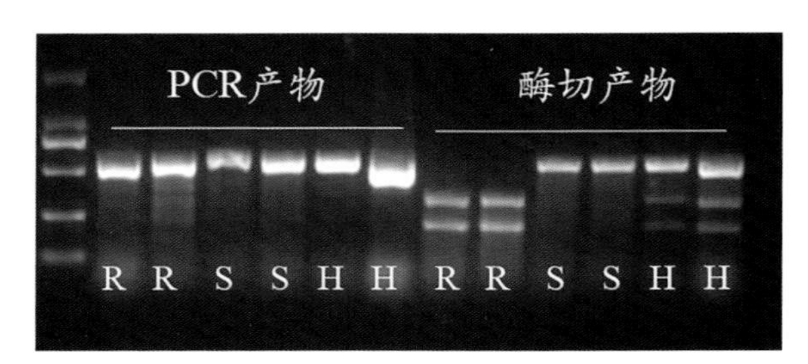

图 3–32　分子标记多态性

表 3–22　分子标记与测序基因型、表型的比较分析

序号	编号	测序基因型	标记基因型	病情等级	序号	编号	测序基因型	标记基因型	病情等级
1	163–1	aa	aa	3	22	208–1	AA	AA	0
2	165–1	aa	aa	3	23	246–1–2	AA	AA	0
3	202–2	aa	Aa	7	24	246–1–6	AA	AA	0
4	202–9	aa	aa	9	25	246–2–4	AA	AA	0
5	204–2	aa	aa	9	26	246–2–5	AA	AA	0
6	204–3	aa	aa	7	27	246–2–8	AA	AA	0
7	204–5	aa	aa	9	28	197–1	Aa	Aa	0
8	204–9	aa	Aa	7	29	198–2	Aa	Aa	0
9	207–1	aa	aa	9	30	202–1	Aa	Aa	0
10	209–1	aa	aa	9	31	202–10	Aa	Aa	0
11	翠碧一号	aa	aa	9	32	202–12	Aa	AA	0
12	长脖黄	aa	aa	9	33	204–6	Aa	Aa	0
13	红花大金元	aa	aa	9	34	204–11	Aa	Aa	0
14	196–2	AA	AA	0	35	246–1–4	Aa	Aa	0
15	196–3	AA	AA	0	36	246–1–5	Aa	Aa	0
16	198–3	AA	AA	0	37	246–1–10	Aa	Aa	0
17	202–11	AA	AA	0	38	246–1–11	Aa	Aa	0
18	202–13	AA	AA	0	39	246–1–12	Aa	Aa	0
19	204–14	AA	AA	0	40	246–2–6	Aa	Aa	0
20	205–1	AA	AA	0	41	246–2–11	Aa	Aa	0
21	206–1	AA	AA	0					

第六节 烤烟岩烟 97 RIL 群体的青枯病抗性位点遗传定位

1. 遗传连锁图谱绘制

云南省烟草农业科学研究院以云烟 87 和岩烟 97 为亲本，杂交后代经过 5 代自交，构建包括 220 个株系的重组自交系（RIL）群体。对岩烟 97 进行 30× 重测序，对 220 个重组自交系进行 5× 重测序，重测序数据经过比对、子代基因分型、标记筛选及 bin 划分后获得 13 022 个纯合 SNP 标记（图 3–33），应用 JoinMAP 软件构建遗传连锁图谱，涵盖 24 个连锁群，图谱总长为 3 427.58 cM（表 3–23）。

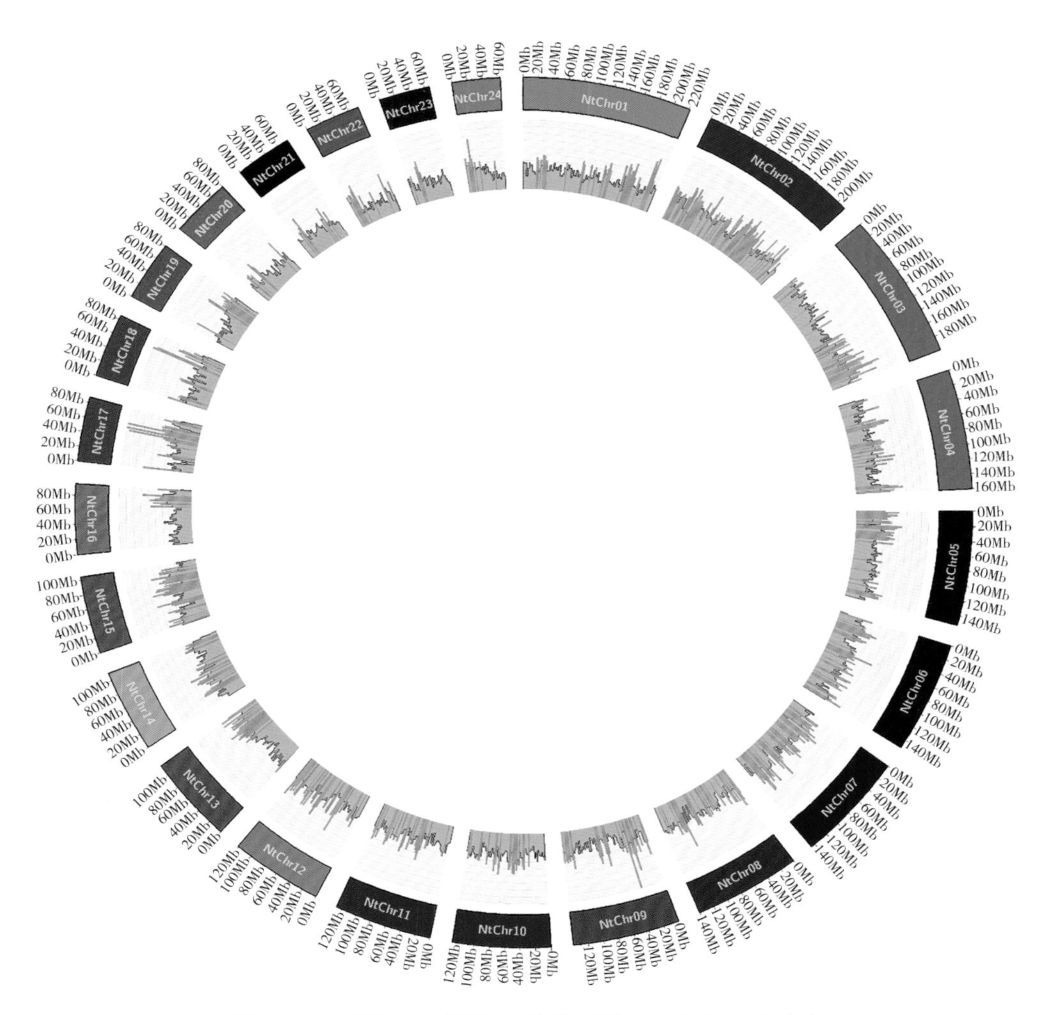

图 3–33 云烟 87× 岩烟 97 遗传图谱 SNP 标记密度分布

利用标记上下游 1 kb 序列与云烟 87 参考基因组染色体序列进行比对（图 3–34），可见遗传图谱与物理图谱共线性良好，该遗传图谱能够支撑后续 QTL 定位等遗传分析工作。

表 3–23　云烟 87× 岩烟 97 高密度遗传连锁图谱统计

Linkage group	Marker number	Length	Average length	Max gap
lg1	930	192.96	0.21	7.71
lg2	716	203.74	0.28	9.59
lg3	471	114.85	0.24	12.50
lg4	771	147.43	0.19	9.41
lg5	829	113.89	0.14	5.31
lg6	511	143.69	0.28	6.48
lg7	836	150.48	0.18	10.73
lg8	83	131.79	1.59	15.17
lg9	322	105.01	0.33	17.65
lg10	443	143.75	0.32	9.35
lg11	278	72.34	0.26	6.77
lg12	966	228.69	0.24	11.02
lg13	585	175.60	0.30	17.16
lg14	528	95.03	0.18	14.11
lg15	328	85.97	0.26	9.30
lg16	726	268.4	0.37	17.08
lg17	79	91.61	1.16	10.34
lg18	575	75.10	0.13	4.04
lg19	436	131.43	0.30	7.22
lg20	115	169.68	1.48	17.01
lg21	616	99.24	0.16	4.11
lg22	525	113.27	0.22	4.52
lg23	623	134.59	0.22	8.34
lg24	730	239.03	0.33	9.86
total	13 022	3 427.58	0.26	17.65

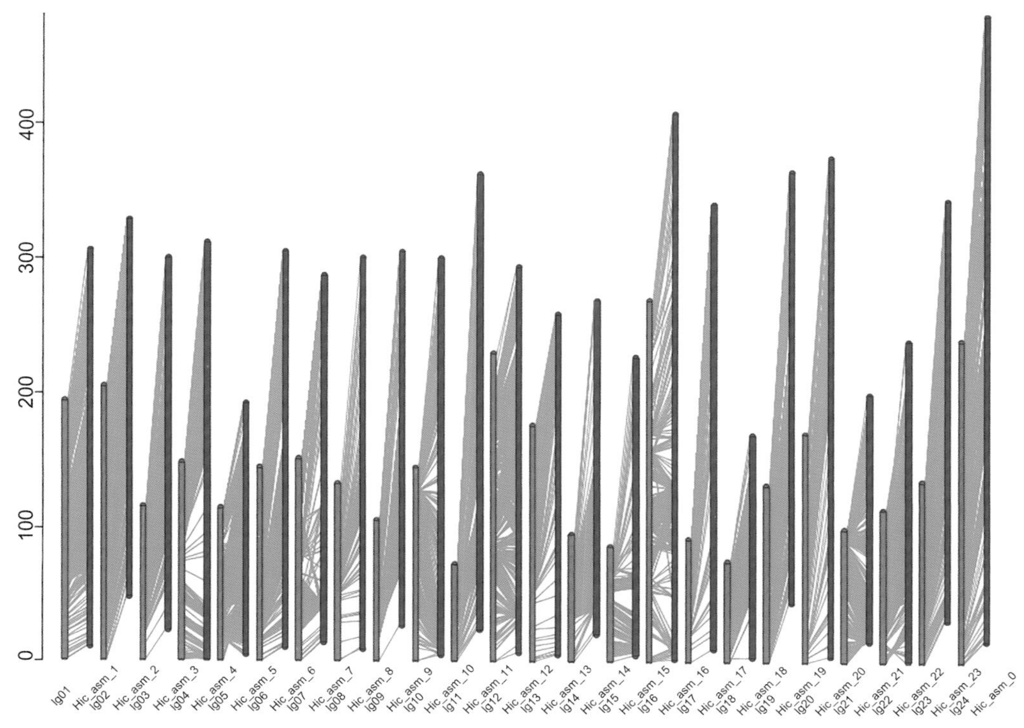

图 3-34 遗传连锁图谱与染色体物理图谱共线性分析

2. 青枯病抗性 QTL 定位

对 RIL 群体的 220 个株系进行 3 个批次的室内苗期人工接种青枯雷尔氏菌抗性鉴定（每个株系 9 株），病情指数分布见图 3-35 至图 3-37。由病情指数分布图可见，青枯病抗性表型基本呈正态分布，病情随接种天数发展逐渐加重。

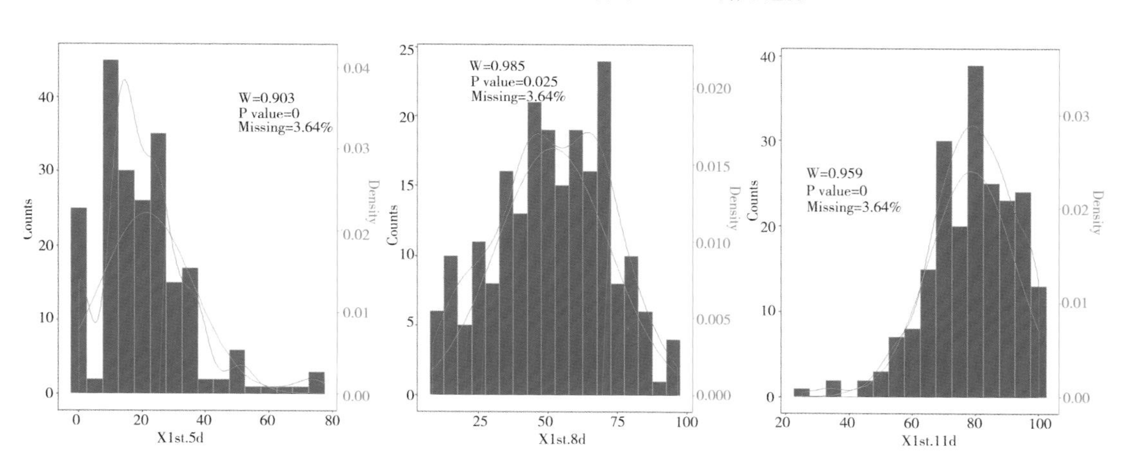

图 3-35 第一批次抗性鉴定病情指数分布

（注：从左至右依次为接种后 5d、8d、11d）

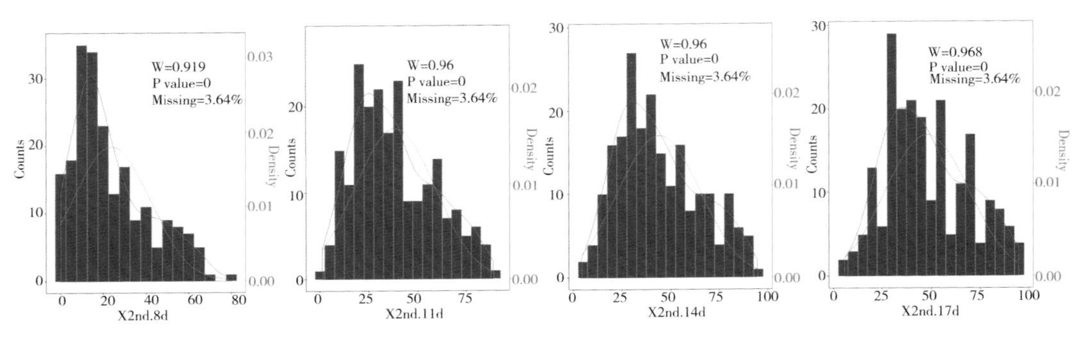

图 3-36　第二批次抗性鉴定病情指数分布

（注：从左至右依次为接种后 8d、11d、14d、17d）

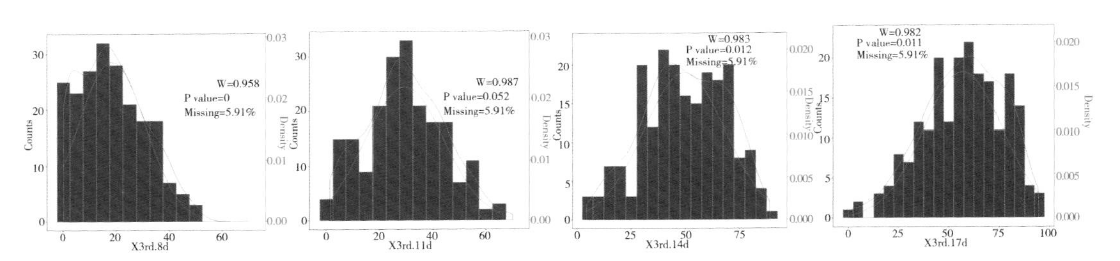

图 3-37　第三批次抗性鉴定病情指数分布

（注：从左至右依次为接种后 8d、11d、14d、17d）

基于 3 个批次的苗期青枯病抗性鉴定结果，应用 MapQTL 软件对烟草青枯病抗性 QTL 位点进行定位（图 3-38 至图 3-40）。多个环境中稳定的青枯病抗性 QTL 位点较少，lg8、lg10、lg22、lg23 的青枯病抗性 QTL 位点在多个环境中有一定的重现，但 LOD 值均偏小，贡献度不大，可见烟草青枯病抗性由多基因控制，且受环境影响较大。

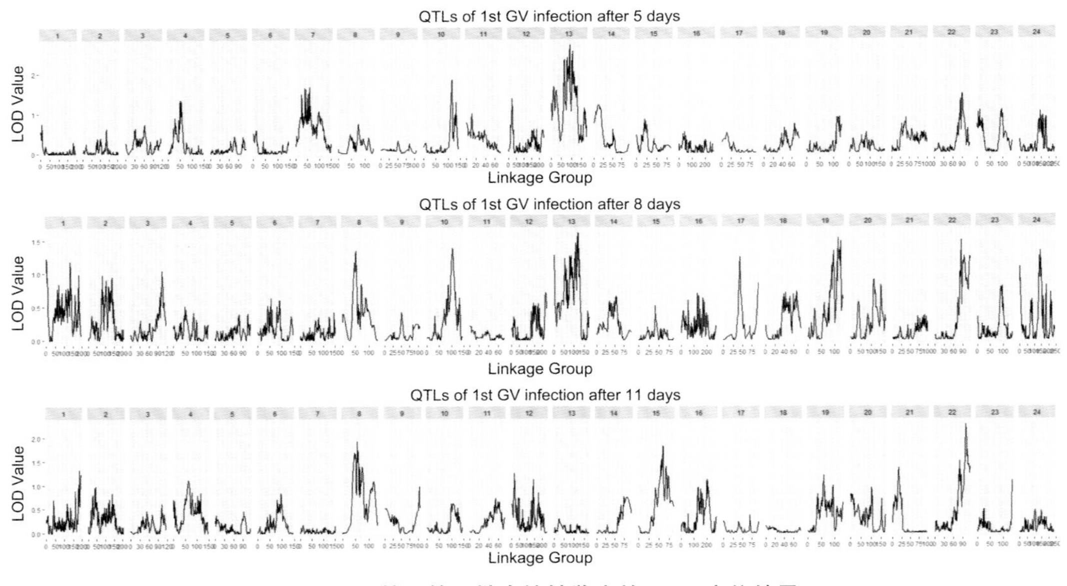

图 3-38　基于第一批次抗性鉴定的 QTL 定位结果

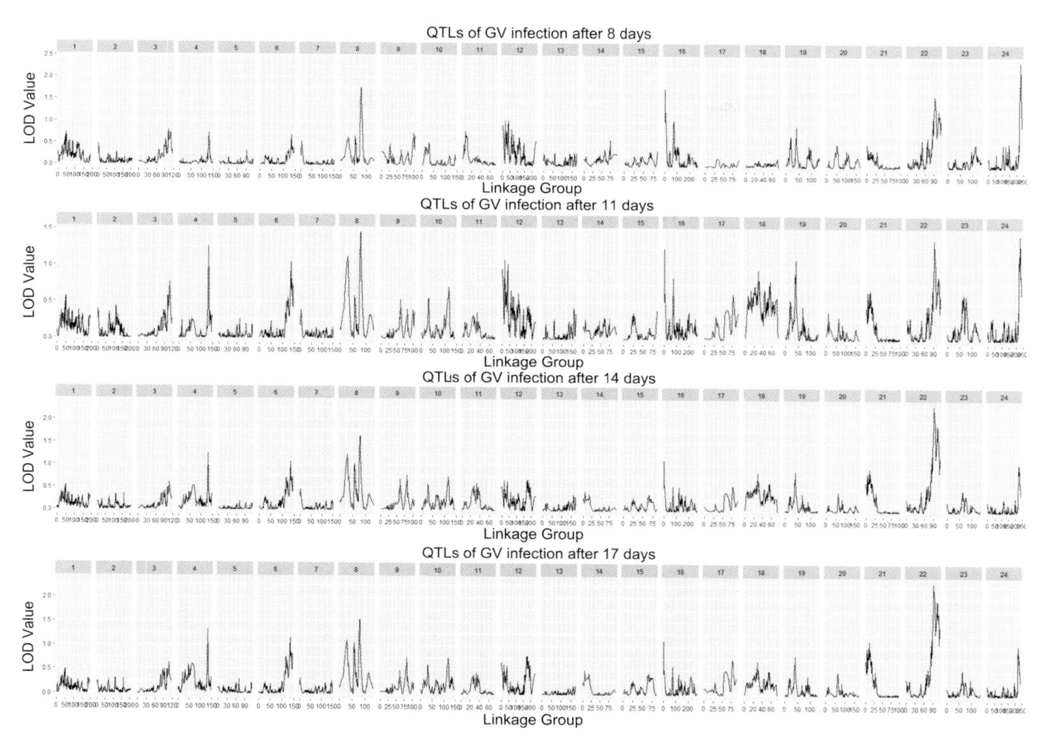

图 3-39　基于第二批次抗性鉴定的 QTL 定位结果

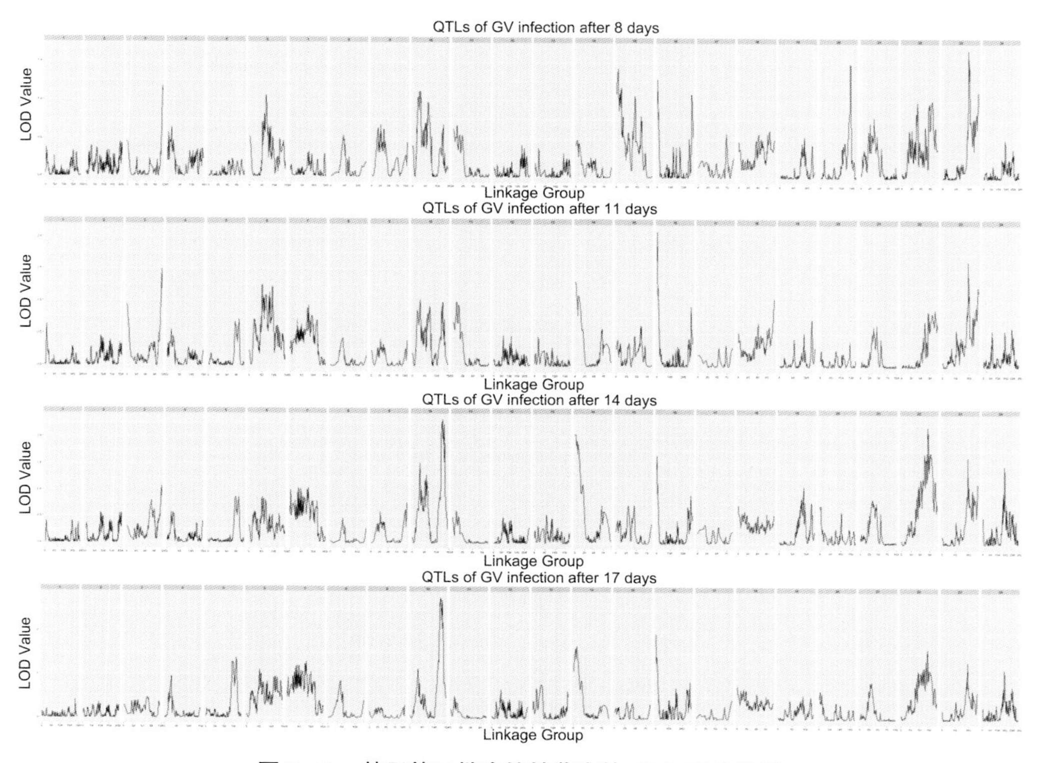

图 3-40　基于第三批次抗性鉴定的 QTL 定位结果

第七节　烤烟新品系 2014-502 分离群体的青枯病抗性位点定位

安徽省农业科学院烟草研究所以自育烤烟新品系 2014-502（抗）× 红花大金元（感）构建 F_2 分离群体，选取极端抗感材料进行 BSA 混池测序，发掘烟草青枯病抗性位点。共鉴定到 11 个 SNP 位点、7 个 Indel 位点与烟草青枯病抗性显著相关（表 3-24、表 3-25），11 个 SNP 位点分别位于 ctg866、ctg2978、Hic_asm_5、Hic_asm_14、Hic_asm_18 和 Hic_asm_20，7 个 Indel 位点分别位于 ctg6922、ctg4189、Hic_asm_4、Hic_asm_12、Hic_asm_13 和 Hic_asm_20，其中染色体 Hic_asm_20 上有 6 个 SNP 位点、2 个 Indel 位点，是重要的烟草青枯病抗性候选区段。

表 3-24　烟草青枯病抗性相关 SNP 位点

TransID	Variant	Chrom	Pos	Ref	Alt
evm.TU.ctg866.7	nonsynonymous	ctg866	69,745	G	A
evm.TU.Hic_asm_5.3517	upstream	Hic_asm_5	114,371,344	G	A
evm.TU.Hic_asm_14.548	upstream	Hic_asm_14	15,505,081	C	A
evm.TU.Hic_asm_18.1931_evm.TU.Hic_asm_18.1932	upstream	Hic_asm_18	67,072,303	T	A
evm.TU.Hic_asm_20.227	upstream	Hic_asm_20	6,660,817	G	T
evm.TU.Hic_asm_20.668	upstream	Hic_asm_20	20,264,702	T	C
evm.TU.Hic_asm_20.918	upstream	Hic_asm_20	31,635,012	G	A
evm.TU.Hic_asm_20.1815	upstream	Hic_asm_20	61,497,298	A	G
evm.TU.Hic_asm_20.1815	upstream	Hic_asm_20	61,497,323	A	C
evm.TU.Hic_asm_20.1815	upstream	Hic_asm_20	61,497,331	A	G
evm.TU.ctg2978.5	upstream	ctg2978	37,041	A	T

表 3-25　烟草青枯病抗性相关 Indel 位点

TransID	Variant	Chrom	Pos	Ref	Alt
evm.TU.Hic_asm_4.1453	upstream	Hic_asm_4	39,718,600	AT	-
evm.TU.Hic_asm_12.34	upstream	Hic_asm_12	851,349	A	-
evm.TU.Hic_asm_13.2690	upstream	Hic_asm_13	83,683,596	-	A
evm.TU.Hic_asm_20.1321	upstream	Hic_asm_20	48,071,467	AAACAT	-
evm.TU.Hic_asm_20.2675_evm.TU.Hic_asm_20.2673	upstream	Hic_asm_20	87,091,112	A	-
evm.TU.ctg6922.7	upstream	ctg6922	119,654	TAC	-
evm.TU.ctg4189.1	upstream	ctg4189	28,501	AA	-

第四章

烟草青枯病抗性鉴定评价体系及主要抗病品种（系）的抗性

第一节　烟草青枯病抗性鉴定评价体系与平台

烟草青枯病易在高温、高湿的条件下流行，在烟草整个生育期都可能发生（陈壬杰，2017）。青枯病田间自然发病鉴定易受环境条件等因素的影响，导致表型鉴定结果出现不稳定的现象，而且田间自然发病鉴定需要消耗较多的人力物力，鉴定周期长，效率低。苗期人工接种鉴定可避免环境影响，提高鉴定效率并降低鉴定成本。刘勇等（2010）和王新等（2018）采用苗期鉴定的方法发现幼苗发病结果和其田间自然发病结果呈极显著正相关，说明青枯病抗性苗期鉴定对于品种的实际抗性具有可靠的指导意义。青枯病抗性苗期鉴定方法多种多样、其效果也存在较大差异，可靠的表型鉴定体系能高效且准确地对烟草品种青枯病的抗性进行早期识别。中国农业科学院烟草研究所和西南大学共同探究最适宜的接种浓度并对不同方法进行结合与完善，建立了一套快速、稳定且高效的烟草青枯病抗性苗期人工接种鉴定技术体系，为青枯病表型鉴定提供鉴定方法和体系。

一、田间病圃自然发病抗性鉴定评价体系

1. 田间病圃自然发病抗性鉴定及布局

在云南、贵州、重庆、福建、广东和安徽 6 个产区利用已有青枯病鉴定病圃或发病较重田块布置自然发病鉴定试验点（表 4-1）。

田间试验采用随机区组，设计 3 次重复，每重复每个品种（系）不少于 2 行，每行 20 ～ 25 株。

表 4-1 田间鉴定布局

省份	承担单位	地址
云南	云南省烟草农业科学研究院	文山州广南县
贵州	贵州省烟草科学研究院	福泉基地病圃
重庆	中国烟草总公司重庆市公司烟草科学研究所	彭水润溪白果坪
福建	福建省烟草科学研究所	泰宁县下渠镇（下渠电站下田块） 三明市三元区莘口镇署沙阳
广东	广东农业科学院作物研究所	广州市白云区钟落潭镇黎家塘村（多年病圃）
安徽	安徽农业科学院烟草研究所	宣城市宣州区寒亭镇义兴村

2. 田间病圃青枯雷尔氏菌抗性鉴定病情调查方法

①调查方法与数量：对每个供试品种（系）的每个小区进行定点、定株、挂牌调查。每个小区调查不少于 20 株。

②病情分级标准：烟草青枯病的调查与分级标准参考国家标准《GB/T 23222-2008 烟草病虫害分级及调查方法》进行。

0 级：全株无病；

1 级：茎部偶有褪绿斑或病侧 1/2 以下叶片凋萎；

3 级：茎部有黑色条斑但不超过 1/2 或病侧 1/2 至 2/3 叶片凋萎；

5 级：茎部黑色条斑超过 1/2 但未到达茎顶部或病侧 2/3 以上叶片凋萎；

7 级：茎部黑色条斑到达茎顶部或病株叶片全部凋萎；

9 级：病株基本枯死。

采用以下公式计算发病率与病情指数。

$$发病率=\frac{发病株数}{调查总株数}\times 100\%$$

$$病情指数=\frac{\sum(发病株数\times 该病级代表值)}{调查总株数\times 最高级代表值}\times 100$$

③抗性评价标准：抗性评价标准参考国家标准《GB/T 23224-2008 烟草品种抗病性鉴定》进行，根据病情指数（DI）按如下标准评价抗性。

高抗或免疫（I）：DI=0；

抗病（R）：$0.1 < DI \leq 20$；

中抗（MR）：$20.1 < DI \leq 40$；

中感（MS）：$40.1 < DI \leq 60$；

感病（S）：$60.1 < DI \leq 80$；

高感（HS）：$80.1 < DI \leq 100$。

二、室内抗性鉴定评价体系

1. 智能温室漂浮育苗苗期人工接种鉴定

基于智能温室的漂浮育苗人工接种抗性鉴定体系分为：烟苗漂浮育苗培育、病原菌人工接种、病害调查、抗性评价。

①漂浮育苗烟苗培育

育苗方式：采用漂浮育苗法标准进行烟苗的培育。

基质选择：使用烟草漂浮育苗专用基质，由含丰富有机质及腐殖酸的泥炭、珍珠岩、蛭石等组成。主要指标：腐殖酸 10% ～ 40%，电导率≤ 1 000us/cm。

培育条件：智能温室的平均水温 18℃，平均气温 23℃。

育苗标准：每个培养池大小为长 10m、宽 1m、深 19cm，每个培养池加入 100L 培养液（烟草专用育苗肥配制氮磷钾配备 20–11–15、用量 30g，于小十字期和 5 ～ 6 片真叶各施肥一次），当烟苗培养至四叶一心时备用（图 4–1）。

图 4–1　智能温室接种鉴定

②病原菌接种

病原活化和制备：将用于接种的标准菌株于 TTC 固体培养基平板上划线，划线平板放置于 30℃恒温培养箱中培养 48h 左右，挑选单菌落接种于液体 LB 培养基中进行扩大培养，培养液置于 28℃、220r/min 条件下振荡培养 36 ～ 48h，将培养至对数期的

菌液稀释至 OD_{600nm} = 1.0（约 10^9 cfu/mL）备用。

病原接种：将培养好的烟苗从育苗池中取出放置 24h、控干水分备用，同时将培养池中的培养液抽干后重新加水至 6cm 深（大约 600L 水）；将配制好的菌悬液 6L 加入培养池混合均匀，配制成约 10^7 cfu/mL 的菌悬液；再将育苗盘重新放置于育苗池接种培养；观察并记录发病情况，于青枯病盛发期调查病害情况，计算发病率及病情指数，同时进行抗性评价。重复 3 次，每个重复 20 株烟苗。

培养条件：接种后的烟苗置于智能温室培养，培养温度为 30±2℃、相对湿度 100%、自然光照。

2. 人工气候室苗期接种抗性鉴定

人工气候室苗期接种抗性鉴定体系分为：烟苗假植育苗培育、病原菌人工接种、病害调查、抗性评价。

①盆栽烟苗培育：采用假植育苗法进行烟苗的培育

基质选择：使用烟草育苗专用基质。

培育条件：人工气候室的平均气温 25℃。

育苗标准：烟苗小十字期和 5 ～ 6 片真叶时各施肥一次，当烟苗培养至四叶一心时备用（图 4–2）。

图 4–2　人工气候室接种鉴定

②病原菌接种

病原活化和制备：同智能温室漂浮育苗苗期人工接种鉴定中的病原活化和制备方法一样。

病原接种：将配制好的菌悬液 $OD_{600nm}=0.05$（约 5×10^7 cfu/mL）；每株烟苗接种10mL；观察并记录发病情况，每隔 3 ～ 4d 调查病害情况，计算发病率及病情指数，同时进行抗性评价。重复 3 次，每个重复 20 株烟苗。

培养条件：接种后的烟苗置于智能人工气候室，培养温度为 30±2℃、相对湿度100%、黑暗 12h/ 光照 12h 培养。

3. 苗期接种抗性鉴定病情调查方法

①病害分级：室内烟草青枯病病情分级标准如下（以单株为单位）

0 级：烟苗无发病症状；

1 级：1 至 2 片叶片半萎蔫或茎部褪绿条斑占株高 1/3 以下；

2 级：2 至 3 片叶片萎蔫或茎部褪绿条斑在 1/3 至 1/2 株高；

3 级：健叶 1 至 2 片或茎部褪绿条斑在 1/2 至 2/3 株高处；

4 级：烟株无健叶基本枯死或茎部褪绿条斑超过 2/3 株高。

按如下公式计算病情指数：

$$\text{病情指数}=\frac{\sum(\text{发病株数}\times\text{该病级代表值})}{\text{调查总株数}\times\text{最高级代表值}}\times100$$

②抗性评价：基于病情指数（DI）按如下标准评价抗性

高抗（HR）：$0\leqslant DI\leqslant20$；

抗病（R）：$20.1<DI\leqslant40$；

中抗（MR）：$40.1<DI\leqslant60$；

低抗（LR）：$60.1<DI\leqslant80$；

感病（S）：$80.1<DI\leqslant90$；

高感（HS）：$90.1<DI\leqslant100$；

第二节　主要抗病新品系的抗性评价与适宜产区

中国农业科学院烟草研究所联合云南省烟草农业科学研究院、贵州省烟草科学研究院、福建省烟草专卖局烟草科学研究所、中国烟草总公司重庆市烟草科学研究所、西南大学、安徽省农业科学院烟草研究所、广东省农业科学院作物研究所等多家单位对 8 份种质资源抗源、1 份抗病突变体、13 份抗病高世代品系及 3 份感病对照品种红花大金元、长脖黄、翠碧一号（表 4–2），进行室内苗期人工接种鉴定和田间病圃自然发病鉴定。

表 4-2　烟草品种（系）列表

	品种（系）名称	供种单位	系谱 / 来源
	种质抗源		
1	岩烟 97	中国农业科学院烟草研究所	国家烟草种质资源中期库
2	反帝三号 – 丙	中国农业科学院烟草研究所	国家烟草种质资源中期库
3	DB101	中国农业科学院烟草研究所	国家烟草种质资源中期库
4	K326	中国农业科学院烟草研究所	国家烟草种质资源中期库
5	大叶密合	中国农业科学院烟草研究所	国家烟草种质资源中期库
6	GDSY-1	广东农业科学院作物研究所	—
7	G3	福建省烟草科学研究所	（Coker176× G80）×（ G28× Coker316）
8	Oxford207	云南省烟草农业科学研究院	—
	突变体抗源		
9	633K	中国农业科学院烟草研究所	翠碧一号 EMS 诱变突变体
	抗病高世代品系		
10	HB1709	湖北省烟草科学研究院	（Coker371Gold× 蓝玉 1 号）× 云烟 87
11	YK1833	广东农业科学院作物研究所	GDSY-1 为抗源的高世代品系
12	YK2003	广东农业科学院作物研究所	MSK326×［K326×（K326×GDSY-1）］F_7
13	HN2146	湖南省烟草科学研究所	以 G28、Coker176、K326 和革新 3 号为亲本进行复交，病圃选育后再与 K326 回交
14	FJ1604	福建省烟草科学研究所	闽烟 12×F236
15	2014-502	安徽农业科学院烟草所	6527×（Coker371gold× 红花大金元）
16	2015-614	安徽农业科学院烟草所	（云烟 97×6517）×6517
17	09-18-3	湖南中烟工业有限责任公司	湘烟四号 ×K346
18	22-326	云南省烟草农业科学研究院	云烟 87× 岩烟 97 F_7 代 RIL 群体株系
19	S17	云南省烟草农业科学研究院	云烟 97×Oxford207 BC_3F_7 高世代品系
20	贵烟 14	贵州省烟草科学研究院	K730× 福泉 1 号
21	G27	贵州省烟草科学研究院	（K730×RG11）×G28
22	6036	贵州省烟草科学研究院	（9111×9254）×K730
23	红花大金元	中国农业科学院烟草研究所	大金元系选
24	长脖黄	中国农业科学院烟草研究所	许金 5 号 ×G70
25	翠碧一号	中国农业科学院烟草研究所	特字 401 系选

一、田间病圃自然发病抗性

①福建省三明田间病圃：福建省三明病圃位于福建省三明市三元区莘口镇，该病圃占地面积 2.0 亩，田间种植采用随机区组三次重复试验设计。按照国家标准 GB/

T 23222-2008 的方法，基于田间病圃三次重复的调查数据，对供试材料的青枯病抗性进行了统计分析（表 4-3）。2020 年度鉴定为抗病的材料 1 份，为 GDSY-1；中抗材料 6 份，分别为 YK1833、大叶密合、633K、2015-614、Oxford207 和 G27。2021 年度鉴定为抗病的材料 1 份，GDSY-1；中抗材料 8 份，分别为 YK1833、YK2003、大叶密合、2015-614、2014-502、G3、贵烟 14 和 6036。综合两年度的鉴定结果（图 4-3），GDSY-1 的抗性水平为抗病，YK1833、大叶密合和 2015-614 的抗性水平为中抗，Oxford207、633K、HB1709、2014-502、贵烟 14、G27 和 6036 的抗性水平为中感到中抗。

表 4-3 福建省三明病圃抗性评价结果

品种（系）	2020 年病情指数			2021 年病情指数			抗性水平
	平均值	标准误	变幅	平均值	标准误	变幅	
岩烟 97	51.67	3.89	13.33	31.22	10.84	37.55	MS-MR
DB101	32.50	2.52	8.07	46.29	3.44	11.67	MS-MR
反帝三号 - 丙	44.49	7.41	24.44	42.22	11.71	36.67	MS
K326	58.88	5.14	15.81	52.35	3.69	12.59	MS
Ti448A	71.28	6.77	22.23	–	–	–	S
大叶密合	31.57	6.54	20.37	24.19	8.40	28.76	MR
GDSY-1	1.97	1.26	4.32	5.88	3.02	10.00	R
G3	46.78	4.87	16.37	33.15	9.79	33.89	MS-MR
Oxford207	34.65	4.97	16.52	42.57	8.22	26.46	MS-MR
633K	31.85	12.47	39.39	42.41	3.46	11.11	MS-MR
HB1709	59.11	4.91	16.98	53.70	1.48	4.45	MS
YK1833	20.19	7.41	25.55	22.49	1.68	5.30	MR
YK2003	–	–	–	22.80	6.45	22.28	MR
HN2146	55.49	4.11	13.89	45.19	3.11	10.55	MS
FJ1604	46.39	3.61	10.82	40.37	5.46	17.78	MS
2014-502	41.86	4.13	13.86	32.9	1.15	3.92	MS-MR
2015-614	33.93	3.14	10.12	32.59	12.7	40.56	MR
09-18-3	46.01	11.52	37.49	54.83	1.00	3.40	MS
S17	55.16	6.04	19.69	49.26	5.23	16.67	MS
22-326	–	–	–	57.78	4.20	14.44	MS
贵烟 14	44.79	4.87	16.67	34.30	12.97	39.24	MS-MR
G27	39.93	8.83	30.56	46.49	5.20	16.96	MS-MR
6036	46.33	1.87	6.11	38.39	7.16	23.71	MS-MR
长脖黄	91.31	5.20	17.36	75.46	2.96	9.42	S-HS
红花大金元	98.86	1.14	3.42	75.74	5.87	20.01	S-HS
翠碧一号	83.43	5.27	18.23	71.27	7.16	22.23	S-HS

注：HR 代表高抗；R 代表抗病；MR 代表中抗；MS 代表中感；S 代表感病；HS 代表高感。

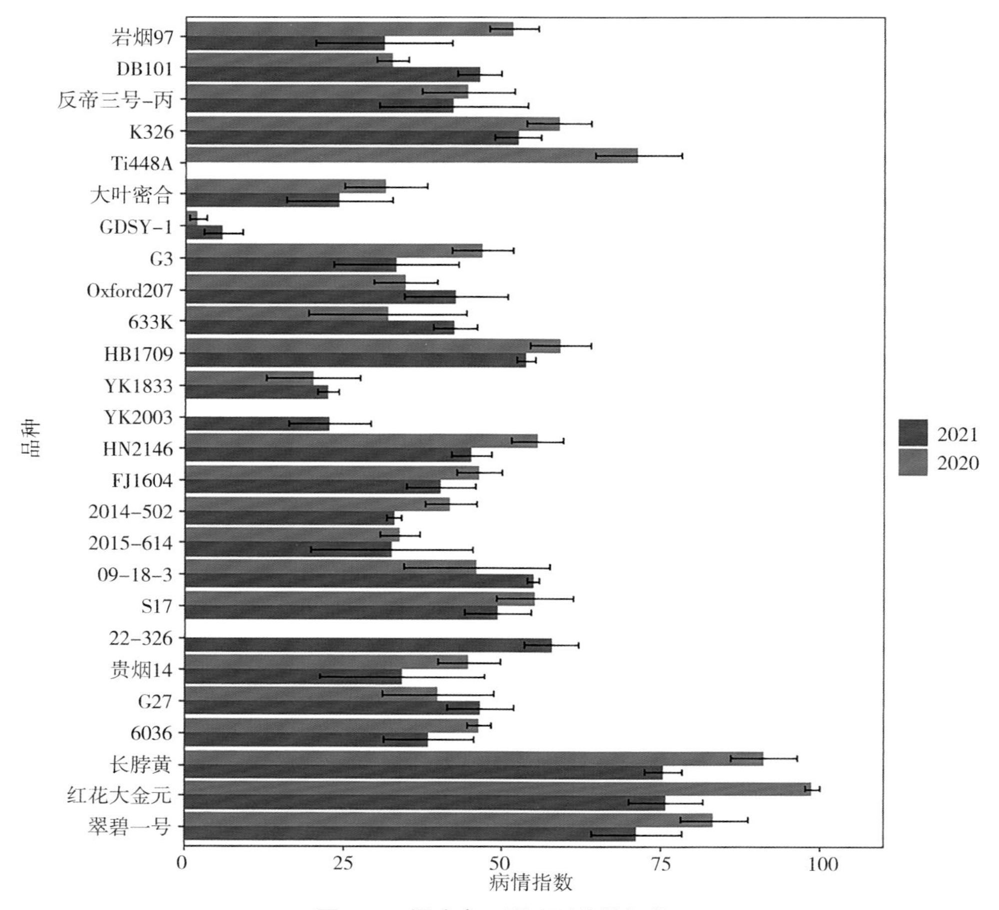

图 4-3 福建省三明病圃抗性评价

②福建省泰宁田间病圃：福建省泰宁病圃位于福建省泰宁县下渠镇该病圃，占地面积 1.5 亩，田间种植采用随机区组三次重复试验设计。按照国家标准 GB/T 23222-2008 的方法，基于田间病圃三次重复的调查数据对供试材料的青枯病抗性进行了统计分析（表 4-4）。该病圃中各材料抗性水平的统计情况见图 4-4，其中达到抗病水平的材料有 14 份，分别为 FJ1604、YK1833、6036、G27、岩烟 97、2014-502、GDSY-1、2015-614、633K、Oxford207、大叶密合、Ti448A、K326 和 HN2146；中抗水平的材料有 4 份，分别为 09-18-3、G3、DB101 和贵烟 14。

表 4-4 福建省泰宁病圃抗性评价

品种（系）	病情指数				抗性水平
	平均值	标准差	标准误	变幅	
岩烟 97	7.82	6.86	3.96	12.18	R
反帝三号 - 丙	40.71	19.89	11.48	38.42	MS
DB101	24.85	34.44	19.88	60.44	MR
K326	17.46	9.37	5.41	16.83	R

续表

品种（系）	病情指数				抗性水平
	平均值	标准差	标准误	变幅	
Ti448A	15.84	18.29	10.56	33.97	R
大叶密合	15.69	9.26	5.35	17.42	R
GDSY-1	10.69	9.55	5.51	18.52	R
G3	23.93	31.24	18.04	54.44	MR
Oxford207	15.44	2.76	1.59	5.43	R
633K	14.39	5.86	3.38	11.51	R
HB1709	46.12	42.98	24.81	84.27	MS
YK1833	3.22	1.45	0.84	2.67	R
HN2146	19.40	20.64	11.92	37.18	R
FJ1604	2.28	2.11	1.22	4.17	R
2014-502	8.53	5.34	3.08	10.32	R
2015-614	11.63	4.80	2.77	9.56	R
09-18-3	21.79	17.71	10.22	35.13	MR
S17	52.84	38.15	22.03	73.42	MS
贵烟 14	25.42	31.43	18.15	58.41	MR
G27	7.44	10.66	6.15	19.66	R
6036	4.98	4.83	2.79	9.50	R
红花大金元	100.00	0.00	0.00	0.00	HS
长脖黄	100.00	0.00	0.00	0.00	HS
翠碧一号	100.00	0.00	0.00	0.00	HS

注：HR 代表高抗；R 代表抗病；MR 代表中抗；MS 代表中感；S 代表感病；HS 代表高感。

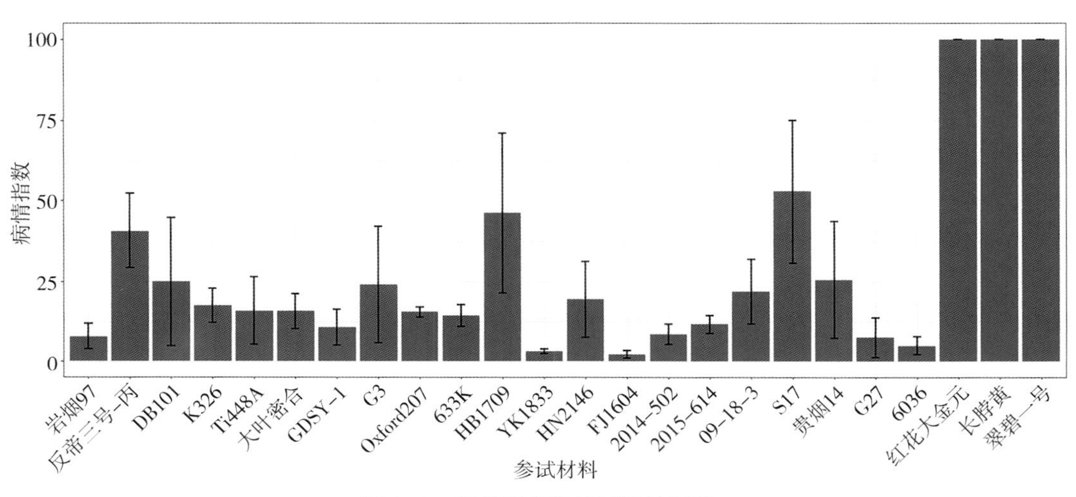

图 4-4　福建省泰宁病圃抗性评价

③安徽省宣城田间病圃：安徽省宣城田间病圃位于宣城市宣州区寒亭镇义兴村，该病圃占地面积 2.0 亩，田间种植采用随机区组三次重复试验设计。按照国家标准 GB/T 23222-2008 的方法，基于田间病圃三次重复的调查数据对供试材料的青枯病抗性进行了统计分析（表 4-5、图 4-5）。2020 年度鉴定为高抗的材料 1 份，为 GDSY-1；抗病材料 8 份，分别为 DB101、反帝三号 - 丙、Oxford207、633K、YK1833、FJ1604、2014-502 和 2015-614；中抗材料 4 份分别为 K326、大叶密合、G3、6036。2021 年度鉴定为高抗的材料 1 份，为 GDSY-1；抗病材料 13 份，分别为大叶密合、GDSY-1、G3、Oxford207、633K、YK1833、YK2003、FJ1604、2014-502、2015-614、09-18-3、贵烟 14 和 6036；中抗材料 3 份，分别为 K326、HN2146 和 G27。综合两年度的鉴定结果，GDSY-1 的抗性水平为高抗，Oxford207、633K、YK1833、YK2003、FJ1604、2014-502 和 2015-614 的抗性水平为抗病，大叶密合、G3 和 6036 的抗性水平为中抗到抗病。

表 4-5　安徽省宣城病圃抗性评价

品种（系）	2020 年病情指数			2021 年病情指数			抗性水平
	平均值	标准误	变幅	平均值	标准误	变幅	
岩烟 97	38.33	10.78	37.22	5.81	3.42	10.61	MR-R
DB101	17.59	5.96	18.88	8.23	1.77	6.11	R
反帝三号 - 丙	15.19	7.56	26.11	10.78	3.80	12.62	R
K326	39.82	10.76	37.22	23.06	4.25	14.65	MR
Ti448A	79.63	2.41	7.22	-	-	-	S
大叶密合	25.68	4.58	14.25	3.96	1.30	4.04	MR-R
GDSY-1	0.00	0.00	0.00	0.00	0.00	0.00	R
G3	28.70	6.59	20.55	15.49	2.27	7.58	MR-R
Oxford207	7.96	4.36	13.34	5.34	1.37	4.19	R
633K	7.00	7.00	20.99	5.14	1.19	3.79	R
HB1709	55.74	12.07	40.00	56.55	7.81	25.29	MS
YK1833	2.22	1.70	5.56	0.00	0.00	0.00	R
YK2003	-	-	-	0.00	0.00	0.00	R
HN2146	73.89	5.85	18.34	34.22	9.21	30.81	S-MR
FJ1604	16.79	2.96	10.18	6.70	2.47	7.58	R
2014-502	8.33	2.57	8.89	1.40	0.20	0.66	R
2015-614	10.00	3.90	12.22	3.01	0.99	2.98	R
09-18-3	56.30	21.36	73.88	5.07	0.78	2.57	MS-R
S17	59.07	11.97	40.00	60.52	17.36	55.56	MS-S
22-326	-	-	-	42.42	9.97	34.35	MS
贵烟 14	42.41	8.12	27.78	13.01	4.75	14.79	MS-R

续表

品种（系）	2020 年病情指数			2021 年病情指数			抗性水平
	平均值	标准误	变幅	平均值	标准误	变幅	
G27	42.59	4.58	15.55	21.75	7.49	25.91	MS–MR
6036	27.78	8.93	30.55	12.66	5.66	19.29	MR–R
长脖黄	100.00	0.00	0.00	100.00	0.00	0.00	HS
红花大金元	100.00	0.00	0.00	99.26	0.74	2.22	HS
翠碧一号	98.15	1.85	5.56	89.43	6.33	19.19	HS

注：HR 代表高抗；R 代表抗病；MR 代表中抗；MS 代表中感；S 代表感病；HS 代表高感。

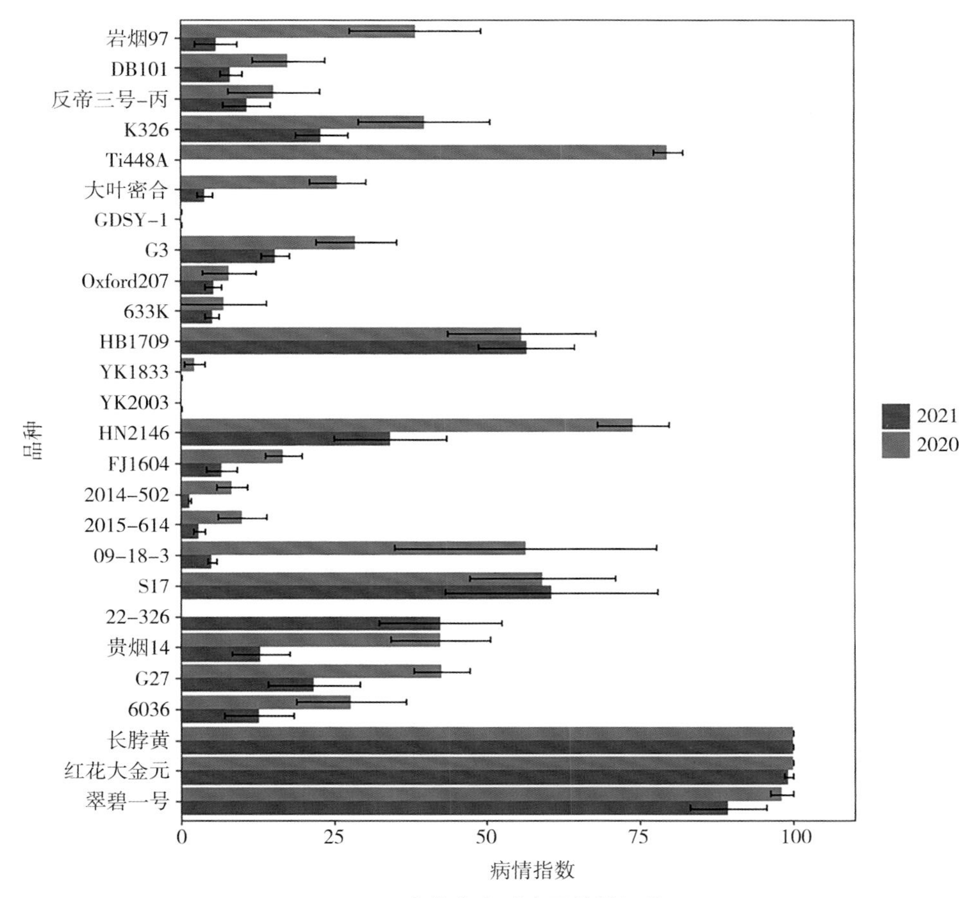

图 4–5 安徽省宣城病圃抗性评价

④广东省广州田间病圃：广东省广州田间病圃位于广州市白云区钟落潭镇黎家塘村（多年病圃），该病圃占地面积 2.0 亩，田间种植采用随机区组三次重复试验设计。按照国家标准 GB/T 23222–2008 的方法，基于田间病圃三次重复的调查数据对供试材料的青枯病抗性进行了统计分析（详见表 4–6、图 4–6）。2020 年度达到抗病水平的材

料有 6 份，分别为大叶密合、GDSY-1、633K、YK1833、2014-502 和 2015-614；达到中抗水平的材料有 3 份，分别为岩烟 97、FJ1604 和 6036。2021 年度达到抗病水平的材料有 6 份，分别为 GDSY-1、YK1833、YK2003、2014-502 和 2015-614；达到中抗水平的材料有 6 份，分别为大叶密合、Oxford207、FJ1604、贵烟 14、G27 和 6036。综合两年度的鉴定结果 GDSY-1、YK1833、YK2003、2014-502 和 2015-614 的抗性水平为抗病，大叶密合为中抗到抗病，FJ1604 为中抗。

表 4-6　广东省广州病圃抗性评价

品种（系）	2020 年病情指数			2021 年病情指数			抗性水平
	平均值	标准误	变幅	平均值	标准误	变幅	
岩烟 97	33.49	4.35	15.05	39.77	10.48	34.88	MR
DB101	59.07	11.07	37.22	44.70	8.46	25.76	MS
反帝三号 - 丙	76.50	9.20	29.82	62.96	6.28	19.88	S
K326	57.79	2.23	6.99	72.40	8.35	28.72	MS-S
Ti448A	67.48	5.27	17.55	–	–	–	S
大叶密合	10.69	2.41	7.80	29.59	5.09	17.64	MR-R
GDSY-1	1.16	0.61	2.08	8.11	2.67	9.15	R
G3	40.08	3.09	10.51	54.10	13.06	44.4	MS
Oxford207	44.67	16.02	53.47	39.05	14.30	47.22	MS-MR
633K	10.96	3.79	11.85	49.05	8.13	27.81	MS-R
HB1709	44.94	0.50	1.49	79.65	5.29	17.39	MS-S
YK1833	2.12	1.06	3.33	8.34	2.59	8.45	R
YK2003	–	–	–	1.45	0.49	1.69	R
HN2146	49.77	5.70	18.11	61.21	4.82	16.05	MS-S
FJ1604	33.77	1.27	3.89	37.79	5.80	17.60	MR
2014-502	8.15	3.73	11.85	18.06	4.97	16.36	R
2015-614	2.12	0.69	2.22	13.75	8.26	26.77	R
09-18-3	52.96	2.17	7.41	48.49	8.49	26.75	MS
S17	49.69	5.84	20.23	73.21	1.06	3.33	MS-S
22-326	–	–	–	63.33	5.48	18.89	S
贵烟 14	51.91	0.48	1.67	37.48	4.24	13.68	MS-MR
G27	50.09	6.06	19.83	38.53	2.81	9.50	MS-MR
6036	32.47	1.23	3.81	38.02	8.14	28.13	MS-MR
长脖黄	10 000	0.00	0.000	97.27	2.73	8.19	HS
红花大金元	95.33	2.41	8.08	94.86	2.08	7.02	HS
翠碧一号	80.99	3.97	12.59	92.81	30.94	93.46	HS

注：R 代表抗病；MR 代表中抗；MS 代表中感；S 代表感病；HS 代表高感。

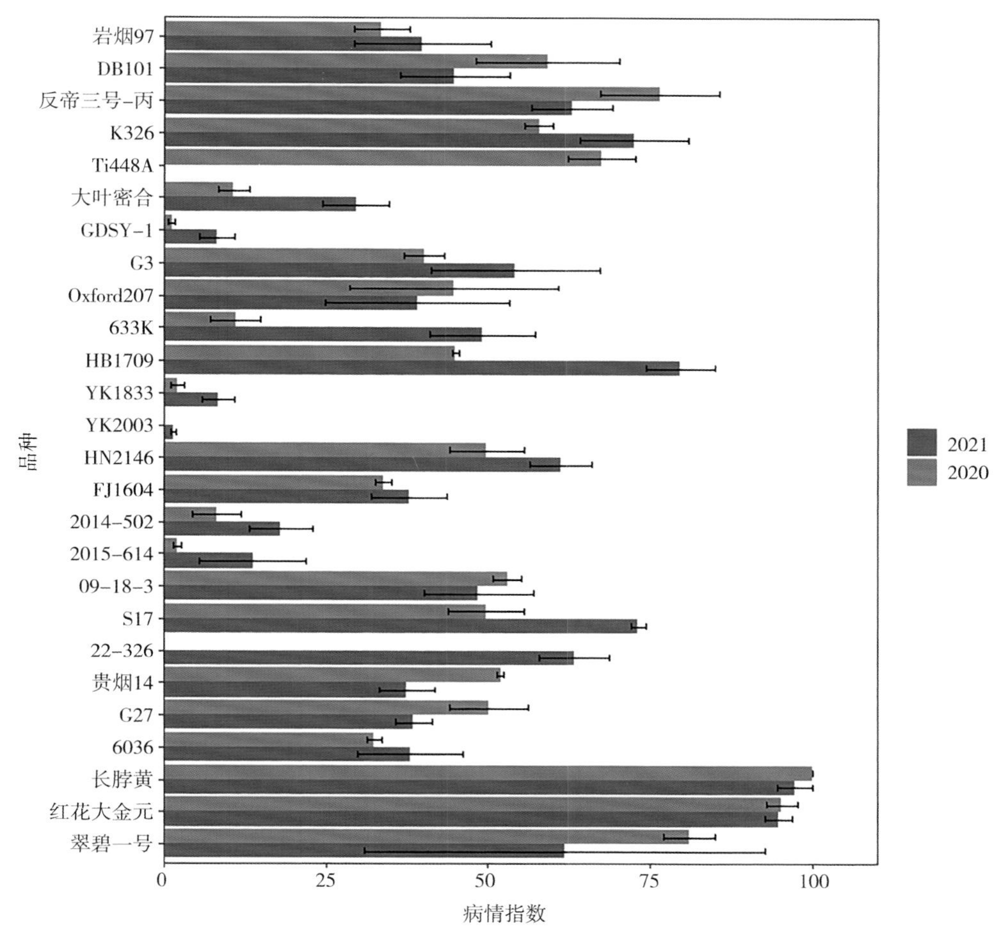

图 4-6　广东省广州病圃抗性评价

⑤云南省文山田间病圃：云南省文山田间病圃位于云南省文山州广南县，该病圃占地面积 4.0 亩，田间种植采用随机区组三次重复试验设计。按照国家标准 GB/T 23222-2008 的方法，基于田间病圃三次重复的调查数据对供试材料的青枯病抗性进行了统计分析（详见表 4-7、图 4-7）。该病圃高抗的材料有 3 份，分别为 YK1833、FJ1604 和 6036；达到抗病水平的材料有 15 份，分别为岩烟 97、反帝三号 – 丙、DB101、K326、G3、Oxford207、633K、HB1709、HN2146、2014-502、2015-614、09-18-3、S17、贵阳 14 和 G27；达到中抗水平的材料有 2 份，分别为大叶密合和 Ti448A。

表 4-7　云南省文山病圃抗性评价

品种（系）	病情指数平均值	抗性水平
岩烟 97	4.76	R
反帝三号 – 丙	2.22	R
DB101	0.73	R

续表

品种（系）	病情指数平均值	抗性水平
K326	8.44	R
Ti448A	28.66	MR
大叶密合	26.25	MR
GDSY-1	47.98	MS
G3	2.40	R
Oxford207	2.33	R
633K	9.60	R
HB1709	3.69	R
YK1833	0.00	HR
HN2146	10.68	R
FJ1604	0.00	HR
2014-502	0.07	R
2015-614	0.78	R
09-18-3	6.61	R
S17	13.87	R
贵烟 14	6.30	R
G27	7.51	R
6036	0.00	HR
红花大金元	68.30	S
长脖黄	56.57	MS
翠碧一号	82.38	HS

注：HR 代表高抗；R 代表抗病；MR 代表中抗；MS 代表中感；S 代表感病；HS 代表高感。

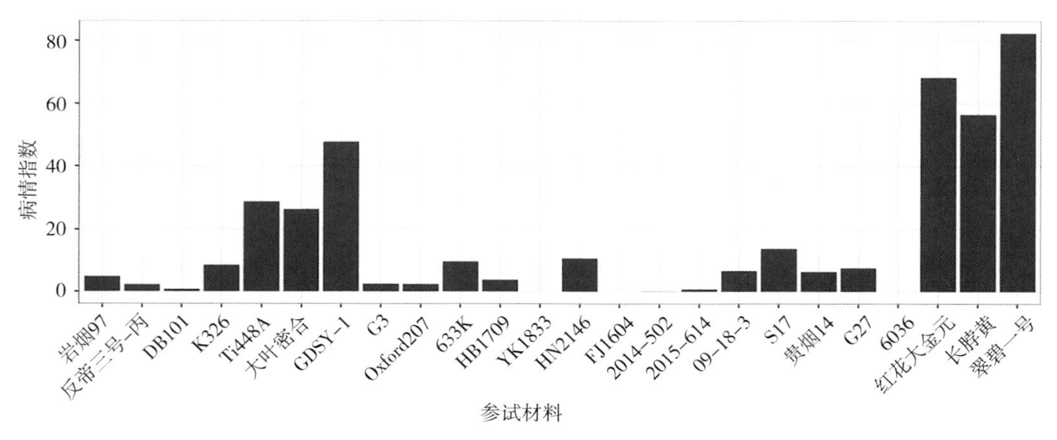

图 4-7　云南省文山病圃抗性评价

⑥云南省石林田间病圃：该病圃设置 3 次重复，单行区，5 月 10 日移栽，6 月 10 日开始每 10d 调查一次发病情况，以最后一次调查结果（9 月 10 日）为最终结果。感病对照红花大金元、长脖黄和翠碧一号发病率为 100%；GDSY-1、YK1833、YK2003 发病率在 20% 以下，表现抗病（表 4-8）。

表 4-8　云南省石林病圃抗性评价

品种（系）	发病株数	发病率（%）
岩烟 97	29	35.80
反帝三号 - 丙	42	51.22
DB101	58	70.73
K326	73	89.02
大叶密合	38	46.34
GDSY-1	12	14.29
G3	50	59.52
Oxford207	22	26.51
633K	46	56.79
HB1709	70	84.34
YK1833	7	8.33
YK2003	4	4.88
HN2146	47	58.02
FJ1604	24	28.92
2014-502	26	31.33
2015-614	20	24.10
09-18-3	69	83.13
22-326	74	89.16
S17	77	93.90
贵烟 14	37	44.58
G27	59	71.95
6036/GZ36	48	59.26
红花大金元	80	100.00
长脖黄	81	100.00
翠碧一号	80	100.00
改良红大	78	96.30

⑦贵州省福泉田间病圃：贵州省福泉田间病圃占地面积 0.7 亩，田间种植采用随机区组三次重复试验设计。按照国家标准 GB/T 23222-2008 的方法，基于田间病圃三次重复的调查数据对供试材料的青枯病抗性进行了统计分析（表 4-9、图 4-8）。

2020 年度达到抗病水平的材料有 1 份，为贵烟 14；中抗水平的材料有 1 份，为 S17。2021 年度达到抗病水平的材料有 13 份，分别为 GDSY-1、G3、Oxford207、YK1833、YK2003、HN2146、FJ1604、2014-502、2015-614、09-18-3、贵烟 14、G27 和 6036；中抗水平的材料 4 份，分别为 K326、633K、S17 和 22-326。鉴于 2020 年度发病情况整体较重，以 2021 年度的鉴定数据判定供试材料的抗性等级。

表 4-9　贵州省福泉病圃抗性评价

品种（系）	2020 年病情指数			2021 年病情指数			抗性水平
	平均值	标准误	变幅	平均值	标准误	变幅	
岩烟 97	58.89	1.93	8.89	23.60	19.79	82.60	MR
DB101	59.44	2.29	11.11	14.38	6.59	31.90	R
反帝三号 - 丙	66.25	4.76	21.67	12.88	7.47	27.40	R
K326	66.67	5.29	22.22	28.15	4.45	18.90	MR
Ti448A	87.78	4.31	20.00				
大叶密合	75.56	8.22	35.55	40.08	11.95	46.70	MS
GDSY-1	53.40	14.18	60.25	2.60	2.02	8.50	R
G3	72.78	4.48	20.00	9.85	7.30	30.90	R
Oxford207	61.67	5.55	24.45	8.05	3.96	15.90	R
633K	61.67	3.19	13.33	20.13	7.73	37.40	MR
HB1709	74.45	2.65	11.11	42.90	10.82	47.40	MS
YK1833	58.34	2.93	13.34	2.03	2.03	8.10	R
YK2003				1.58	1.58	6.30	R
HN2146	70.56	5.47	20.00	15.50	4.30	18.10	R
FJ1604	60.00	2.03	8.88	1.95	1.95	7.80	R
2014-502	55.56	2.03	8.89	1.95	1.95	7.80	R
2015-614	60.56	3.56	15.55	2.30	1.65	70	R
09-18-3	71.11	3.96	15.56	14.83	2.97	12.60	R
S17	20.28	4.14	18.89	40.00	6.09	29.70	MR
22-326				21.95	7.93	38.20	MR
贵烟 14	3.33	0.64	2.22	7.95	5.35	22.70	R
G27	60.00	4.16	20.00	18.23	10.05	44.50	R
6036	57.78	4.16	20.00	12.38	6.40	25.90	R
长脖黄	99.45	0.56	2.22	94.80	1.47	6.80	HS
红花大金元	60.00	8.07	37.78	95.90	1.98	8.20	HS
翠碧一号	58.34	1.07	4.44	92.13	3.00	13.7	HS

注：R 代表抗病；MR 代表中抗；MS 代表中感；S 代表感病；HS 代表高感。

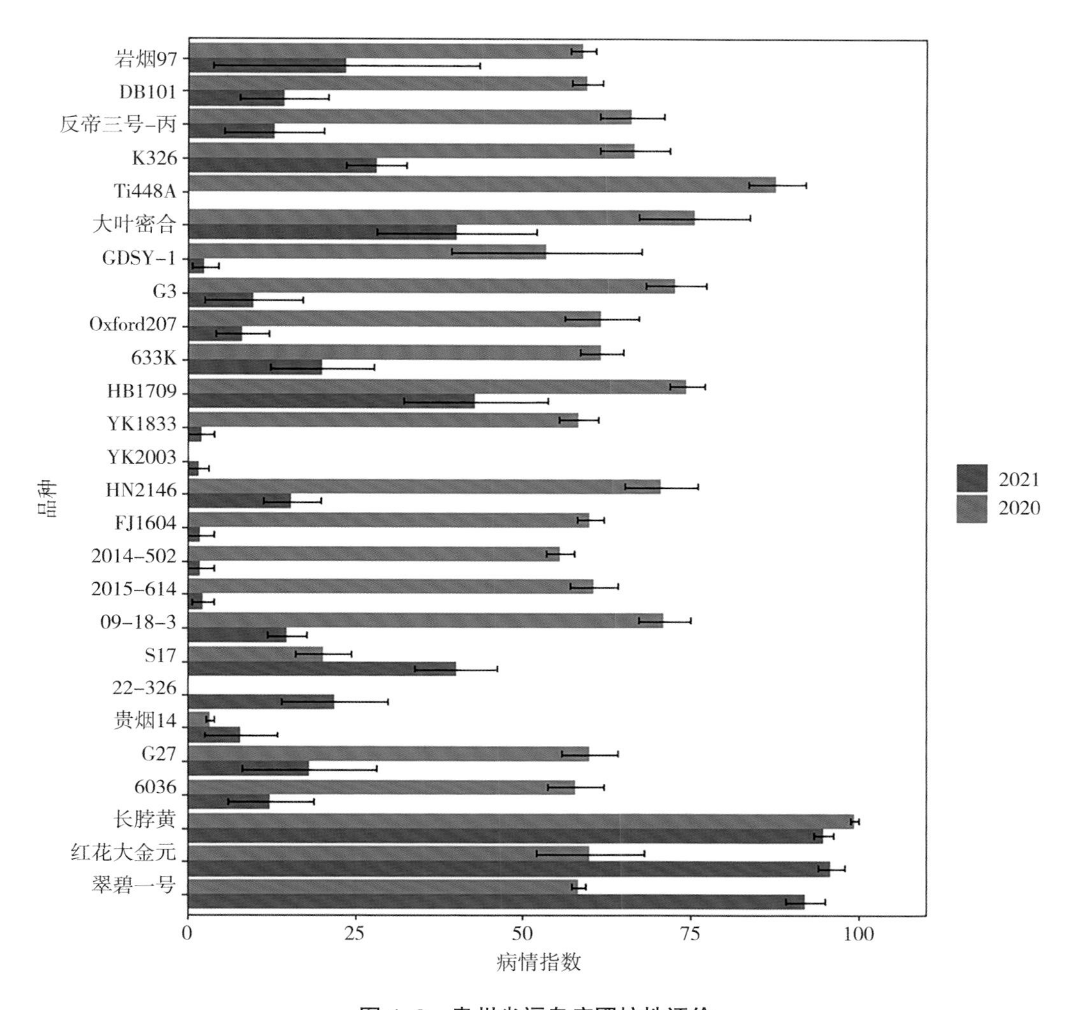

图 4-8 贵州省福泉病圃抗性评价

⑧重庆市彭水田间病圃：重庆市彭水田间病圃占地面积 7.0 亩，田间种植采用随机区组三次重复试验设计。按照国家标准 GB/T 23222-2008 的方法，基于田间病圃三次重复的调查数据对供试材料的青枯病抗性进行了统计分析（表 4-10、图 4-9）。2020 年度达到高抗水平的材料有 1 份，为 YK1833；达到抗病水平的材料有 14 份，分别为岩烟 97、反帝三号－丙、DB101、K326、G3、Oxford207、HN2146、FJ1604、2014-502、2015-614、09-18-3、贵烟 14、G27 和 6036；达到中抗水平的材料有 2 份，为 HB1709 和 S17。2021 年度达到抗病水平的材料有 10 份，分别为 Oxford207、633K、YK1833、YK2003、FJ1604、2014-502、2015-614、贵烟 14、G27 和 6036；达到中抗水平的材料有 5 份，分别为 K326、G3、HN2146、09-18-3 和 22-326。综合两年度的鉴定结果，Oxford207、633K、YK1833、YK2003、FJ1604、2014-502、2015-614、贵烟 14、G27 和 6036 的抗性水平为抗病，K326、G3、HN2146 和 09-18-3 的抗性水平为抗病到中抗，22-326 的抗性水平为中抗。

表 4-10 重庆市彭水病圃抗性评价

品种（系）	2020 年病情指数			2021 年病情指数			抗性水平
	平均值	标准误	变幅	平均值	标准误	变幅	
岩烟 97	12.73	4.82	15.69	3.89	3.48	10.83	R
DB101	1.02	0.65	2.22	14.81	6.91	21.39	R
反帝三号 - 丙	11.71	4.09	12.78	58.24	8.76	28.34	MS–R
K326	14.91	8.54	29.58	37.04	6.07	20.84	MR–R
Ti448A	44.44	3.54	10.70				MS
大叶密合	86.48	3.55	11.39	72.87	0.51	1.67	S–HS
GDSY–1				76.76	10.39	33.06	S
G3	5.14	3.72	12.36	26.76	5.18	15.83	MR–R
Oxford207	3.15	2.33	7.36	18.70	3.43	11.12	R
633K				18.89	2.94	10.00	R
HB1709	28.15	2.79	9.17	53.43	15.81	48.89	MS–MR
YK1833	0.00	0.00	0.00	12.59	3.85	13.34	R
YK2003				4.35	2.75	9.44	R
HN2146	20.00	6.35	21.66	36.85	3.80	13.06	MR–R
FJ1604	3.34	1.43	4.72	16.11	3.94	13.33	R
2014–502	2.92	2.45	7.78	17.5	4.78	16.39	R
2015–614	3.10	0.99	3.33	10.19	2.98	9.44	R
09–18–3	6.85	3.43	10.56	33.24	5.18	17.50	MR–R
S17	27.64	13.68	45.00	40.65	2.73	8.33	MS–MR
22–326				22.68	19.10	58.89	MR
贵烟 14	2.41	1.70	5.69	8.61	1.53	4.72	R
G27	0.19	0.18	0.56	17.22	6.18	20.00	R
6036	4.49	0.85	2.91	15.65	1.37	4.73	R
长脖黄	90.19	4.68	15.56	72.69	17.83	57.78	S–HS
红花大金元	94.35	0.65	1.94	80.84	8.63	28.89	HS
翠碧一号	85.83	2.97	9.73	81.95	5.40	17.78	HS

注：R 代表抗病；MR 代表中抗；MS 代表中感；S 代表感病；HS 代表高感。

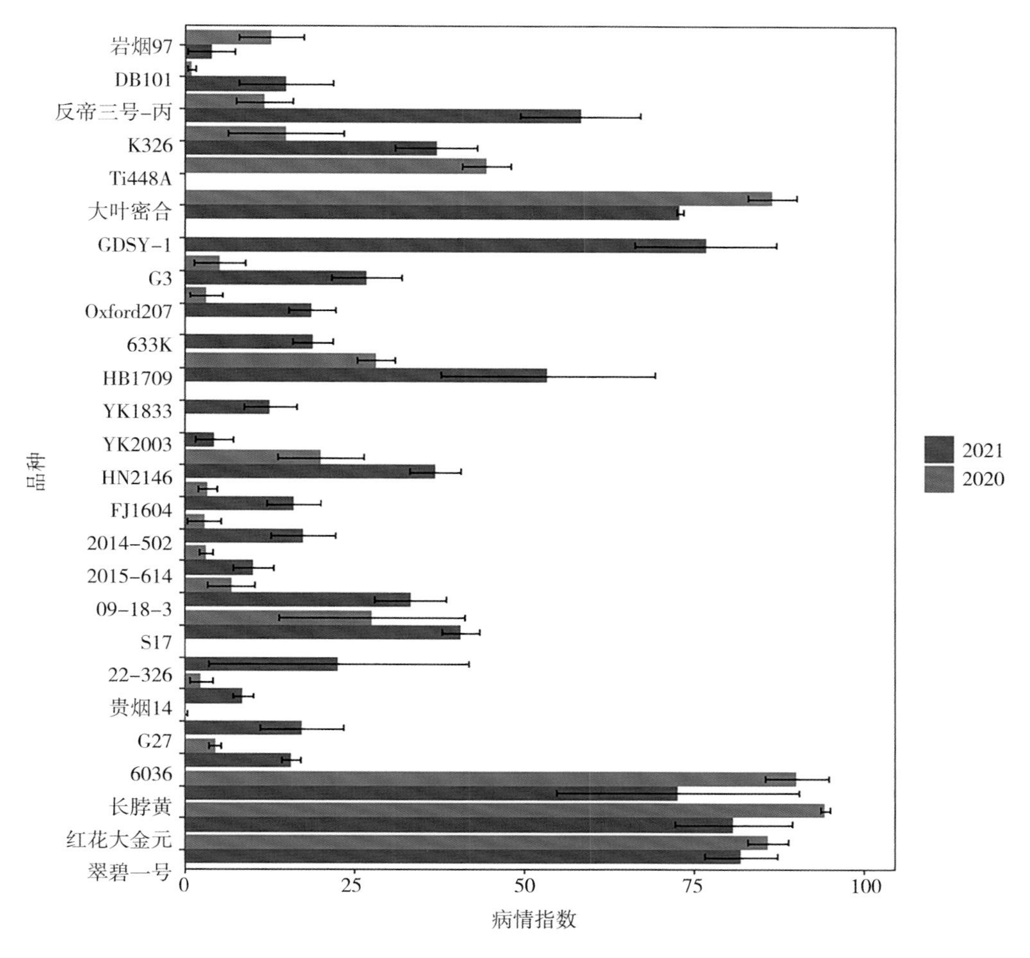

图 4-9　重庆市彭水病圃抗性评价

⑨田间病圃抗性鉴定结果汇总：从福建省三明、福建省泰宁、贵州省福泉、安徽省宣城、广东省广州、云南省文山、云南省石林和重庆市彭水 8 个试验点病圃两年的鉴定结果来看（表 4-11 至表 4-15），HB1709 在文山表现为抗病；YK1833 在云南文山为高抗，在泰宁、福泉、宣城、广州和彭水为抗病；YK2003 在三明为中抗，在其他试验点为抗病；HN2146 在泰宁、福泉和文山为抗病，在彭水为中抗至抗病；FJ1604 在文山为高抗，在泰宁、福泉、宣城和彭水为抗病，在广州为中抗；2014-502 在泰宁、福泉、宣城、广州、文山和彭水为抗病；2015-604 在福泉、宣城、广州、文山和彭水为抗病，在三明和泰宁为中抗；09-18-3 在福泉和文山为抗病，在彭水为中抗；S17 在文山为抗病，在泰宁和福泉为中抗；22-326 在泰宁为抗病，在福泉和彭水为中抗；贵烟 14 在泰宁、福泉、文山和彭水为抗病；G27 在福泉、文山和彭水为抗病；6036 在文山为高抗，在福泉和彭水为抗病，在宣城为中抗。

表 4-11　2020-2021 年青枯病抗性资源抗性评价汇总

病圃	材料									
	岩烟 97	DB101	反帝三号-丙	K326	Ti448A	大叶密合	GDSY-1	G3	Oxford207	633K
福建省三明	MS-MR	MS-MR	MS	MS	S	MR	R	MS-MR	MS-MR	MS-MR
福建省泰宁	R	MS	MR	R	R	R	R	MR	R	R
贵州省福泉	MR	R	R	MR		MS	R	R	R	MR
安徽省宣城	MR-R	R	R	MR	S	MR-R	R	MR-R	R	R
广东省广州	MR	MS	S	MS-S	S	MR-R	R	MS	MS-MR	MS-R
云南省文山	R	R	R	R	MR	MR	MS	R	R	R
重庆市彭水	R	R	MS-R	MR-R	MS	S-HS	S	MR-R	R	R

注：R 代表抗病；MR 代表中抗；MS 代表中感；S 代表感病；HS 代表高感。

表 4-12　2020-2021 年青枯病高世代品系抗性评价汇总（1）

病圃	材料							
	HB1709	YK1833	YK2003	HN2146	FJ1604	2014-502	2015-614	09-18-3
福建省三明	MS	MR	MR	MS	MS	MS-MR	MR	MS
福建省泰宁	MS	R	R	R	R	R	MR	MS
贵州省福泉	MS	R	R	R	R	R	R	R
安徽省宣城	MS	R	R	S-MR	R	R	R	MS-R
广东省广州	MS-S	R	R	MS-S	MR	R	R	MS
云南省文山	R	HR		R	HR	R	R	R
重庆市彭水	MS-MR	R	R	MR-R	R	R	R	MR-R

注：R 代表抗病；MR 代表中抗；MS 代表中感；S 代表感病；HS 代表高感。

表 4-13　2020-2021 年青枯病高世代品系抗性评价汇总（2）

病圃	材料							
	S17	22-326	贵烟 14	G27	6036	长脖黄	红花大金元	翠碧一号
福建省三明	MS	MS	MS-MR	MS-MR	MS-MR	S-HS	S-HS	S-HS
福建省泰宁	MR	R	R	HS	HS	HS		
贵州省福泉	MR	MR	R	R	R	HS	HS	HS
安徽省宣城	MS-S	MS	MS-R	MS-MR	MR-R	HS	HS	HS
广东省广州	MS-S	S	MS-MR	MS-MR	MS-MR	HS	HS	HS
云南省文山	R		R	R	HR	MS	S	HS
重庆市彭水	MS-MR	MR	R	R	R	S-HS	HS	HS

注：R 代表抗病；MR 代表中抗；MS 代表中感；S 代表感病；HS 代表高感。

表 4-14　供试品种（系）2020-2021 年度抗性鉴定结果（1）

供试材料	病圃																			
	福建省三明				安徽省宣城				广东省广州				贵州省福泉				重庆市彭水			
	2020 年		2021 年		2020 年		2021 年		2020 年		2021 年		2020 年		2021 年		2020 年		2021 年	
	病指	抗性	病指	抗性	病指	抗性	病指	抗性	病指	抗性	病指	抗性	病指	抗性	病指	抗性	病指	抗性	病指	抗性
岩烟 97	51.67	MS	31.22	MR	38.33	MR	5.81	R	33.50	MR	39.77	MR	58.89	MS	23.60	MR	12.73	R	3.89	R
反帝三号 - 丙	44.49	MS	42.22	MS	15.19	R	10.78	R	76.50	S	62.96	MS	66.25	S	12.88	R	11.71	R	58.24	MS
DB101	32.50	MR	46.29	MS	17.59	R	8.23	R	59.10	MS	44.70	MR	59.44	MS	14.38	R	1.02	R	14.81	R
K326	58.88	MS	52.35	MS	39.82	MR	23.06	MR	57.80	MS	72.40	S	66.67	S	28.15	MR	14.91	R	37.04	MR
Ti448A	71.28	S			79.63	S			67.50	S			87.78	HS			44.44	MR		
大叶密合	31.57	MR	24.19	MR	25.68	MR	3.96	R	10.70	R	29.59	MR	75.56	S	40.08	MS	86.48	HS	72.87	S
GDSY-1	1.97	R	5.88	R	0.00	HR	0.00	HR	1.20	R	8.11	R	53.40	MS	2.60	R			76.76	S
G3	46.78	MS	33.15	MR	28.70	MR	15.49	R	40.10	MS	54.10	MS	72.78	S	9.85	R	5.14	R	26.76	MR
Oxford207	34.65	MR	42.57	MS	7.96	R	5.34	R	44.70	MS	39.05	MR	61.67	S	8.05	R	3.15	R	18.70	R
633K	31.85	MR	42.41	MS	7.00	R	5.13	R	11.00	R	49.05	MS	61.67	S	20.13	MR			18.89	R
HB1709	59.11	MS	53.70	MS	55.74	MS	56.54	MS	44.90	MS	79.65	S	74.44	S	42.90	MS	28.15	MR	53.43	MS
YK1833	20.19	MR	22.49	MR	2.22	R	0.00	HR	2.10	R	8.34	R	58.33	MS	2.03	R	0.00	HR	12.59	R
YK2003			22.80	MR			0.00	HR			1.45	R			1.58	R			4.35	R
HN2146	55.49	MS	45.19	MS	73.89	S	34.23	MS	49.80	MS	61.21	S	70.56	S	15.50	R	20.00	R	36.85	MR
FJ1604	46.39	MS	40.37	MS	16.79	R	6.70	R	33.80	MR	37.79	MR	60.00	MS	1.95	R	3.33	R	16.11	R
2014-502	41.86	MS	32.90	MR	8.33	R	1.40	R	8.20	R	18.06	MR	55.56	MS	1.95	R	2.92	R	17.50	R
2015-614	33.93	MR	32.59	MR	10.00	R	3.01	R	2.10	R	13.75	MR	60.56	S	2.30	R	3.10	R	10.19	R

续表

供试材料	病圃																			
	福建省三明				安徽省宣城				广东省广州				贵州省福泉				重庆市彭水			
	2020 年		2021 年		2020 年		2021 年		2020 年		2021 年		2020 年		2021 年		2020 年		2021 年	
	病指	抗性	病指	抗性	病指	抗性	病指	抗性	病指	抗性	病指	抗性	病指	抗性	病指	抗性	病指	抗性	病指	抗性
09–18–3	46.01	MS	54.83	MS	56.30	MS	5.07	R	53.00	MS	48.49	MS	71.11	S	14.83	R	6.85	R	33.24	MR
22–326			57.78	MS			42.42	MS			63.33	S			21.95	MR			22.69	MR
S17	55.16	MS	49.26	MS	59.07	MS	60.52	S	49.70	MS	73.21	S	20.28	MR	40.00	MS	27.64	MR	40.65	MS
贵烟 14	44.79	MS	34.30	MR	42.41	MS	13.01	R	51.90	MS	37.48	MR	3.33	R	7.95	R	2.41	R	8.61	R
G27	39.93	MR	46.49	MS	42.59	MS	21.75	R	50.10	MS	38.53	MR	60.00	MS	18.23	R	0.19	R	17.22	R
6036	46.33	MS	38.39	MR	27.78	MR	12.66	R	32.50	MR	38.02	MR	57.78	MS	12.38	R	4.49	R	15.65	R
红花大金元	98.86	HS	75.74	S	100.00	HS	99.26	HS	95.30	HS	94.86	HS	60.00	MS	95.90	HS	94.35	HS	80.84	HS
长脖黄	91.31	HS	75.46	S	100.00	HS	100.00	HS	100.00	HS	97.27	HS	99.44	HS	94.80	HS	90.19	HS	72.69	S
翠碧一号	83.43	HS	71.27	S	98.15	HS	89.43	HS	81.00	HS	92.81	HS	58.33	MS	92.13	HS	85.83	HS	81.95	HS

注：R 代表抗病；MR 代表中抗；MS 代表中感；S 代表感病；HS 代表高感。

表 4-15　供试品种（系）2020-2021 年度抗性鉴定结果（2）

供试材料	病圃				
	福建省泰宁		云南省文山		云南省石林
	2020 年		2020 年		2021 年
	病情指数	抗性	病情指数	抗性	发病率
岩烟 97	7.82	R	4.76	R	35.80
反帝三号 - 丙	40.71	MS	2.22	R	51.22
DB101	24.85	MR	0.73	R	70.73
K326	17.46	R	8.44	R	89.02
Ti448A	15.84	R	28.66	MR	–
大叶密合	15.69	R	26.25	MR	46.34
GDSY-1	10.69	R	47.98	MS	14.29
G3	23.93	MR	2.40	R	59.52
Oxford207	15.44	R	2.33	R	26.51
633K	14.39	R	9.60	R	56.79
HB1709	46.12	MS	3.69	R	84.34
YK1833	3.22	R	0.00	HR	8.33
YK2003	–	–	–	–	4.88
HN2146	19.40	R	10.68	R	58.02
FJ1604	2.28	R	0.00	HR	28.92
2014-502	8.53	R	0.07	R	31.33
2015-614	11.63	R	0.78	R	24.10
09-18-3	21.79	MR	6.61	R	83.13
22-326	–	–	–	–	89.16
S17	52.84	MS	13.87	R	93.90
贵烟 14	25.42	MR	6.30	R	44.58
G27	7.44	R	7.51	R	71.95
6036	4.98	R	0.00	HR	59.26
红花大金元	100.00	HS	68.30	S	100.00
长脖黄	100.00	HS	56.57	MS	100.00
翠碧一号	100.00	HS	82.38	HS	100.00

注：R 代表抗病；MR 代表中抗；MS 代表中感；S 代表感病；HS 代表高感。

二、室内苗期人工接种抗性鉴定

①中国农业科学院烟草研究所室内苗期人工接种抗性评价：对 25 份主要抗病品种（系）接种重庆代表菌株 CQPS-1，分别于接种后 7d、10d、14d、17d、21d、24d、28d、31d、35d、38d 和 42d 调查记录病害级别并计算病情指数。接种后 42d，岩烟 97、大叶密合、GDSY-1、HN2146 和 22-326 抗性水平为抗病；反帝三号 - 丙、K326、Oxford207、633K、HB1709、YK2003、2014-502、2015-614、09-18-3、贵烟 14、G27 和 6036 的抗性水平为中抗；DB101、G3、YK1833、FJ1604 和 S17 的抗性水平为低抗（表 4-16 和图 4-10）。

表 4-16 供试品种（系）对菌株 CQPS-1 的抗性评价

品种（系）	接种 CQPS-1 第 42d 病情指数	抗性	品种（系）	接种 CQPS-1 第 42d 病情指数	抗性
岩烟 97	36.37±7.41	R	YK2003	44.33±8.63	MR
反帝三号 - 丙	50.85±3.81	MR	HN2146	40.28±7.08	R
DB101	71.92±8.88	LR	FJ1604	65.28±1.97	LR
K326	42.09±5.39	MR	2014-502	54.47±4.31	MR
大叶密合	40.40±3.12	R	2015-614	42.65±7.87	MR
GDSY-1	40.27±2.48	R	09-18-3	48.31±5.60	MR
G3	82.49±19.45	LR	22-326	38.75±4.83	R
Oxford207	50.09±7.54	MR	S17	62.34±4.94	LR
633K	44.55±10.49	MR	贵烟 14	40.96±0.24	MR
HB1709	52.13±3.65	MR	G27	43.89±13.77	MR
YK1833	72.00±7.33	LR	6036	53.43±5.92	MR

注：R 代表抗病；MR 代表中抗；MS 代表中感；S 代表感病；HS 代表高感。

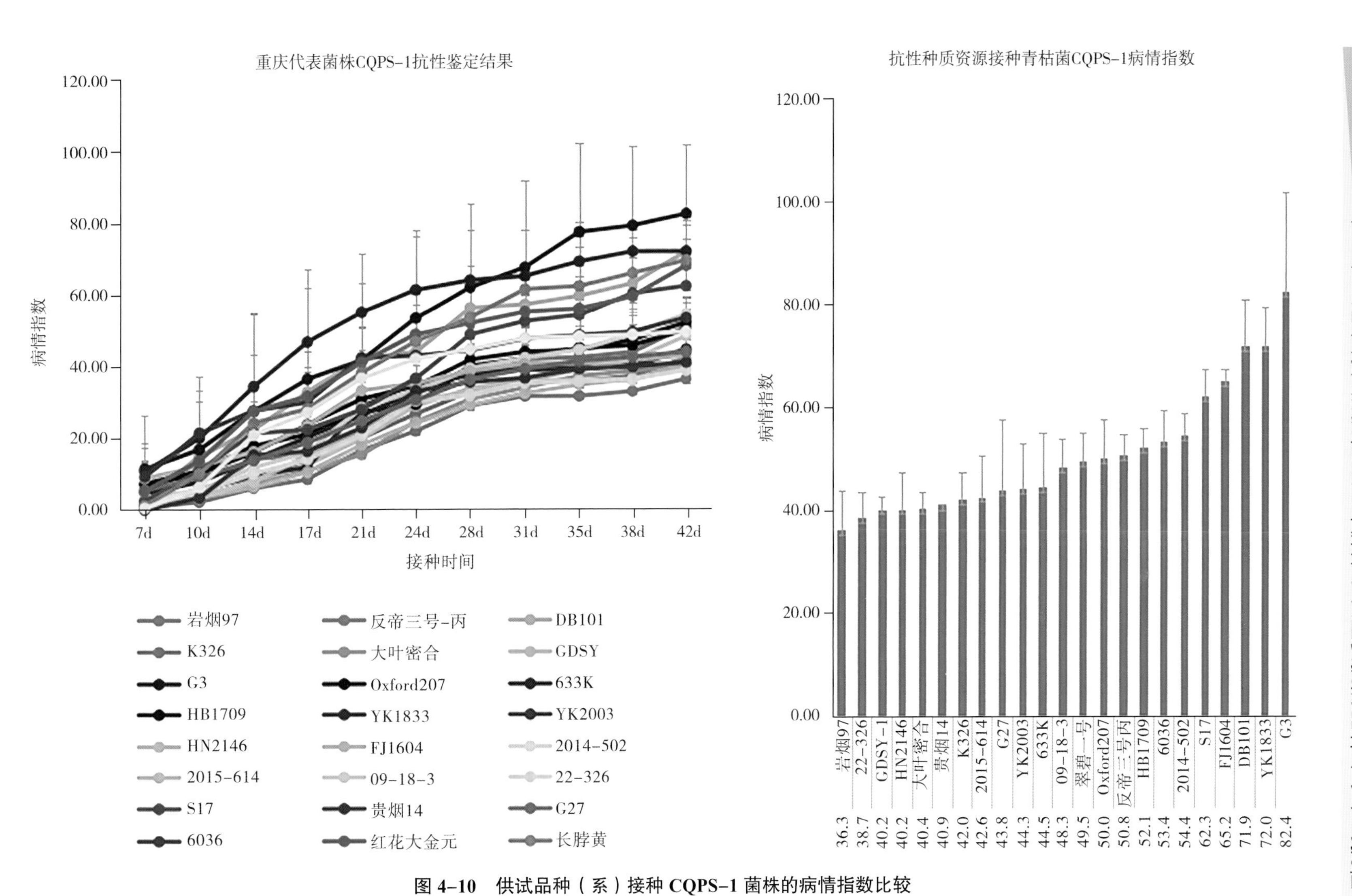

图 4-10 供试品种（系）接种 CQPS-1 菌株的病情指数比较

25 份主要抗病品种（系）接种云南代表菌株 Y45 的抗性评价：分别于接种后 7d、10d、14d、17d、21d、24d、28d、31d、35d、38d 和 42d 调查记录病害级别并计算病情指数。接种后第 42d，岩烟 97、GDSY-1、Oxford207、YK2003、2015-614、09-18-3、贵烟 14 和 G27 抗性水平为抗病，反帝三号 - 丙、DB101、K326、大叶密合、633K、HN2146、FJ1604、2014-502、22-326 和 6036 抗性水平为中抗，HB1709、YK1833 和 S17 的抗性为低抗，G3 为感病（表 4-21 和图 4-11）。

表 4-17　供试品种（系）对菌株 Y45 的抗性评价

品种（系）	接种 Y45 第 42d 病情指数	抗性	品种（系）	接种 Y45 第 42d 病情指数	抗性
岩烟 97	34.19±2.15	R	YK2003	37.96±2.60	R
反帝三号 - 丙	44.91±6.84	MR	HN2146	50.11±9.84	MR
DB101	57.17±6.73	MR	FJ1604	53.19±1.33	MR
K326	45.79±0.70	MR	2014-502	47.89±0.33	MR
大叶密合	52.18±9.00	MR	2015-614	31.50±2.83	R
GDSY-1	35.47±0.47	R	09-18-3	39.06±0.97	R
G3	89.33±16.49	S	22-326	48.03±4.68	MR
Oxford207	36.90±3.85	R	S17	62.66±4.40	LR
633K	43.83±3.76	MR	贵烟 14	36.60±0.92	R
HB1709	63.70±5.59	LR	G27	31.80±1.83	R
YK1833	72.71±2.95	LR	6036	52.85±9.57	MR

注：R 代表抗病；MR 代表中抗；MS 代表中感；S 代表感病；HS 代表高感。

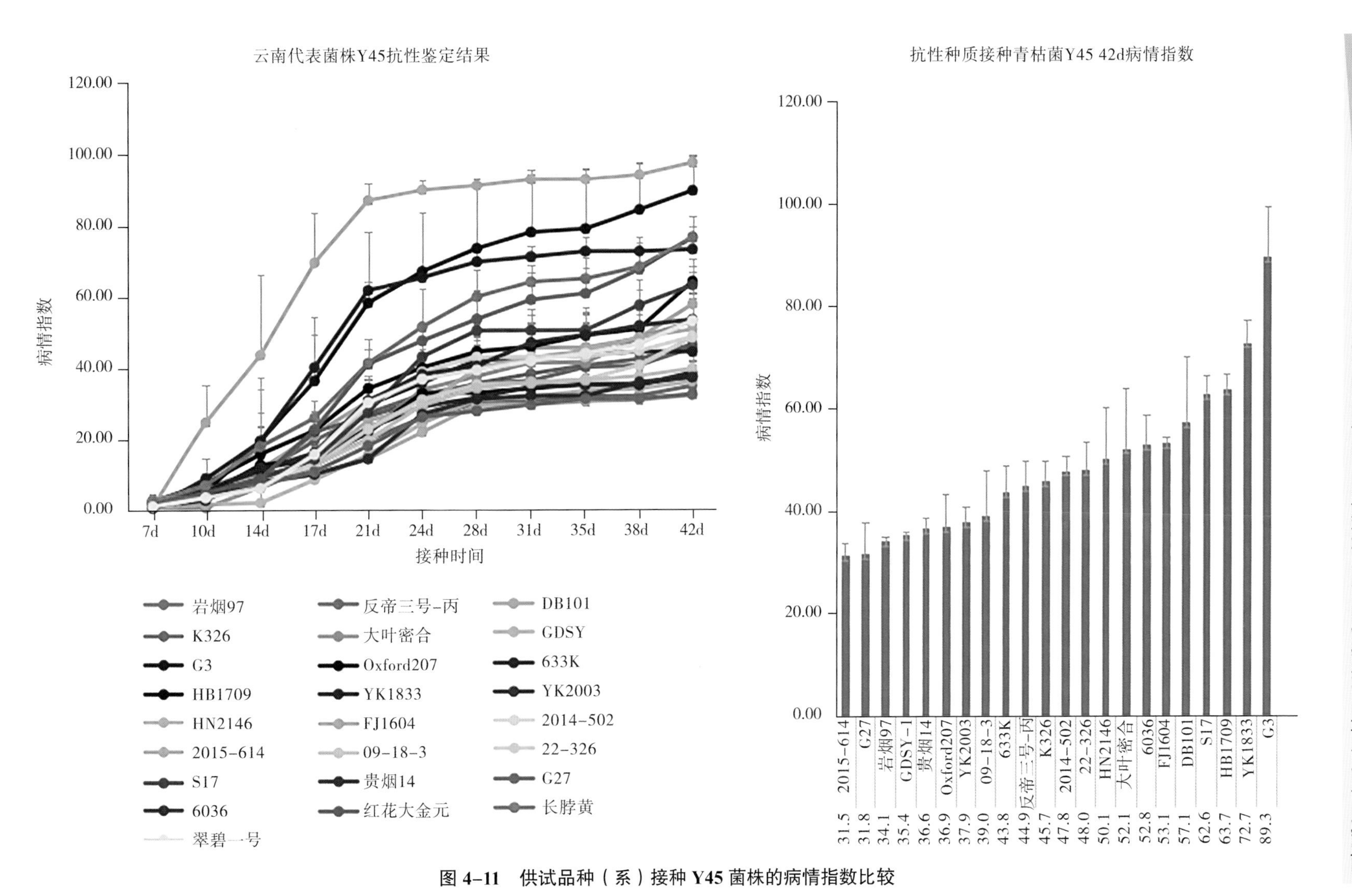

图 4-11　供试品种（系）接种 Y45 菌株的病情指数比较

25份主要抗病品种（系）接种贵州代表菌株FQY-4的抗性评价：分别于接种后7d、10d、14d、17d、21d、24d、28d、31d、35d、38d和42d调查记录病害级别并计算病情指数。接种后第42d，2015-614、09-18-3、贵烟14和G27抗性水平为抗病；岩烟97、反帝三号－丙、DB101、K326、大叶密合、GDSY-1、G3、Oxford207、633K、HB1709、YK2003、HN2146、2014-502、22-326和6036抗性水平为中抗；YK1833、FJ1604和S17的抗性水平为低抗（表4-18和图4-12）。

表4-18 供试品种（系）对菌株FQY-4的抗性评价

品种（系）	接种FQY-4后42d病情指数	抗性	品种（系）	接种FQY-4后42d病情指数	抗性
岩烟97	50.29±6.31	MR	YK2003	44.38±2.51	MR
反帝三号－丙	41.54±7.14	MR	HN2146	54.90±4.33	MR
DB101	56.57±7.06	MR	FJ1604	61.11±8.57	LR
K326	57.81±2.74	MR	2014-502	41.14±1.61	MR
大叶密合	53.90±14.57	MR	2015-614	34.91±1.03	R
GDSY-1	48.90±8.90	MR	09-18-3	37.86±1.64	R
G3	48.90±8.90	MR	22-326	41.78±5.59	MR
Oxford207	46.74±4.57	MR	S17	68.15±11.71	LR
633K	43.18±8.09	MR	贵烟14	37.83±4.91	R
HB1709	55.07±7.35	MR	G27	39.32±9.45	R
YK1833	64.81±9.78	LR	6036	43.74±6.93	MR

注：R代表抗病；MR代表中抗；MS代表中感；S代表感病；HS代表高感。

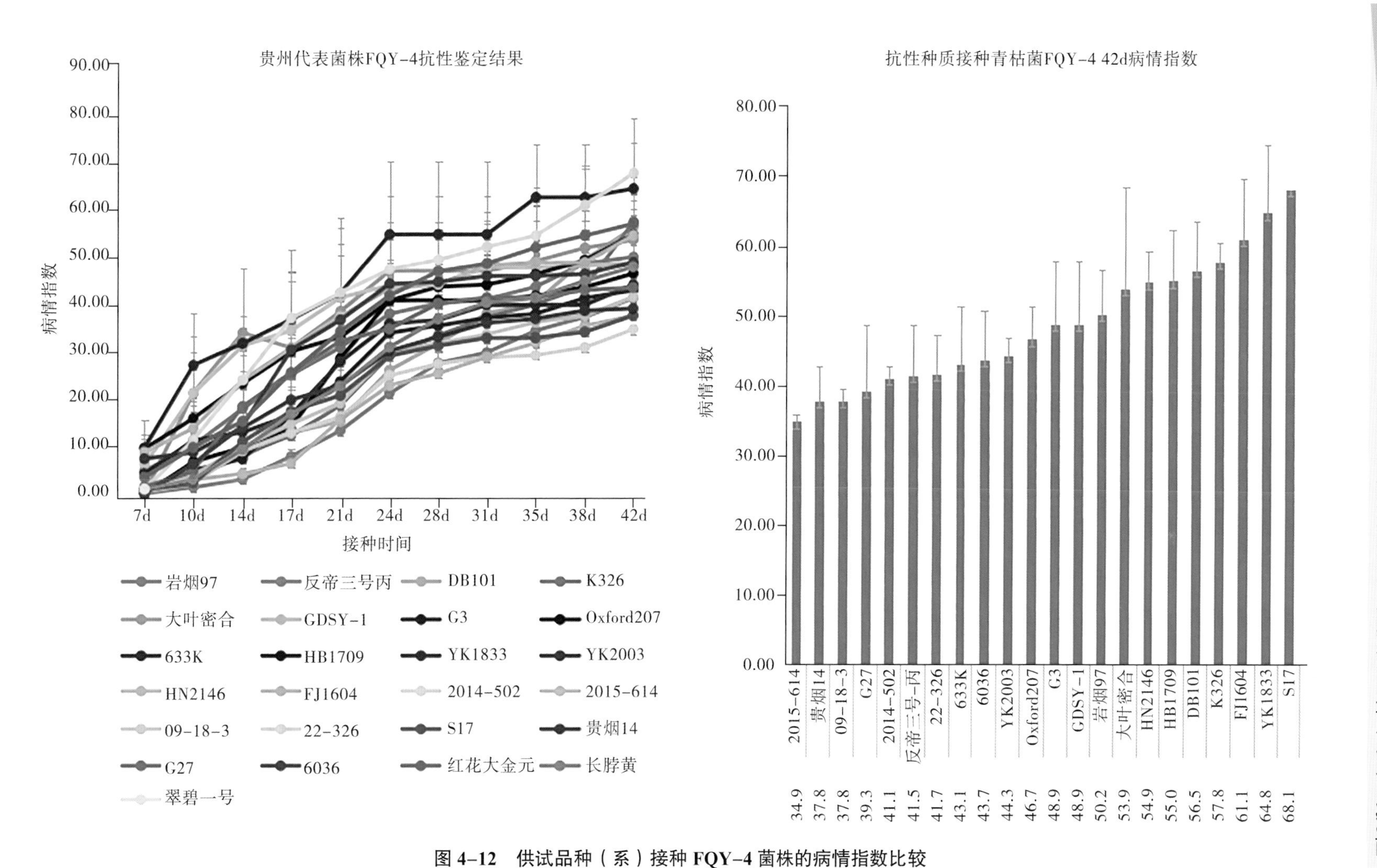

图 4-12　供试品种（系）接种 FQY-4 菌株的病情指数比较

25份主要抗病品种（系）接种福建代表菌株FJ-SMTN的抗性评价：分别于接种后7d、10d、14d、17d、21d、24d、28d、31d、35d、38d和42d调查记录病害级别并计算病情指数。接种后21d，Oxford207为高抗；岩烟97、GDSY-1、G3、633K、YK1833、YK2003、2014-502和2015-614抗性水平为抗病；反帝三号-丙、DB101、K326、HB1709、HN2146、FJ1604、贵烟14和G27的抗性水平为中抗；大叶密合、09-18-3、22-326和6036的抗性水平为低抗；S17的抗性水平为感病（表4-19和图4-13）。

表4-19　供试品种（系）对菌种FJ-SMNT的抗性评价

品种（系）	接种FJ-SMNT后21d病情指数	抗性	品种（系）	接种FJ-SMNT后21d病情指数	抗性
岩烟97	23.07±0.71	R	YK2003	21.00±3.86	R
反帝三号-丙	41.25±3.37	MR	HN2146	45.37±9.17	MR
DB101	48.19±1.75	MR	FJ1604	58.75±15.91	MR
K326	51.99±19.67	MR	2014-502	24.97±1.24	R
大叶密合	63.5±4.16	LR	2015-614	26.25±2.70	R
GDSY-1	22.46±5.41	R	09-18-3	70.40±17.01	LR
G3	31.14±12.41	R	22-326	63.13±8.58	LR
Oxford207	18.26±4.52	HR	S17	89.44±7.49	S
633K	28.70±3.46	R	贵烟14	47.74±18.79	MR
HB1709	51.17±16.12	MR	G27	49.24±3.67	MR
YK1833	40.21±5.84	R	6036	74.16±10.25	LR

注：R代表抗病；MR代表中抗；MS代表中感；S代表感病；HS代表高感。

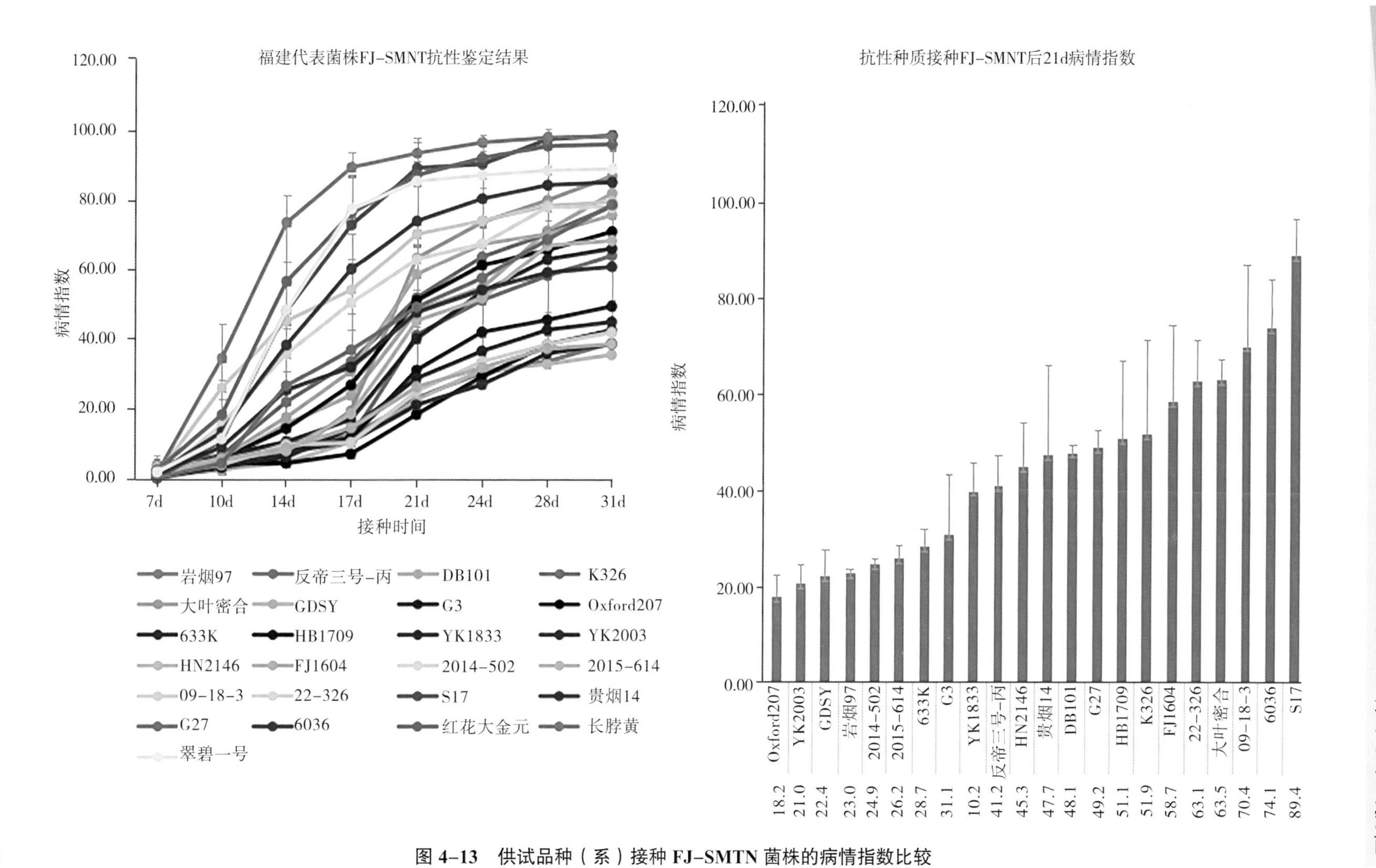

图 4-13　供试品种（系）接种 FJ-SMTN 菌株的病情指数比较

25 份主要抗病品种（系）接种广东代表菌株 GZ-BP-4 的抗性评价：分别于接种后 7d、10d、14d、17d、21d、24d、28d、31d、35d、38d 和 42d 调查记录病害级别并计算病情指数。接种后 31d，岩烟 97、GDSY-1、OXford207 和 YK2003 的抗性水平为抗病；反帝三号 - 丙、633K、2014-502、2015-614、22-326、贵烟 14 和 G27 抗性水平为中抗；DB101、K326、大叶密合、G3、HB1709、YK1833、HN2146、FJ1604、09-18-3、S17 和 6036 为低抗（表 4-20 和图 4-14）。

表 4-20　供试品种（系）对菌种 GZ-BP-4 的抗性评价

品种（系）	接种 GZ-BP-4 后 31d 病情指数	抗性	品种（系）	接种 GZ-BP-4 后 31d 病情指数	抗性
岩烟 97	35.84±1.20	R	YK2003	38.42±7.75	R
反帝三号 - 丙	50.23±11.73	MR	HN2146	70.16±5.07	LR
DB101	67.82±9.48	LR	FJ1604	62.50±12.50	LR
K326	61.11±16.33	LR	2014-502	49.03±8.19	MR
大叶密合	65.78±9.50	LR	2015-614	40.72±8.65	MR
GDSY-1	32.02±0.62	R	09-18-3	63.51±6.06	LR
G3	73.05±15.89	LR	22-326	49.76±3.81	MR
Oxford207	36.35±1.03	R	S17	75.13±17.82	LR
633K	52.20±12.81	MR	贵烟 14	50.79±11.80	MR
HB1709	78.60±17.20	LR	G27	46.88±3.43	MR
YK1833	70.80±0.00	LR	6036	72.33±14.89	LR

注：R 代表抗病；MR 代表中抗；MS 代表中感；S 代表感病；HS 代表高感。

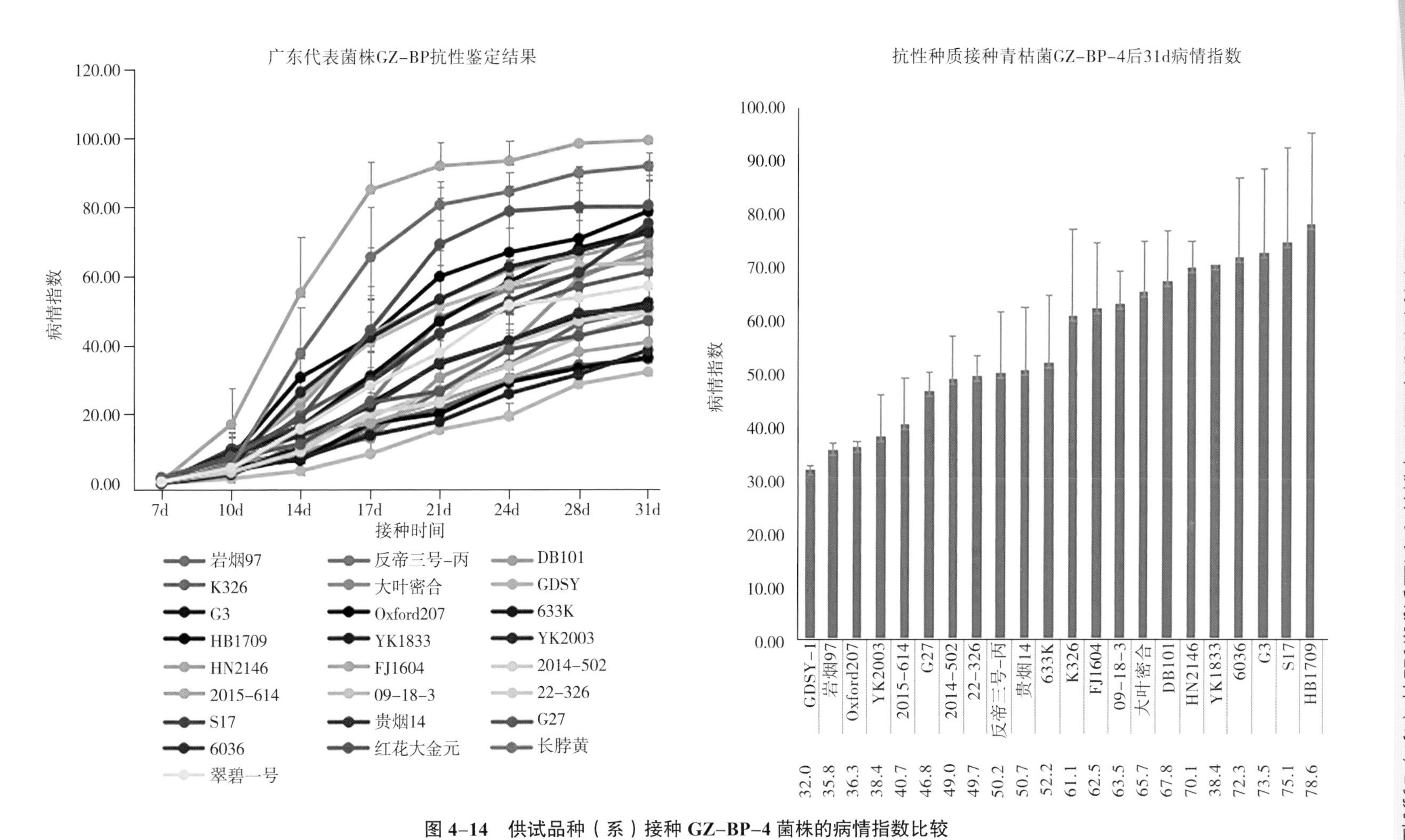

图 4-14　供试品种（系）接种 GZ-BP-4 菌株的病情指数比较

②西南大学室内苗期人工接种抗性评价：利用室内苗期接种鉴定技术对25份主要抗病品种（系）进行了室内青枯病抗性评价。两年来在西南大学温室进行了多次室内鉴定，系统评价了各烟草供试材料对5株代表性菌株的抗性情况。5株代表性菌株分别为重庆菌株CQPS-1、贵州菌株FQY-4、云南菌株Y45、福建菌株F21-1和广东菌株GZ-BP-4。

2020年度的鉴定结果表明，对重庆菌株CQPS-1抗性较好的烟草品种为GDSY-1、2015-614和G3；对贵州菌株FQY-4抗性较好的烟草品种为2015-614、2014-502、GDSY-1、G3和Oxford207；对云南菌株Y45抗性较好的烟草品种为G3、大叶密合和GDSY-1；对福建菌株FJ-SMTN和广东菌株F21-1，供试烟草品种的病情指数均大于60，相对而言对福建菌株FJ-SMTN抗性较好的烟草品种为贵烟14和Oxford207，对广东菌株F21-1抗性较好的烟草品种为2014-502、HN2146、大叶密合和Oxford207。

2021年度的鉴定结果表明，对CQPS-1抗性较好的品种为岩烟97和GDSY-1，达到高抗水平，GZ36、YK2003、YK1833、Oxford207、FJ1604和2015-614达到抗病水平；对FQY-4抗性较好的品种为GDSY-1、YK1833、YK2003、2015-614、G3和FJ1604；对Y45抗性较好的品种为GDSY-1、2014-502、大叶密合、YK2003、Oxford207、贵烟14和YK1833；对F21-1的抗性较好的品种为YK1833、GDSY-1和2015-614；对GZ-BP-4抗性较好的品种为GDSY-1，达到高抗水平，YK2003、2015-614、GZ36和岩烟97达到抗病水平。

③云南省烟草农业科学研究院室内苗期人工接种抗性评价：依据室内青枯病抗病表型鉴定方法，对24份主要抗病品种（系）进行2个青枯雷尔氏菌株的温室抗病鉴定（表4-21、表4-22、图4-15）。

表4-21　24份品种（系）接种CQPS-1的病情指数

品种	病情指数							
	4d	6d	8d	10d	12d	14d	16d	18d
Ti448A	4.94	23.87	67.49	76.13	90.74	96.30	100.00	100.00
HB1709	4.53	21.81	61.32	82.72	88.89	90.74	99.07	100.00
长脖黄	10.70	31.28	63.79	77.78	89.81	95.37	98.15	99.07
翠碧一号	4.94	18.52	53.50	70.78	93.87	93.52	97.22	99.07
K326	1.23	13.99	46.91	57.61	80.56	88.89	96.30	98.15
YK1833	2.47	23.46	57.20	67.90	85.19	93.52	97.22	98.15
09-18-3	2.88	18.93	70.37	82.72	86.11	90.74	93.52	98.15
HN2146	2.88	10.19	50.62	60.08	75.93	82.41	86.11	97.22
红花大金元	5.76	23.87	61.32	73.66	90.74	95.37	97.22	97.22
S17	3.29	14.81	43.62	58.44	82.41	89.81	92.59	96.30
633K	3.70	27.98	64.20	76.95	77.78	92.36	91.67	93.52
FJ1604	2.88	21.40	51.44	65.43	79.63	86.11	89.81	93.52

续表

品种	病情指数							
	4d	6d	8d	10d	12d	14d	16d	18d
大叶密合	2.06	23.05	44.03	57.20	69.44	83.33	87.96	92.59
G27	3.29	12.86	36.63	54.32	73.26	81.48	88.89	91.67
2014-502	7.00	30.86	52.67	67.08	82.41	88.89	89.81	89.81
DB101	1.23	9.88	41.15	57.61	70.37	75.93	77.78	88.89
6036	1.23	14.81	46.09	54.73	72.22	80.56	83.33	88.89
反帝三号－丙	0.82	6.58	30.86	43.21	59.26	65.74	77.78	84.26
贵烟 14	0.41	18.93	49.79	58.44	70.37	81.48	78.47	84.26
岩烟 97	2.06	6.58	39.51	48.56	61.11	70.37	79.63	82.41
GDSY-1	2.06	10.29	30.86	46.91	65.74	70.37	74.07	80.56
Oxford207	0.00	9.47	25.51	45.27	52.78	62.96	71.30	79.63
2015-614	2.06	16.87	41.15	58.60	58.33	63.89	72.22	77.78
G3	2.88	9.88	20.16	33.74	49.07	55.56	62.96	73.15

表 4-22　24 份品种（系）接种 FQY-4 的病情指数

材料名称	病情指数							
	4d	6d	8d	10d	12d	14d	16d	18d
岩烟 97	1.67	13.33	28.33	43.33	51.67	66.67	62.92	65.00
反帝三号－丙	0.00	11.67	23.33	35.00	51.67	56.67	65.00	66.67
DB101	5.00	31.67	50.00	83.33	90.00	91.67	95.00	96.67
K326	8.33	46.67	68.33	98.33	98.33	95.00	98.33	98.33
Ti448A	1.67	45.00	51.67	80.00	91.67	96.67	100.00	100.00
大叶密合	0.00	16.67	35.00	55.00	76.67	76.67	83.33	86.67
GDSY-1	1.67	18.33	40.00	61.67	66.67	75.00	73.33	81.67
G3	0.00	10.00	23.33	35.00	40.00	46.67	85.00	83.33
Oxford207	5.00	20.00	36.67	70.00	65.00	73.33	81.67	88.33
633K	1.67	28.33	56.67	80.00	86.67	90.00	93.33	100.00
HB1709	13.33	61.67	75.00	90.00	98.33	98.33	100.00	100.00
YK1833	3.33	43.33	58.33	88.33	96.67	96.67	98.33	100.00
HN2146	1.67	38.33	55.00	80.00	85.00	91.67	91.67	91.67
FJ1604	0.00	21.67	36.67	43.33	51.67	59.72	61.67	70.00
2014-502	11.67	58.33	70.00	96.67	96.67	98.33	98.33	100.00
2015-614	1.67	33.33	56.67	75.00	75.00	83.33	88.33	88.33

续表

材料名称	病情指数							
	4d	6d	8d	10d	12d	14d	16d	18d
09–18–3	5.00	29.17	60.00	80.00	81.67	88.33	90.00	88.33
贵烟 14	5.00	21.67	46.67	85.00	91.67	96.67	93.33	96.67
G27	6.67	36.67	60.00	70.00	81.67	91.67	93.33	93.33
6036	6.67	45.00	56.67	71.67	85.00	83.33	88.33	88.33
红花大金元	11.67	53.33	65.42	93.33	93.33	96.67	98.33	98.33
长脖黄	8.33	50.00	61.67	95.00	100.00	100.00	100.00	100.00
翠碧一号	5.00	31.67	51.67	80.00	88.33	96.67	96.67	100.00

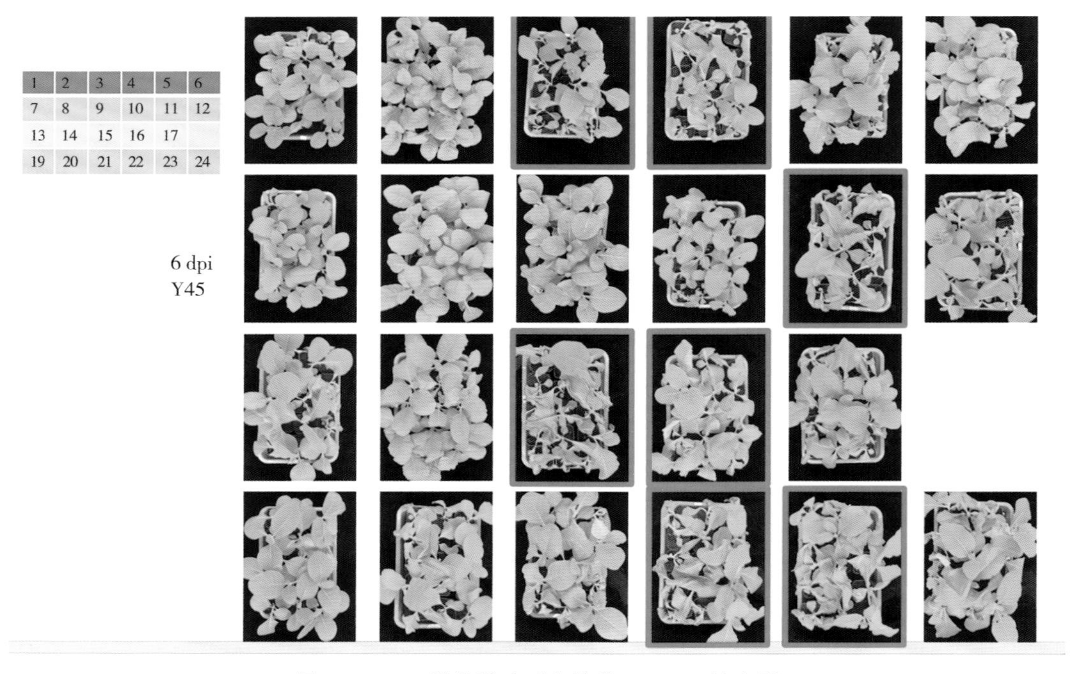

图 4–15　24 份品种（系）接种 FQY–4 的表型

④室内苗期人工接种抗性鉴定的综合评价：2020–2021 年，中国农业科学院烟草研究所和西南大学利用智能温室漂浮育苗人工接种抗性鉴定方法及智能人工气候室抗性鉴定方法，评价了 25 份主要抗病品种（系）对 5 个代表菌株的抗性。不同菌株之间致病力及病程时间长短存在差异，同时烟草品种（系）抗青枯病的能力在不同代表菌株之间存在差异，整体来看，抗病资源 GDSY–1 对不同代表菌株抗性均较好，抗性基本达到抗至高抗水平，其次是 633K 和 OXford207，可作为抗性亲本加以利用。抗病新品系 HB1709 对菌株 FJ–SMNT 和 FQY–4 表现为中抗；抗病新品系 YK1833 对菌株 FJ–SMNT、F21–1 表现为抗病，对 FQY–4 表现为低抗至高抗；抗病新品系 YK2003 对菌株

FQY-4 表现为中抗至高抗，对 FJ-SMNT、GZ-BP-4 表现为抗病，对 CQPS-1 表现为中抗至抗病，对 F21-1 表现为中抗；抗病新品系 HN2146 对菌株 FQY-4 表现为中抗至抗病，对 FJ-SMNT 表现为中抗；抗病新品系 FJ1604 对菌株 FJ-SMNT 和 F21-1 表现为中抗，对 FQY-4 表现为低抗至高抗；抗病新品系 2014-502 对菌株 FJ-SMNT 表现为抗病，对 FQY-4 表现为中抗至抗病，对 CQPS-1 和 F21-1 表现为中抗；抗病新品系 2015-614 对菌株 FQY-4 表现为抗病至高抗，对 FJ-SMNT 和 F21-1 表现为抗病，对 CQPS-1、Y45、GZ-BP-4 表现为中抗至抗病；抗病新品系 09-18-3 对菌株 FQY-4 表现为抗病，对 CQPS-1 和 F21-1 表现为中抗；抗病新品系 22-326 对菌株 CQPS-1 表现为中抗至抗病，对 Y45 表现为低抗至抗病；抗病新品系 S17 对菌株 FQY-4 表现为低抗至高抗，对 F21-1 表现为中抗；抗病品种贵烟 14 对菌株 FQY-4 表现为抗病，对 Y45 表现为中抗至抗病，对 FJ-SMNT 表现为中抗；抗病新品系 G27 对菌株 FQY-4 表现为抗病至高抗，对 Y45 表现为中抗至抗病，对 FJ-SMNT 表现为中抗；抗病新品系 6036 对菌株 FQY-4 表现为中抗至高抗，对 CQPS-1 表现为中抗至抗病，对 Y45 和 F21-1 表现为中抗。

抗病新品系对不同地区代表菌株的抗性存在差异，在品种布局种植中需要着重考虑在相应区域的抗病性；在品种选育过程中应重视抗病亲本的选择，进行早期世代抗性选择时应考虑其对不同青枯雷尔氏菌的抗性，进行针对性的单菌株或者多菌株抗性评价。

三、田间病圃与室内人工接种抗性评价综合分析

通过对比室内抗性评价与田间抗性评价结果（表 4-23、表 4-24），可以发现如下基本规律：品种（系）在室内鉴定为高抗或者抗病至高抗时，田间抗性表现为抗病；室内鉴定为抗病时，对应田间抗性绝大部分为抗病，少数为中抗；室内鉴定为中抗至高抗或者是中抗至抗病时，对应田间抗性绝大部分为抗病，少数为中抗，极少数为中感至中抗或者是中感；室内鉴定为中抗时，部分田间抗性为中抗水平，部分田间抗性为中感至中抗或中感，少部分为抗病至高抗水平；室内鉴定为低抗至高抗或者是低抗至抗病时，田间抗性基本达到中抗水平。GDSY-1 和大叶密合对 CQPS-1 的抗性室内鉴定分别为抗至高抗和中抗至抗，在其对应田间病圃抗性为感和感至高感，这可能与田间土壤微生态复杂多变相关。田间抗性鉴定是检验抗性种质或者抗性新品（系）在该区域抗性水平的重要环节，与室内抗性鉴定不同之处在于病害鉴定过程中植株容易受到除青枯雷尔氏菌以外的其他的微生物的影响；室内鉴定可以减少其他微生物对鉴定结果的影响，但是个别品种（系）存在室内鉴定为感病而田间抗性鉴定为高抗的情况，这可能与室内鉴定需要留意鉴定时品种（系）的耐病性有关。总的来说，室内抗性鉴定达到中抗至抗病及抗病以上水平时，田间抗性水平基本能够达到中抗以上水平。同时，室内抗性鉴定可以为育种早期抗性压选择、抗性基因定位群体材料鉴定以及抗性机制互作研究提供支撑。

表 4-23　2020–2021 年度抗源品种室内及田间病圃接种鉴定综合评价

材料	菌株						病圃						
	CQPS-1	Y45	FQY-4	FJ-SMNT	F21-1	GZ-BP-4	福建省三明	福建省泰宁	贵州省福泉	安徽省宣城	广东省广州	云南省文山	重庆市彭水
岩烟 97	R-HR	MR-R	MR-HR	R	MR	R	MS-MR	R	MR	MR-R	MR	R	R
反帝三号－丙	S-MR	LR-R	MR-R	MR	LR	HS-MR	MS	MR	R	R	S	R	MS-R
DB101	LR-MR	LR-MR	MR-R	MR	MR	LR-MR	MS-MR	MS	R	R	MS	R	R
K326	LR-MR	S-MR	MR-R	MR	S	HS-LR	MS	R	MR	MR	MS-S	R	MR-R
大叶密合	MR-R	MR-R	MR-R	LR	MR	LR-MR	MR	R	MS	MR-R	MR-R	MR	S-HS
GDSY-1	R-HR	MR-R	MR-HR	R	R	R-HR	R	R	R	R	R	MS	S
G3	S-LR	MR-R	MR-HR	R	LR	HS-LR	MS-MR	MR	R	MR-R	MS	R	MR-R
Oxford207	MR-R	R	MR-HR	HR	LR	LR-R	MS-MR	R	R	R	MS-MR	R	R

注：R 代表抗病；MR 代表中抗；MS 代表中感；S 代表感病；HS 代表高感。

表 4-24　2020–2021 年度突变体及高世代品系室内及田间病圃接种鉴定综合评价

材料	代表菌株						自然病圃							抗性评价	适宜区域
	FJ-SMNT	F21-1	FQY-4	GZ-BP-4	Y45	CQPS-1	福建省三明	福建省泰宁	贵州省福泉	安徽省宣城	广东省广州	云南省文山	重庆市彭水		
633K	R	MR	MR-R	MR	MS-MR	MR	MS-MR	R	MR	R	MS-R	R	R	R	泰宁、宣城、文山、彭水、福泉
YK1833	R	R	LR-HR	S-MR	MS-R	LR-R	MR	R	R	R	R	HR	R	R	文山、泰宁、福泉、宣城、广州、彭水、三明
YK2003	R	MR	MR-HR	R	MS-R	MR-R	MR	R	R	R	R		R	R	泰宁、福泉、宣城、广州、彭水、三明

续表

材料	代表菌株						自然病圃							抗性评价	适宜区域
	FJ-SMNT	F21-1	FQY-4	GZ-BP-4	Y45	CQPS-1	福建省三明	福建省泰宁	贵州省福泉	安徽省宣城	广东省广州	云南省文山	重庆市彭水		
FJ1604	MR	MR	LR-HR	LR	MS-MR	LR-R	MS	R	R	R	MR	HR	R	R	文山、泰宁、福泉、宣城、彭水、广州
2014-502	R	MR	MR-R	HS-MR	S-R	MR	MS-MR	R	R	R	R	R	R	R	泰宁、福泉、宣城、广州、文山、彭水
2015-614	R	R	R-HR	MR-R	MR-R	MR-R	MR	MR	R	R	R	R	R	R	福泉、宣城、广州、文山、彭水、三明、泰宁
贵烟 14	MR	LR	R	HS-MR	MR-R	LR-MR	MS-MR	R	R	MS-R	MS-MR	R	R	MR-R	泰宁、福泉、文山、彭水
6036	LR	MR	MR-HR	LR-R	MR	MR-R	MS-MR	HS	R	MR-R	MS-MR	HR	R	MR	文山、福泉、彭水、宣城
HN2146	MR	LR	MR-R	S-LR	LR-MR	S-R	MS	R	R	S-MR	MS-S	R	MR-R	MR	泰宁、福泉、文山、彭水
G27	MR	LR	R-HR	LR-MR	MR-R	S-MR	MS-MR	HS	R	MS-MR	MS-MR	R	R	MR	福泉、文山、彭水
09-18-3	LR	MR	R	LR	LR-R	MR	MS	MS	R	MS-R	MS	R	MR-R	MR	福泉、文山、彭水
S17	S	MR	LR-HR	HS-LR	S-LR	LR-MR	MS	MR	MR	MS-S	MS-S	R	MS-MR	MR	文山、泰宁、福泉
22-326	LR	S	LR-MR	HS-MR	LR-R	MR-R	MS	R	MR	MS	S		MR	MS-MR	泰宁、福泉、彭水
HB1709	MR	HS	MR	HS-LR	S-LR	S-MR	MS	MS	MS	MS	MS-S	R	MS-MR	MS-MR	文山、重庆

注：R 代表抗病；MR 代表中抗；MS 代表中感；S 代表感病；HS 代表高感。

四、抗病高世代品系的适宜种植区域

结合室内、田间抗性评价结果以及参考品种的特征特性及适应性，对抗青枯病高世代品系进行了适宜种植区域初步定位。在黄淮平原生态区和沂蒙丘陵生态区青枯雷尔氏菌主要代表菌株为序列变种15，建议试种HN2146和2015-614；武夷丘陵生态区青枯雷尔氏菌多样性丰富，序列变种主要有13、14、15、17、34和44，建议试种FJ1604、YK1833、2015-614和633K；南陵丘陵生态区青枯雷尔氏菌序列变种主要有13、14、15、17、34和44，建议试种YK2003、YK1833和2015-614；黔桂山地生态区青枯雷尔氏菌序列变种主要有13、15、17、34、44和54，建议试种G27、2015-614、贵烟14、09-18-3和6036；西南高原生态区青枯雷尔氏菌序列变种主要有13、17、44、54和55，建议试种2015-614、S17、贵烟14、G27和HB1709；武夷秦巴生态区青枯雷尔氏菌序列变种主要有15、17、34、44和54，建议试种2015-614、YK2003和6036。

第五章

烟草青枯病抗性种质对青枯雷尔氏菌代表性序列变种的抗性

第一节　烟草青枯雷尔氏菌代表性序列变种的全基因组特性与系统发育

一、烟草青枯雷尔氏菌代表性序列变种的全基因组特性

中国农业科学院烟草研究所、西南大学、云南省烟草农业科学研究院、福建省烟草专卖局烟草科学研究所、贵州省烟草科学研究院等科研院所及高等院校联合收集了我国烟草青枯雷尔氏菌代表序列变种 13、14、15、17、34、44、54 和 55（表 5–1）。中国农业科学院烟草研究所对其进行了全基因组测序，其中 RS13 序列变种染色体和质粒基因组大小分别为 3.62Mb 和 1.99Mb，GC 含量分别为 67.07% 和 67.15%；RS14 序列变种染色体和质粒基因组大小分别为 3.67Mb 和 1.98Mb，GC 含量分别为 66.96% 和 67.15%；RS15 序列变种染色体和质粒基因组大小分别为 3.94Mb 和 1.96Mb，GC 含量分别为 66.67% 和 67.23%；RS17 序列变种染色体和质粒基因组大小分别为 3.85Mb 和 2.00Mb，GC 含量分别为 66.71% 和 67.09%；RS34 序列变种染色体和质粒基因组大小分别为 2.10Mb 和 2.10Mb，GC 含量分别为 66.92% 和 66.92%；RS44 序列变种染色体和质粒基因组大小分别为 3.65Mb 和 2.14Mb，GC 含量分别为 66.87% 和 66.88%；RS54 序列变种染色体和质粒基因组大小分别为 3.36Mb 和 2.39Mb，GC 含量分别为 66.99% 和 67.43%；RS55 序列变种染色体和质粒基因组大小分别为 3.78Mb 和 2.05Mb，GC 含量分别为 66.83% 和 67.07%。可见烟草青枯雷尔氏菌不同序列变种之间染色体和质粒基因组大小差异明显，其基因组具有复杂性和多样性（图 5–1 至图 5–8）。

表 5-1　烟草青枯雷尔氏菌代表性序列变种地理来源及编号

青枯雷尔氏菌代表菌株来源	代表菌株编号	序列变种	青枯雷尔氏菌代表菌株来源	代表菌株编号	序列变种
云南	RS13	13	福建	RS34	34
贵州	RS14	14	湖北	RS44	44
福建	RS15	15	云南	RS54	54
福建	RS17	17	云南	RS55	55

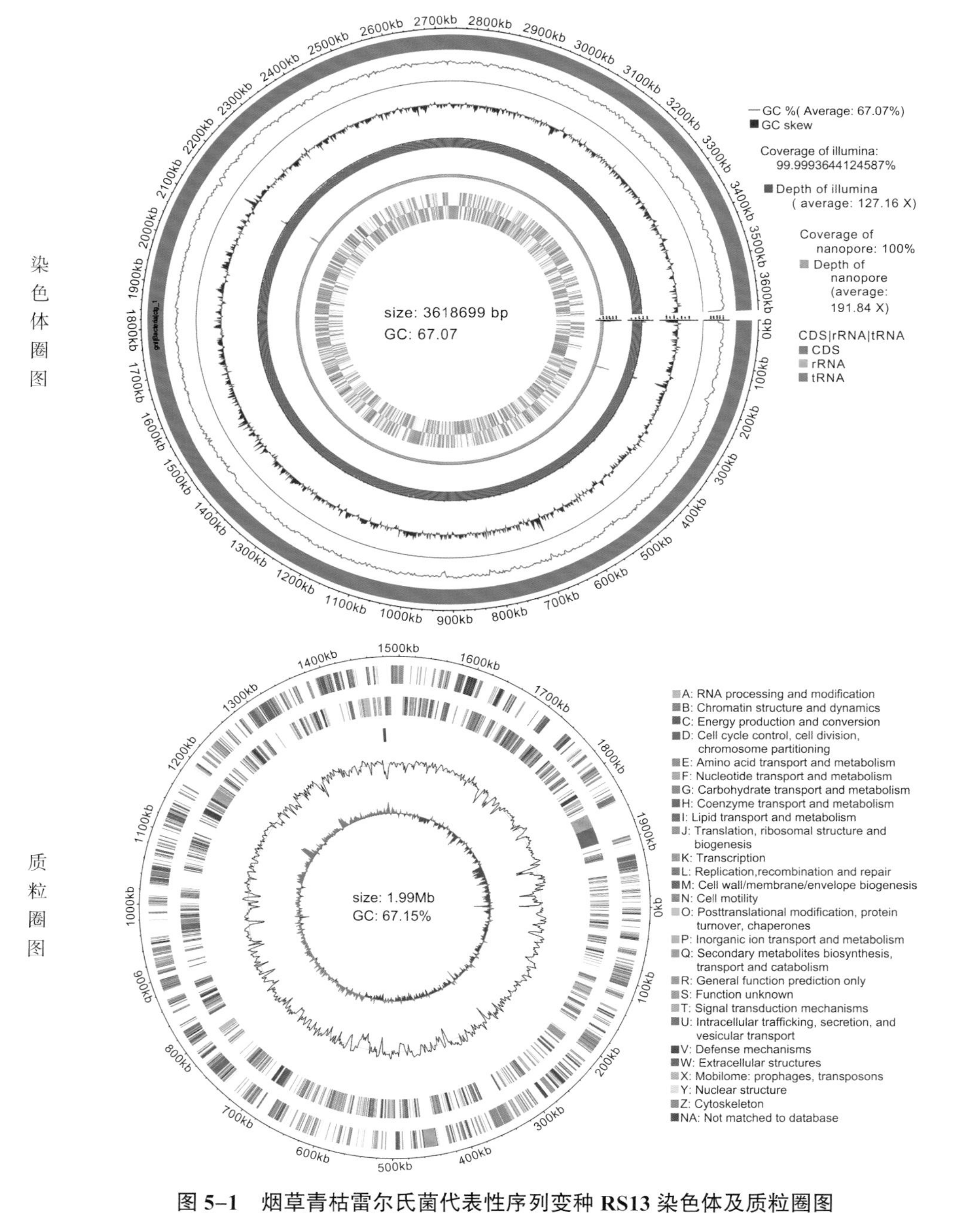

图 5-1　烟草青枯雷尔氏菌代表性序列变种 RS13 染色体及质粒圈图

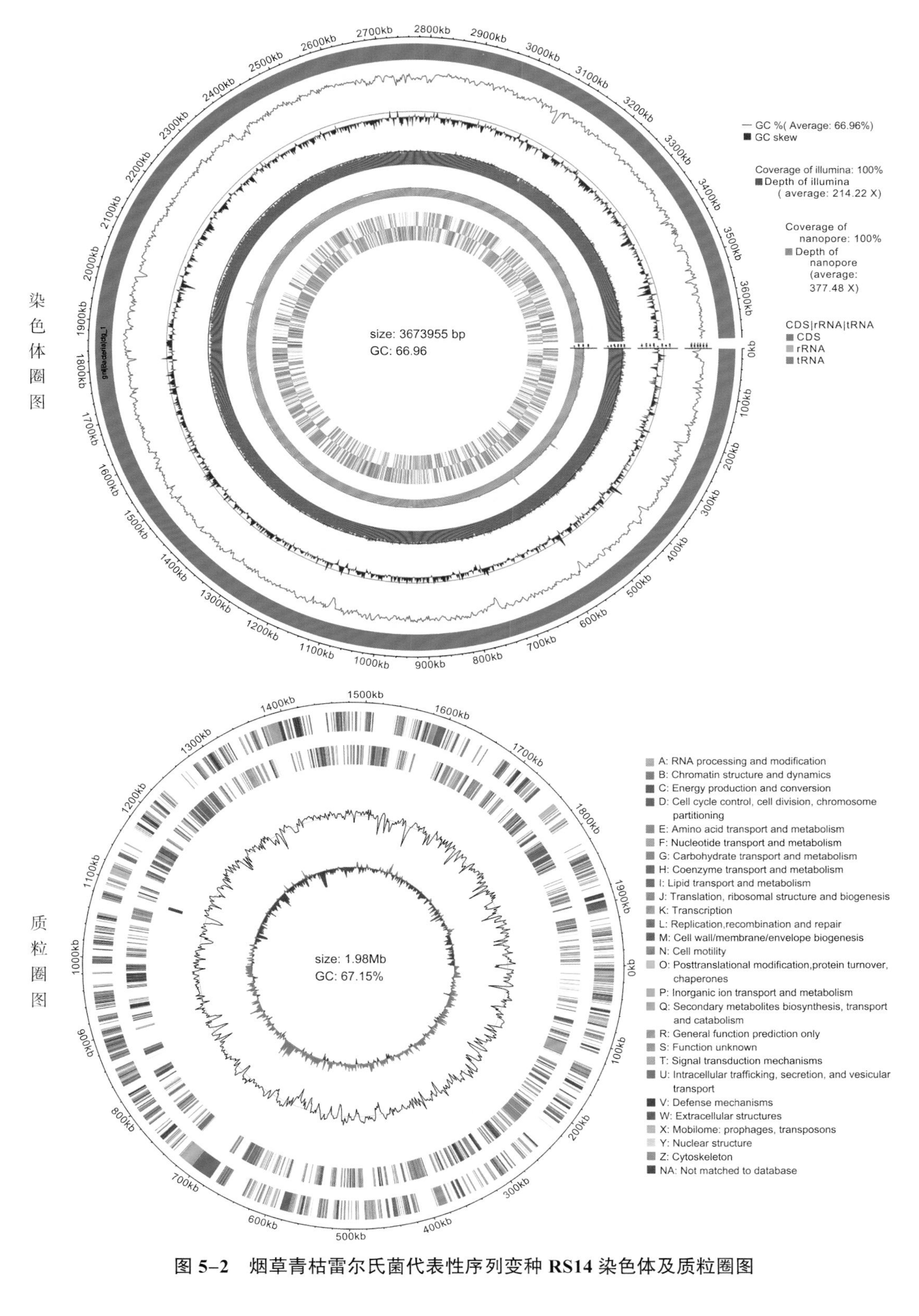

图 5–2　烟草青枯雷尔氏菌代表性序列变种 RS14 染色体及质粒圈图

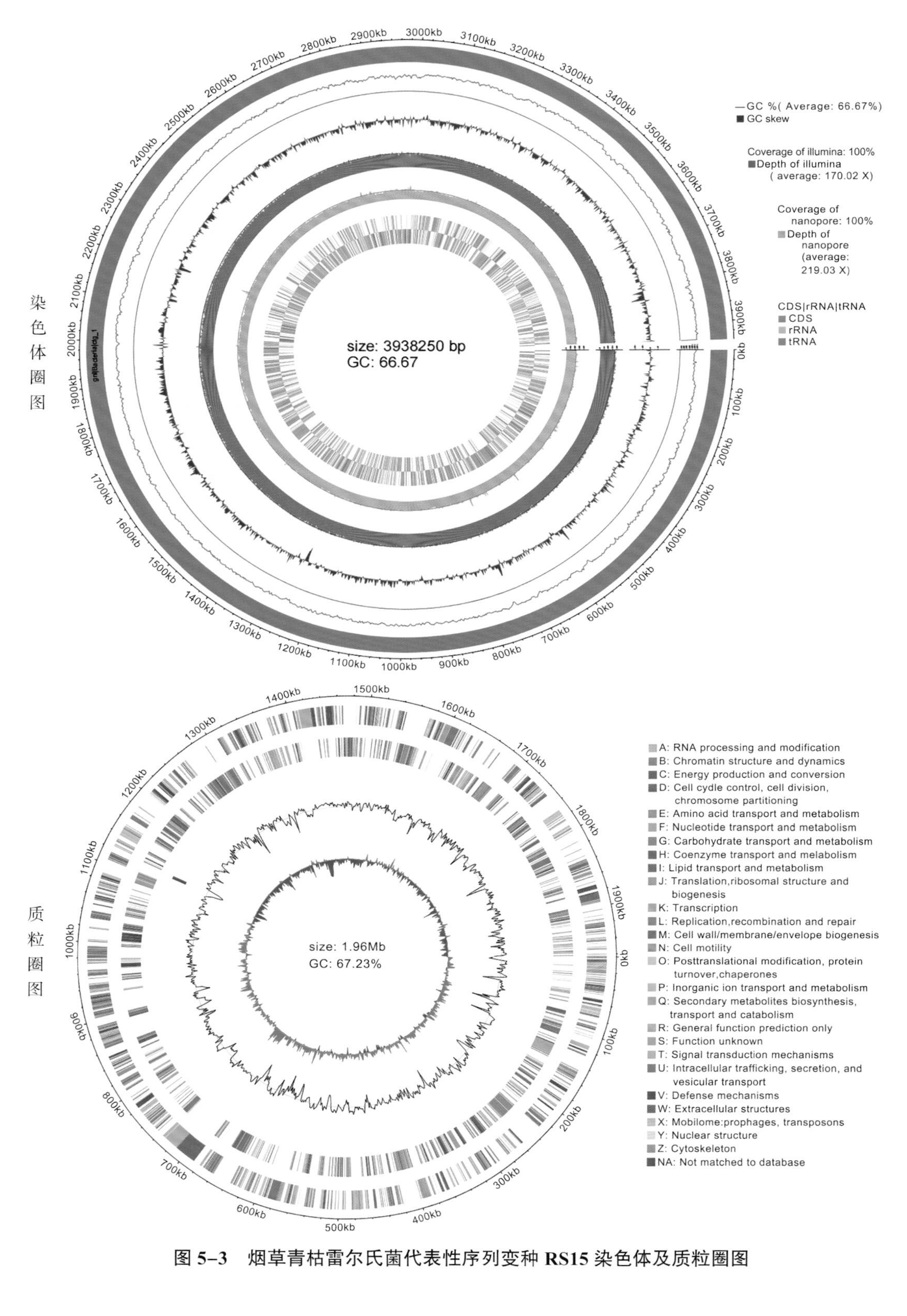

图 5-3　烟草青枯雷尔氏菌代表性序列变种 **RS15** 染色体及质粒圈图

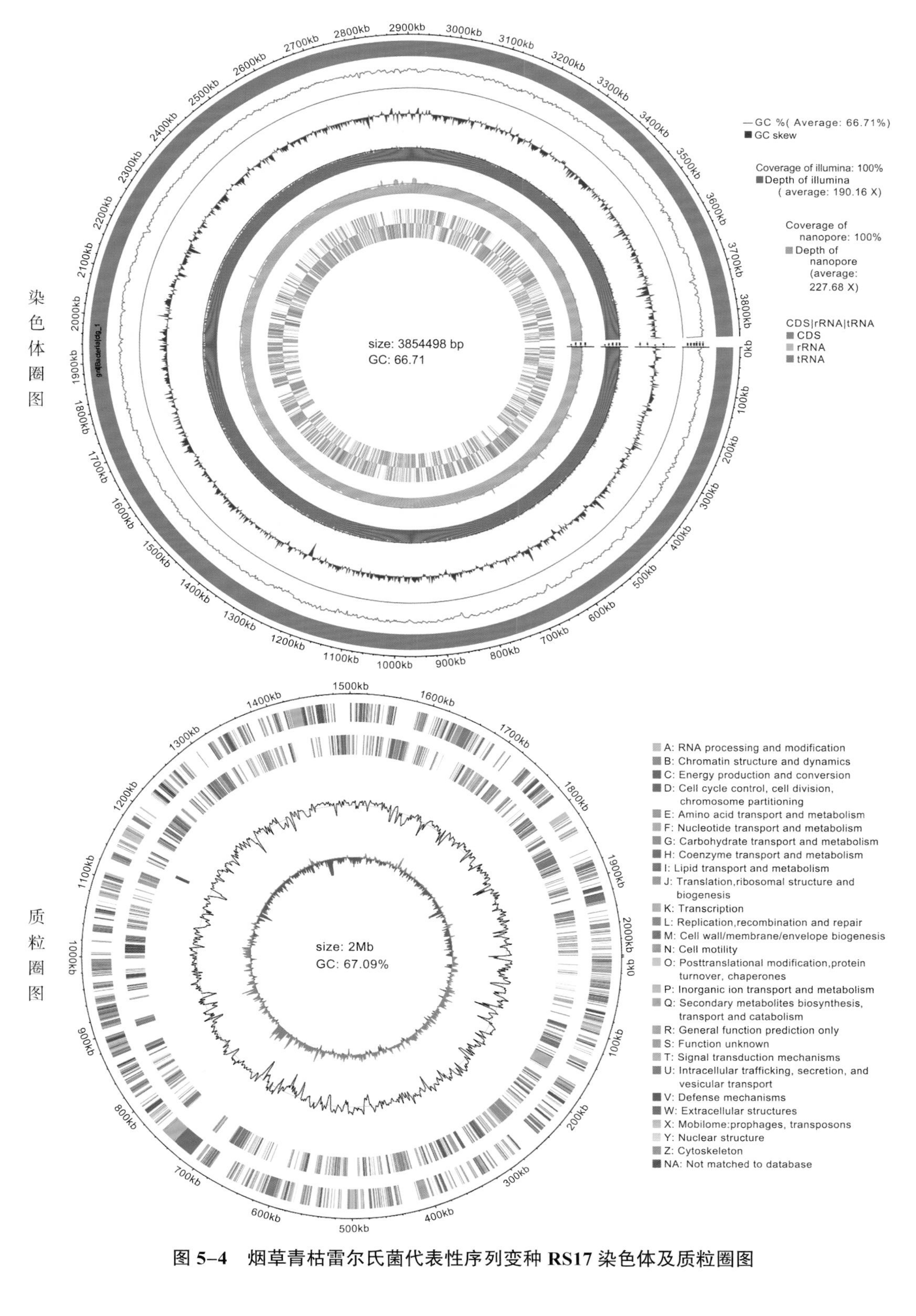

图 5–4　烟草青枯雷尔氏菌代表性序列变种 RS17 染色体及质粒圈图

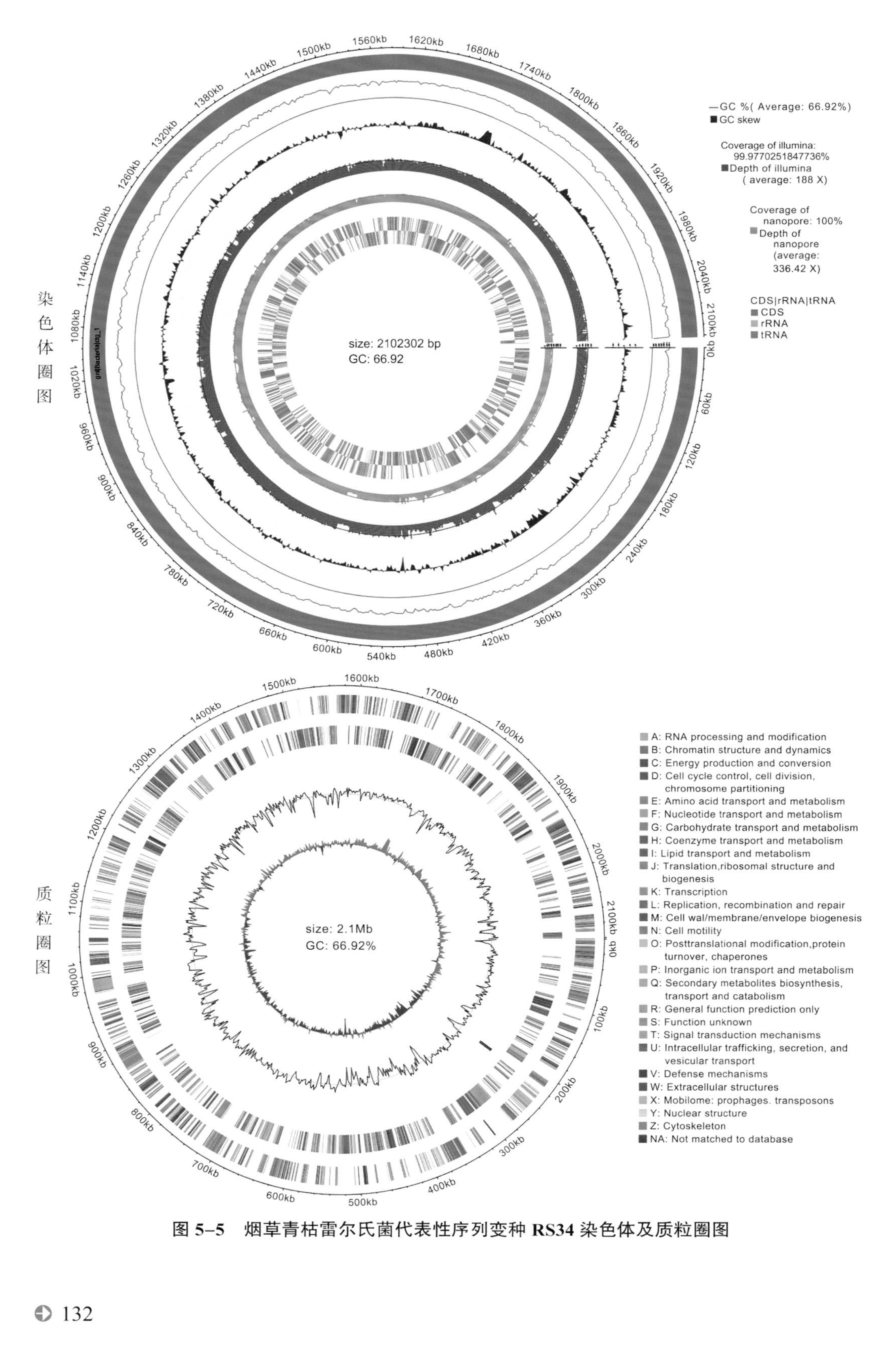

图 5–5　烟草青枯雷尔氏菌代表性序列变种 **RS34** 染色体及质粒圈图

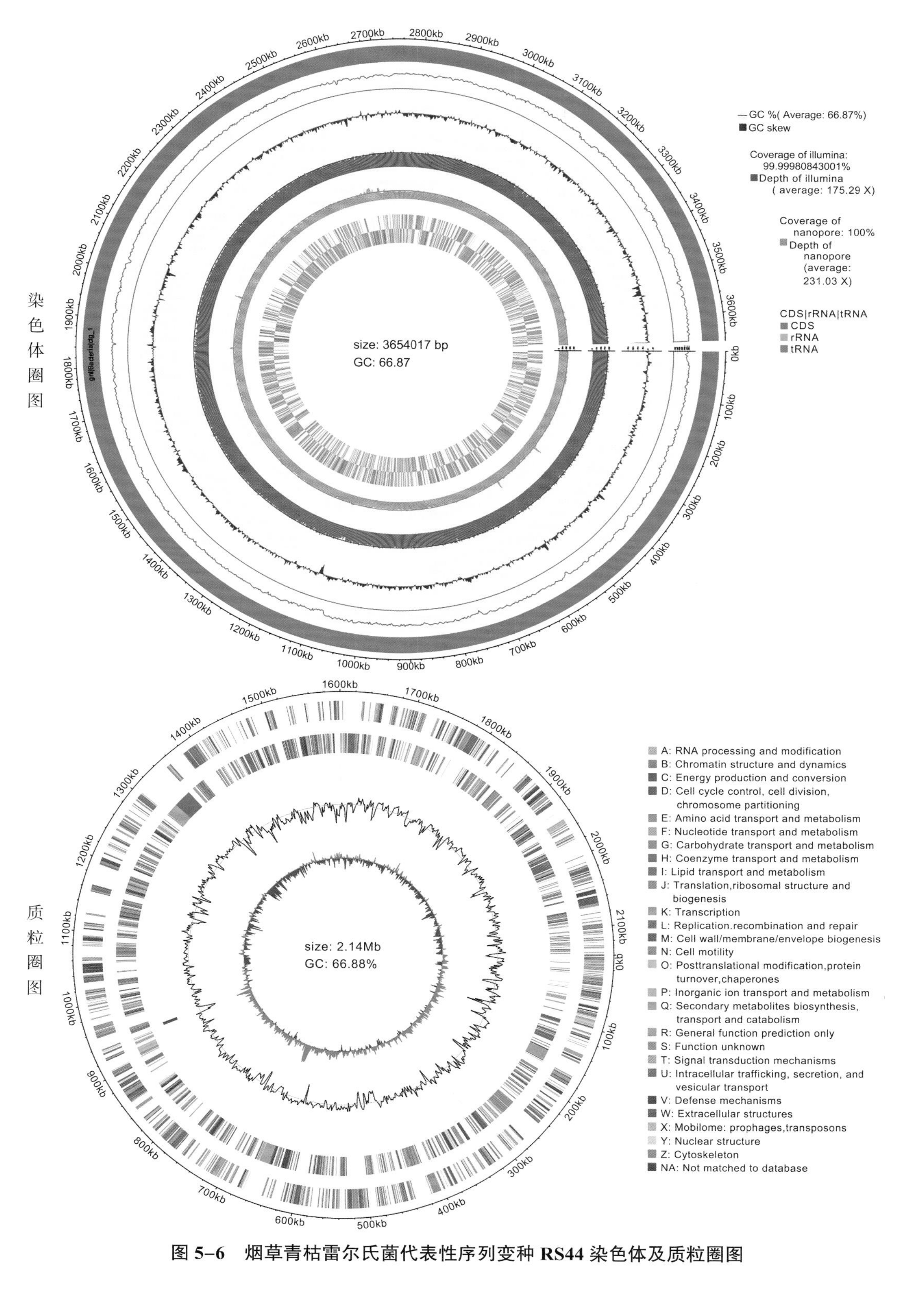

图 5-6 烟草青枯雷尔氏菌代表性序列变种 RS44 染色体及质粒圈图

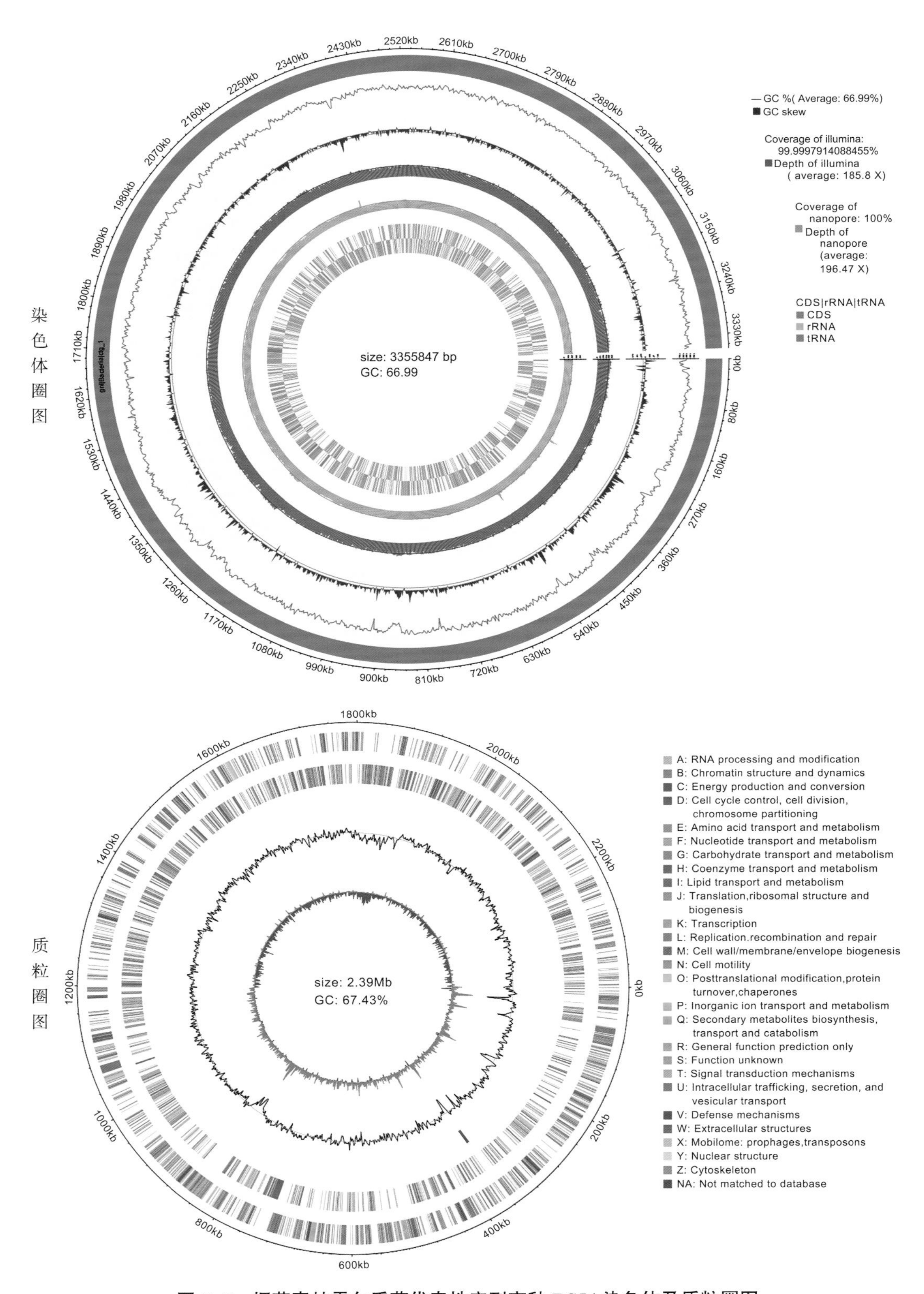

图 5–7　烟草青枯雷尔氏菌代表性序列变种 **RS54** 染色体及质粒圈图

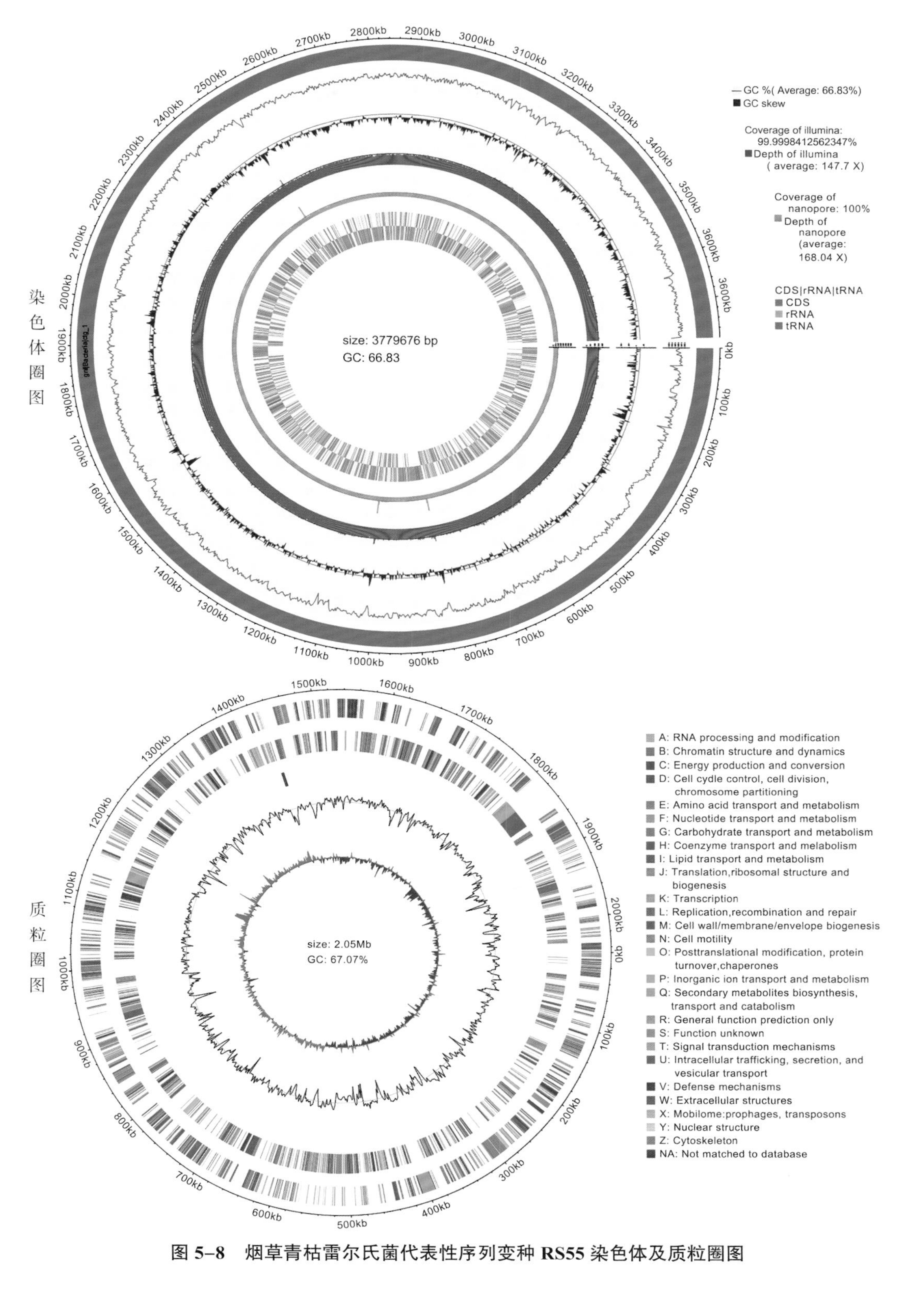

图 5–8　烟草青枯雷尔氏菌代表性序列变种 RS55 染色体及质粒圈图

二、基于全基因组的烟草青枯雷尔氏菌代表性序列变种系统发育

对以上来源于不同地理环境的 8 株烟草青枯雷尔氏菌以及已测序的 CQPS-1(重庆，序列变种 17）和 FQY-4（贵州，序列变种 17）进行分析。通过计算平均核苷酸同源性（Average Nucleotide Identity，ANI）来评估这些菌株之间的遗传相关性，发现烟草青枯雷尔氏菌的 ANI 值在 99.00 % ～ 99.80 %，可分为 2 个不同的组（图 5-9）。组 Ⅰ 包含 CQPS-1、来自湖北的 RS44 以及来自福建的 RS17 和 RS15，其中 CQPS-1 与 RS44 相距较近，与 RS15 相距较远。组 Ⅱ 包含来自云南的 Y45（序列变种 54、RS54）、RS55 和 RS13，来自福建的 RS34 以及来自贵州的 RS14 和 FQY-4，这些序列变种中 RS55 和 RS54（Y45）较接近、RS34 和 RS14 较接近，它们与 FQY-4 相距较远。来自于相同地理位置的序列变种并没有完全聚为一类，比如 RS34 与 RS15 和 RS17 均来源于福建，但它们相距甚远；相同序列变种亦可相距甚远，如 CQPS-1 和 FQY-4 同属于序列变种 17，但分属于不同的类群。以上研究揭示了烟草青枯雷尔氏菌基因组的复杂性和多样性。有必要选取代表性序列变种进行烟草青枯病抗性种质筛选鉴定，以便有针对性地应用于烟草青枯病抗性育种实践。

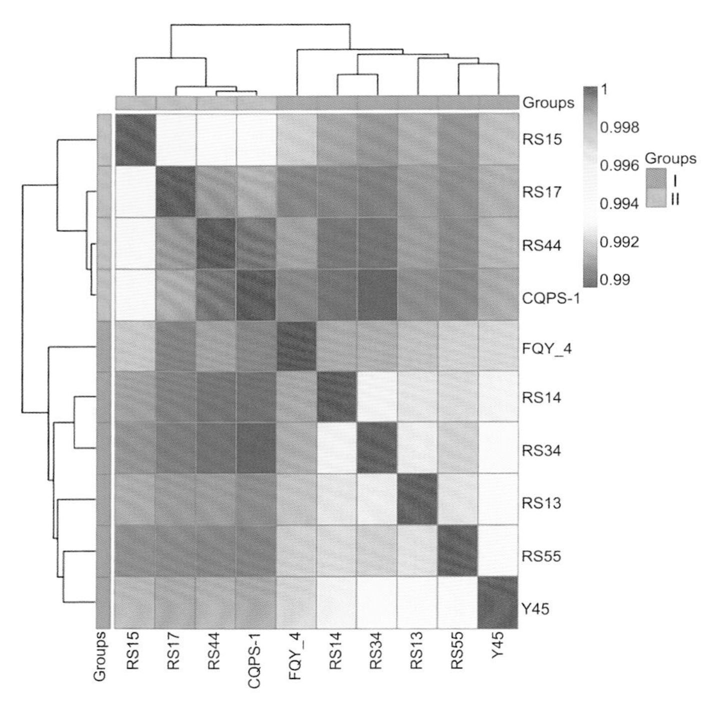

图 5-9　烟草青枯雷尔氏菌代表性序列变种 ANI 分析

第二节　烟草青枯病抗性种质对青枯雷尔氏菌代表性序列变种的抗性

中国农业科学院烟草研究所从国家烟草种质资源中期库中，选取青枯病抗性表现为抗病至高抗的不同类型烟草种质资源材料 78 份，基于上节内容分析的我国烟草青枯雷尔氏菌不同序列变种菌株之间的系统进化关系，选取代表性菌株 RS13、RS14、RS15、RS17、RS34 和 RS54，采用人工气候室苗期接种抗性鉴定技术，对挑选的 78

份种质资源材料进行青枯病抗性鉴定。烟草青枯病抗性种质简介及对青枯雷尔氏菌不同序列变种的抗性如下所述。

一、烤烟种质对青枯雷尔氏菌代表性序列变种的抗性

1. 全国统一编号 00001020，种质名称 Dixie Bright 101（图 5-10）

烤烟引进种质资源，收集自美国，杂交组合为：[（TI448A×Special 400）F_3×Oxford] 和（Florida301×Special 400）用 BC_2F_3 杂交育成。株形筒形、叶形椭圆、叶尖渐尖、叶面皱、叶缘平滑、叶色绿、叶耳中、叶片厚薄薄、主脉粗细中、主侧脉夹角大、茎叶角度大、花序密集度松散、花序形状球形、花色淡红。移栽至现蕾 63.0d、移栽至中心花开放 71.0d、大田生育期 120.0d、全生育期 187.0d、株高 158.4cm、茎围 11.9cm、节距 4.6cm、叶数 25.0 片、叶长 61.6cm、叶宽 31.3cm。抗黑胫病，中抗根结线虫病，中感 TMV 和 CMV，感 PVY、烟蚜和赤星病（表 5-2）。

图 5-10　Dixie Bright 101

表 5-2　Dixie Bright 101 对青枯雷尔氏菌代表性序列变种的抗性

烟草青枯雷尔氏菌地理来源	菌株编号	序列变种	病情指数	抗性
云南	RS13	13	—	—
贵州	RS14	14	39.41	R
福建	RS15	15	47.50	MR
福建	RS17	17	35.50	R
福建	RS34	34	55.00	MR
云南	RS54	54	40.00	R

2. 全国统一编号 00001341，种质名称 反帝三号－丙（图 5–11）

烤烟品系，杂交组合为：湄潭大柳叶 ×Dixie Bright 101。株形筒形、叶形椭圆、叶尖渐尖、叶面较平、叶缘波浪、叶色深绿、叶耳中、叶片厚薄中等、主脉粗细中、主侧脉夹角中、茎叶角度中、花序密集度密集、花序形状球形、花色淡红。移栽至现蕾 54.0d、移栽至中心花开放 63.0d、大田生育期 114.0d、株高 146.0cm、茎围 7.2cm、节距 3.4cm、叶数 30.0 片、叶长 42.0cm、叶宽 21.4cm。抗黑胫病，中感根结线虫病和 CMV，感烟蚜（表 5–3）。

图 5–11　反帝三号－丙

表 5–3　反帝三号－丙对青枯雷尔氏菌代表性序列变种的抗性

烟草青枯雷尔氏菌地理来源	菌株编号	序列变种	病情指数	抗性
云南	RS13	13	37.50	R
贵州	RS14	14	47.22	MR
福建	RS15	15	37.50	R
福建	RS17	17	32.50	R
福建	RS34	34	46.90	MR
云南	RS54	54	39.38	R

3. 全国统一编号 00001371，种质名称 白花 205（图 5–12）

烤烟品系，杂交组合为：Speight G–28 花药辐射 H2。株形筒形、叶形宽椭圆、叶尖钝尖、叶面较平、叶缘波浪、叶色绿、叶耳中、叶片厚薄中等、主脉粗细中、主侧脉夹角中、茎叶角度中、花序密集度密集、花序形状球形、花色白。移栽至现蕾 58.0d、移栽至中心花开放 72.0d、大田生育期 128.0d、株高 175.0cm、茎围 8.6cm、节距 4.3cm、叶数 30.0 片、叶长 56.4cm、叶宽 29.7cm。中抗黑胫病、TMV 和烟蚜，中感根结线虫病和 PVY，高感 CMV（表 5–4）。

图 5–12　白花 205

表 5–4　白花 205 对青枯雷尔氏菌代表性序列变种的抗性

烟草青枯雷尔氏菌地理来源	菌株编号	序列变种	病情指数	抗性
云南	RS13	13	50.00	MR
贵州	RS14	14	50.00	MR
福建	RS15	15	23.75	R
福建	RS17	17	46.25	MR
福建	RS34	34	50.00	MR
云南	RS54	54	48.02	MR

4. 全国统一编号 00001376，种质名称 84-3117（图 5-13）

烤烟品系，杂交组合为:（Speight G-140× 大白筋 599）H2。株形筒形、叶形椭圆、叶尖渐尖、叶面较平、叶缘波浪、叶色绿、叶耳中、叶片厚薄中等、主脉粗细中、主侧脉夹角中、茎叶角度中、花序密集度密集、花序形状球形、花色淡红。移栽至中心花开放 88.0d、株高 152.0cm、茎围 6.6cm、节距 3.5cm、叶数 32.0 片、叶长 38.2cm、叶宽 18.4cm。中抗根结线虫病，感黑胫病，高感烟蚜（表 5-5）。

图 5-13　84-3117

表 5-5　84-3117 对青枯雷尔氏菌代表性序列变种的抗性

烟草青枯雷尔氏菌地理来源	菌株编号	序列变种	病情指数	抗性
云南	RS13	13	52.78	MR
贵州	RS14	14	32.50	R
福建	RS15	15	39.06	R
福建	RS17	17	30.00	R
福建	RS34	34	52.92	MR
云南	RS54	54	37.50	R

5. 全国统一编号 00001452，种质名称 H80A432（图 5–14）

烤烟品系，杂交组合为：[（7021× 净叶黄）× 春雷三号]×77E–1。株形塔形、叶形椭圆、叶尖渐尖、叶面较皱、叶缘微波、叶色黄绿、叶耳大、叶片厚薄中等、主脉粗细中、主侧脉夹角大、茎叶角度中、花序密集度密集、花序形状球形、花色淡红。移栽至现蕾 62.0d、移栽至中心花开放 71.0d、大田生育期 113.0d、全生育期 191.0d、株高 210.2cm、茎围 10.7cm、节距 5.6cm、叶数 30.2 片、叶长 79.0cm、叶宽 40.5cm。抗黑胫病，中抗根结线虫病、TMV 和烟蚜（表 5–6）。

图 5–14　H80A432

表 5–6　H80A432 对青枯雷尔氏菌代表性序列变种的抗性

烟草青枯雷尔氏菌地理来源	菌株编号	序列变种	病情指数	抗性
云南	RS13	13	50.00	MR
贵州	RS14	14	50.00	MR
福建	RS15	15	47.50	MR
福建	RS17	17	38.75	R
福建	RS34	34	55.36	MR
云南	RS54	54	32.81	R

6. 全国统一编号 00002245，种质名称 Coker 206（图 5-15）

烤烟引进种质资源，收集自美国，杂交组合为：（Coker139×59-84-2F）×74-472。株形塔形、叶形长椭圆、叶尖渐尖、叶面较皱、叶缘波浪、叶色绿、叶耳中、叶片厚薄较厚、主脉粗细中、主侧脉夹角中、茎叶角度中、花序密集度密集、花序形状球形、花色淡红。移栽至现蕾 50.0d、移栽至中心花开放 56.0d、大田生育期 118.0d、株高 173.0cm、茎围 13.1cm、节距 6.5cm、叶数 21.4 片、叶长 76.3cm、叶宽 28.12cm。抗黑胫病，中抗根结线虫病、赤星病和 CMV，中感 TMV（表 5-7）。

图 5-15　Coker 206

表 5-7　Coker 206 对青枯雷尔氏菌代表性序列变种的抗性

烟草青枯雷尔氏菌地理来源	菌株编号	序列变种	病情指数	抗性
云南	RS13	13	52.25	MR
贵州	RS14	14	52.78	MR
福建	RS15	15	65.00	LR
福建	RS17	17	41.25	MR
福建	RS34	34	53.04	MR
云南	RS54	54	48.44	MR

7. 全国统一编号 00002266，种质名称 K326（图 5-16）

烤烟引进种质资源，收集自美国，杂交组合为：McNair225×（McNair30×NC95）。株形塔形、叶形长椭圆、叶尖渐尖、叶面较皱、叶缘微波、叶色绿、叶耳中、叶片厚薄中等、主脉粗细中、主侧脉夹角中、茎叶角度中、花序密集度松散、花序形状菱形、花色淡红。移栽至现蕾 54.0d、移栽至中心花开放 62.0d、大田生育期 118.0d、株高 160.4cm、茎围 8.0cm、节距 4.4cm、叶数 25.4 片、叶长 82.5cm、叶宽 34.0cm。抗黑胫病，抗根结线虫病，中抗白粉病和烟蚜，中感赤星病，感 TMV、CMV 和 PVY（表 5-8）。

图 5-16　K326

表 5-8　K326 对青枯雷尔氏菌代表性序列变种的抗性

烟草青枯雷尔氏菌地理来源	菌株编号	序列变种	病情指数	抗性
云南	RS13	13	37.50	R
贵州	RS14	14	55.00	MR
福建	RS15	15	50.00	MR
福建	RS17	17	42.50	MR
福建	RS34	34	46.56	MR
云南	RS54	54	62.50	LR

8. 全国统一编号 00002291，种质名称 NC86（图 5-17）

烤烟引进种质资源，收集自美国，杂交组合为：Coker258×（65-16R×Coker319）×175L。株形塔形、叶形长椭圆、叶尖渐尖、叶面皱、叶缘波浪、叶色绿、叶耳中、叶片厚薄薄、主脉粗细中、主侧脉夹角中、茎叶角度中、花序密集度松散、花序形状菱形、花色淡红。移栽至现蕾 59.0d、移栽至中心花开放 67.0d、大田生育期 113.0d、全生育期 174.0d、株高 177.6cm、茎围 9.6cm、节距 5.73cm、叶数 24.0 片、叶长 70.5cm、叶宽 30.1cm。抗 TMV，高感赤星病（表 5-9）。

图 5-17　NC86

表 5-9　NC86 对青枯雷尔氏菌代表性序列变种的抗性

烟草青枯雷尔氏菌地理来源	菌株编号	序列变种	病情指数	抗性
云南	RS13	13	63.33	LR
贵州	RS14	14	45.00	MR
福建	RS15	15	45.00	MR
福建	RS17	17	45.00	MR
福建	RS34	34	31.25	R
云南	RS54	54	35.00	R

9. 全国统一编号 00003579，种质名称 V2（图 5-18）

烤烟引进种质资源，收集自美国。株形塔形、叶形长椭圆、叶尖尾状、叶面平、叶缘波浪、叶色绿、叶耳中、叶片厚薄较厚、主脉粗细中、主侧脉夹角中、茎叶角度中、花序密集度密集、花序形状球形、花色红。移栽至现蕾 56.0d、移栽至中心花开放 61.0d、大田生育期 120.0d、株高 164.0cm、茎围 8.7cm、节距 4.36cm、叶数 28.0 片、叶长 32.0cm、叶宽 10.9cm。抗根结线虫病，中抗黑胫病、TMV 和 CMV，中感 PVY（表 5-10）。

图 5-18　V2

表 5-10　V2 对青枯雷尔氏菌代表性序列变种的抗性

烟草青枯雷尔氏菌地理来源	菌株编号	序列变种	病情指数	抗性
云南	RS13	13	—	—
贵州	RS14	14	—	—
福建	RS15	15	50.00	MR
福建	RS17	17	53.75	MR
福建	RS34	34	61.11	LR
云南	RS54	54	69.58	LR

10. 全国统一编号 00003711，种质名称 岩烟 97（图 5-19）

烤烟育成品种，杂交组合为：（401-2×G-80）×G-80。株形筒形、叶形长椭圆、叶尖渐尖、叶面皱、叶缘微波、叶色绿、叶耳大小中、叶片厚薄中等、主脉粗细中、主侧脉夹角中、茎叶角度中、花序密集度密集、花序形状球形、花色淡红。移栽至现蕾 61.0d、移栽至中心花开放 71.0d、大田生育期 118.0d、全生育期 177.0d、株高 179.2cm、茎围 10.9cm、节距 5.5cm、叶数 25.2 片、叶长 70.7cm、叶宽 31.6cm。抗黑胫病，中抗赤星病，中感 PVY，感 TMV 和 CMV，高感烟蚜（表 5-11）。

图 5-19　岩烟 97

表 5-11　岩烟 97 对青枯雷尔氏菌代表性序列变种的抗性

烟草青枯雷尔氏菌地理来源	菌株编号	序列变种	病情指数	抗性
云南	RS13	13	—	—
贵州	RS14	14	—	—
福建	RS15	15	36.63	R
福建	RS17	17	50.98	MR
福建	RS34	34	23.07	R
云南	RS54	54	34.19	R

11. 全国统一编号 00003767，种质名称 K358（图 5-20）

烤烟引进种质资源，收集自美国，杂交组合为：McN926×80241。株形塔形、叶形长椭圆、叶尖渐尖、叶面皱、叶缘波浪、叶色绿、叶耳小、叶片厚薄中等、主脉粗细中、主侧脉夹角中、茎叶角度小、花序密集度松散、花序形状菱形、花色淡红。移栽至现蕾 54.0d、移栽至中心花开放 60.0d、大田生育期 117.0d、全生育期 188.0d、株高 172.0cm、茎围 9.2cm、节距 5.7cm、叶数 23.2 片、叶长 68.6cm、叶宽 28.8cm。抗赤星病，中抗黑胫病、PVY 和根结线虫病，高感 TMV（表 5-12）。

图 5-20　K358

表 5-12　K358 对青枯雷尔氏菌代表性序列变种的抗性

烟草青枯雷尔氏菌地理来源	菌株编号	序列变种	病情指数	抗性
云南	RS13	13	70.00	LR
贵州	RS14	14	55.00	MR
福建	RS15	15	55.00	MR
福建	RS17	17	52.50	MR
福建	RS34	34	46.43	MR
云南	RS54	54	45.83	MR

12. 全国统一编号 00003778，种质名称 NC8036（图 5-21）

烤烟引进种质资源，收集自美国，杂交组合为：（NC86×MC373）×［（G-28×Coker347）×Coker51］。株形塔形、叶形长椭圆、叶尖急尖、叶面较皱、叶缘波浪、叶色绿、叶耳小、叶片厚薄中等、主脉粗细细、主侧脉夹角中、茎叶角度中、花序密集度密集、花序形状球形、花色淡红。移栽至现蕾 48.0d、移栽至中心花开放 56.0d、大田生育期 113.0d、全生育期 190.0d、株高 144.9cm、茎围 9.7cm、节距 4.9cm、叶数 20.6 片、叶长 61.9cm、叶宽 25.3cm。抗黑胫病，感根结线虫病，高感 TMV（表 5-13）。

图 5-21　NC8036

表 5-13　NC8036 对青枯雷尔氏菌代表性序列变种的抗性

烟草青枯雷尔氏菌地理来源	菌株编号	序列变种	病情指数	抗性
云南	RS13	13	—	—
贵州	RS14	14	—	—
福建	RS15	15	25.00	R
福建	RS17	17	33.75	R
福建	RS34	34	44.69	MR
云南	RS54	54	39.24	R

13. 全国统一编号 00003791，种质名称 OX2028（图 5-22）

烤烟引进种质资源，收集自美国，杂交组合为：NC5130×Coker8619NR。株形筒形、叶形宽椭圆、叶尖渐尖、叶面较皱、叶缘波浪、叶色绿、叶耳中、叶片厚薄中等、主脉粗细中、主侧脉夹角中、茎叶角度中、花序密集度密集、花序形状球形、花色淡红。移栽至现蕾 57.0d、移栽至中心花开放 66.0d、大田生育期 119.0d、全生育期 194.0d、株高 165.4cm、茎围 9.0cm、节距 4.7cm、叶数 24.8 片、叶长 75.5cm、叶宽 39.9cm。抗黑胫病、根结线虫病、赤星病和 TMV，中感 CMV（表 5-14）。

图 5-22　OX2028

表 5-14　OX2028 对青枯雷尔氏菌代表性序列变种的抗性

烟草青枯雷尔氏菌地理来源	菌株编号	序列变种	病情指数	抗性
云南	RS13	13	—	—
贵州	RS14	14	—	—
福建	RS15	15	28.75	R
福建	RS17	17	47.50	MR
福建	RS34	34	53.75	MR
云南	RS54	54	32.50	R

14. 全国统一编号 00003792，种质名称 OX2101（图 5-23）

烤烟引进种质资源，收集自美国，杂交组合为：[（ENSHU×G15）×NC85]×NC95。株形塔形、叶形长椭圆、叶尖渐尖、叶面较皱、叶缘波浪、叶色绿、叶耳大、叶片厚薄中等、主脉粗细细、主侧脉夹角中、茎叶角度小、花序密集度松散、花序形状菱形、花色淡红。移栽至现蕾 55.0d、移栽至中心花开放 60.0d、全生育期 156.0d、株高 164.4cm、茎围 8.2cm、节距 5.5cm、叶数 22.6 片、叶长 65.1cm、叶宽 29.5cm。抗黑胫病和根结线虫病，中抗 CMV，感 TMV（表 5-15）。

图 5-23　OX2101

表 5-15　OX2101 对青枯雷尔氏菌代表性序列变种的抗性

烟草青枯雷尔氏菌地理来源	菌株编号	序列变种	病情指数	抗性
云南	RS13	13	—	—
贵州	RS14	14	—	—
福建	RS15	15	28.75	R
福建	RS17	17	31.25	R
福建	RS34	34	40.00	R
云南	RS54	54	30.00	R

15. 全国统一编号 00003801，种质名称 RG12（图 5-24）

烤烟引进种质资源，收集自美国。株形筒形、叶形长椭圆、叶尖渐尖、叶面较皱、叶缘波浪、叶色绿、叶耳中、叶片厚薄中等、主脉粗细中、主侧脉夹角中、茎叶角度中、花序密集度密集、花序形状球形、花色红。移栽至现蕾 55.0d、移栽至中心花开放 68.0d、大田生育期 119.0d、全生育期 185.0d、株高 150.6cm、茎围 9.5cm、节距 4.3cm、叶数 24.2 片、叶长 66.9cm、叶宽 27.6cm。抗黑胫病，中抗根结线虫病（表 5-16）。

图 5-24　RG12

表 5-16　RG12 对青枯雷尔氏菌代表性序列变种的抗性

烟草青枯雷尔氏菌地理来源	菌株编号	序列变种	病情指数	抗性
云南	RS13	13	—	—
贵州	RS14	14	—	—
福建	RS15	15	25.00	R
福建	RS17	17	32.50	R
福建	RS34	34	62.50	LR
云南	RS54	54	40.00	R

16. 全国统一编号 00003803，种质名称 RG17（图 5-25）

烤烟引进种质资源，收集自美国，杂交组合为：K326×K399。株形塔形、叶形长椭圆、叶尖渐尖、叶面皱、叶缘波浪、叶色绿、叶耳小、叶片厚薄较薄、主脉粗细中、主侧脉夹角中、茎叶角度中、花序密集度松散、花序形状倒圆锥形、花色淡红。移栽至现蕾 49.0d、移栽至中心花开放 59.0d、大田生育期 113.0d、全生育期 169.0d、株高 156.8cm、茎围 9.8cm、节距 4.0cm、叶数 28.4 片、叶长 53.8cm、叶宽 23.7cm。中抗根结线虫病和赤星病，中感黑胫病，感 TMV（表 5-17）。

图 5-25 RG17

表 5-17 RG17 对青枯雷尔氏菌代表性序列变种的抗性

烟草青枯雷尔氏菌地理来源	菌株编号	序列变种	病情指数	抗性
云南	RS13	13	—	—
贵州	RS14	14	—	—
福建	RS15	15	57.50	MR
福建	RS17	17	31.25	R
福建	RS34	34	46.25	MR
云南	RS54	54	40.94	MR

17. 全国统一编号 00003811，种质名称 RGOB-18（图 5-26）

烤烟引进种质资源，收集自美国，杂交组合为：K326×K399。株形筒形、叶形椭圆、叶尖渐尖、叶面较皱、叶缘波浪、叶色绿、叶耳中、叶片厚薄中等、主脉粗细中、主侧脉夹角中、茎叶角度中、花序密集度密集、花序形状球形、花色红。移栽至中心花开放 65.0d、大田生育期 119.0d、株高 160.0cm、茎围 9.7cm、节距 4.5cm、叶数 26.8 片、叶长 71.8cm、叶宽 30.7cm。抗黑胫病，中抗根结线虫病（表 5-18）。

图 5-26　RGOB-18

表 5-18　RGOB-18 对青枯雷尔氏菌代表性序列变种的抗性

烟草青枯雷尔氏菌地理来源	菌株编号	序列变种	病情指数	抗性
云南	RS13	13	45.00	MR
贵州	RS14	14	60.00	MR
福建	RS15	15	3.75	HR
福建	RS17	17	45.00	MR
福建	RS34	34	48.44	MR
云南	RS54	54	47.92	MR

18. 全国统一编号 00003825，种质名称 SPG-164（图 5-27）

烤烟引进种质资源，收集自美国，杂交组合为：Coker371×G-102。株形筒形、叶形椭圆、叶尖渐尖、叶面较皱、叶缘波浪、叶色绿、叶耳中、叶片厚薄中等、主脉粗细中、主侧脉夹角中、茎叶角度中、花序密集度密集、花序形状球形、花色淡红。移栽至现蕾 50.0d、移栽至中心花开放 61.0d、大田生育期 108.0d、株高 185.2cm、茎围 8.3cm、节距 4.9cm、叶数 28.8 片、叶长 70.3cm、叶宽 32.8cm。抗黑胫病和根结线虫病，中感 CMV，感 TMV（表 5-19）。

图 5-27　SPG-164

表 5-19　SPG-164 对青枯雷尔氏菌代表性序列变种的抗性

烟草青枯雷尔氏菌地理来源	菌株编号	序列变种	病情指数	抗性
云南	RS13	13	50.00	MR
贵州	RS14	14	38.89	R
福建	RS15	15	61.25	LR
福建	RS17	17	52.50	MR
福建	RS34	34	26.25	R
云南	RS54	54	37.50	R

19. 全国统一编号 00003829，种质名称 SPG-172（图 5-28）

烤烟引进种质资源，收集自美国，杂交组合为：Coker371 Gold×G-126。株形塔形、叶形椭圆、叶尖渐尖、叶面较平、叶缘微波、叶色黄绿、叶耳大、叶片厚薄中等、主脉粗细细、主侧脉夹角中、茎叶角度中、花序密集度密集、花序形状球形、花色淡红。移栽至现蕾 50.0d、移栽至中心花开放 61.0d、全生育期 171.0d、株高 166.4cm、茎围 11.4cm、节距 4.9cm、叶数 25.8 片、叶长 65.8cm、叶宽 30.6cm。抗黑胫病和根结线虫病，感 TMV、CMV 和 PVY（表 5-20）。

图 5-28 SPG-172

表 5-20 SPG-172 对青枯雷尔氏菌代表性序列变种的抗性

烟草青枯雷尔氏菌地理来源	菌株编号	序列变种	病情指数	抗性
云南	RS13	13	60.00	MR
贵州	RS14	14	56.25	MR
福建	RS15	15	32.50	R
福建	RS17	17	33.75	R
福建	RS34	34	51.56	MR
云南	RS54	54	49.58	MR

20. 全国统一编号 00004534，种质名称 95-43-3（图 5-29）

烤烟品系，杂交组合为：K394×K358。株形橄榄形、叶形长椭圆、叶尖急尖、叶面较皱、叶缘波浪、叶色绿、叶耳小、叶片厚薄中等、主脉粗细粗、主侧脉夹角大、茎叶角度中、花序密集度松散、花序形状菱形、花色红。移栽至现蕾 59.0d、移栽至中心花开放 65.0d、全生育期 133.0d、株高 148.0cm、茎围 8.0cm、节距 4.4cm、叶数 23.7 片、叶长 60.5cm、叶宽 23.5cm。抗黑胫病，中抗 CMV，感 PVY（表 5-21）。

图 5-29　95-43-3

表 5-21　95-43-3 对青枯雷尔氏菌代表性序列变种的抗性

烟草青枯雷尔氏菌地理来源	菌株编号	序列变种	病情指数	抗性
云南	RS13	13	44.44	MR
贵州	RS14	14	41.67	MR
福建	RS15	15	18.75	HR
福建	RS17	17	31.25	R
福建	RS34	34	52.78	MR
云南	RS54	54	41.81	MR

21. 全国统一编号 00004732，种质名称 湄育 2-1（图 5-30）

烤烟品系，杂交组合为：G28×NC82。株形塔形、叶形宽椭圆、叶尖渐尖、叶面较皱、叶缘波浪、叶色绿、叶耳大、叶片厚薄中等、主脉粗细中、主侧脉夹角中、茎叶角度大、花序密集度密集、花序形状菱形、花色淡红。移栽至现蕾 55.0d、移栽至中心花开放 62.0d、大田生育期 131.0d、全生育期 174.0d、株高 182.1cm、茎围 11.3cm、节距 6.5cm、叶数 21.7 片、叶长 69.2cm、叶宽 41.0cm。抗黑胫病和白粉病，感根结线虫病（表 5-22）。

图 5-30　湄育 2-1

表 5-22　湄育 2-1 对青枯雷尔氏菌代表性序列变种的抗性

烟草青枯雷尔氏菌地理来源	菌株编号	序列变种	病情指数	抗性
云南	RS13	13	50.00	MR
贵州	RS14	14	52.78	MR
福建	RS15	15	28.75	R
福建	RS17	17	37.50	R
福建	RS34	34	40.97	MR
云南	RS54	54	29.86	R

22. 全国统一编号 00004738，种质名称 湄育 2-3（图 5-31）

烤烟品系，杂交组合为：G28×NC82。株形塔形、叶形椭圆、叶尖尾状、叶面较皱、叶缘皱折、叶色绿、叶耳大、叶片厚薄中等、主脉粗细中、主侧脉夹角中、茎叶角度大、花序密集度松散、花序形状菱形、花色淡红。移栽至现蕾 55.0d、移栽至中心花开放 62.0d、大田生育期 118.0d、全生育期 175.0d、株高 182.0cm、茎围 9.1cm、节距 5.8cm、叶数 24.4 片、叶长 71.4cm、叶宽 32.6cm。抗黑胫病和白粉病，感根结线虫病（表 5-23）。

图 5-31　湄育 2-3

表 5-23　湄育 2-3 对青枯雷尔氏菌代表性序列变种的抗性

烟草青枯雷尔氏菌地理来源	菌株编号	序列变种	病情指数	抗性
云南	RS13	13	55.00	MR
贵州	RS14	14	37.50	R
福建	RS15	15	37.50	R
福建	RS17	17	52.50	MR
福建	RS34	34	71.11	LR
云南	RS54	54	67.46	LR

23. 全国统一编号 00004756，种质名称 春雷三号（甲）（图 5-32）

烤烟品系，杂交组合为：春雷三号系选。株形塔形、叶形椭圆、叶尖渐尖、叶面较皱、叶缘波浪、叶色绿、叶耳大、叶片厚薄薄、主脉粗细细、主侧脉夹角中、茎叶角度中、花序密集度松散、花序形状菱形、花色淡红。移栽至现蕾 70.0d、移栽至中心花开放 80.0d、大田生育期 116.0d、全生育期 198.0d、株高 159.9cm、茎围 10.6cm、节距 3.4cm、叶数 29.5 片、叶长 67.3cm、叶宽 32.4cm。抗黑胫病，中感根结线虫病（表 5-24）。

图 5-32　春雷三号（甲）

表 5-24　春雷三号（甲）对青枯雷尔氏菌代表性序列变种的抗性

烟草青枯雷尔氏菌地理来源	菌株编号	序列变种	病情指数	抗性
云南	RS13	13	50.00	MR
贵州	RS14	14	57.50	MR
福建	RS15	15	17.50	HR
福建	RS17	17	40.00	R
福建	RS34	34	62.50	LR
云南	RS54	54	40.00	R

24. 全国统一编号 00004767，种质名称 蓝玉一号（图 5–33）

烤烟育成品种，杂交组合为：K326 系选。株形塔形、叶形长椭圆、叶尖渐尖、叶面较平、叶缘微波、叶色浅绿、叶耳中、叶片厚薄中等、主脉粗细粗、主侧脉夹角中、茎叶角度中、花序密集度密集、花序形状菱形、花色红。移栽至现蕾 71.0d、移栽至中心花开放 76.0d、大田生育期 121.0d、株高 141.8cm、茎围 8.0cm、节距 4.5cm、叶数 20.1 片、叶长 58.7cm、叶宽 20.6cm。对 TMV 免疫，中抗黑胫病，中感 PVY，感 CMV（表 5–25）。

图 5–33　蓝玉一号

表 5–25　蓝玉一号对青枯雷尔氏菌代表性序列变种的抗性

烟草青枯雷尔氏菌地理来源	菌株编号	序列变种	病情指数	抗性
云南	RS13	13	—	—
贵州	RS14	14	55.00	MR
福建	RS15	15	41.25	MR
福建	RS17	17	51.25	MR
福建	RS34	34	65.83	LR
云南	RS54	54	55.36	MR

25. 全国统一编号 00004832，种质名称 龙江 935（图 5-34）

烤烟育成品种，杂交组合为：MSNC89× 龙江 911。株形筒形、叶形椭圆、叶尖渐尖、叶面较皱、叶缘波浪、叶色绿、叶耳中、叶片厚薄中等、主脉粗细中、主侧脉夹角中、茎叶角度中、花序密集度松散、花序形状球形、花色淡红。移栽至中心花开放 65.0d、大田生育期 118.7d、全生育期 175.0d、株高 184.6cm、茎围 10.4cm、节距 6.4cm、叶数 22.6 片、叶长 66.9cm、叶宽 32.7cm。中抗 CMV 和 PVY，中感赤星病和 TMV，感根结线虫病（表 5-26）。

图 5-34 龙江 935

表 5-26 龙江 935 对青枯雷尔氏菌代表性序列变种的抗性

烟草青枯雷尔氏菌地理来源	菌株编号	序列变种	病情指数	抗性
云南	RS13	13	—	—
贵州	RS14	14	41.67	MR
福建	RS15	15	40.00	R
福建	RS17	17	32.50	R
福建	RS34	34	—	—
云南	RS54	54	47.22	MR

26. 全国统一编号 00004852，种质名称 云烟 205（图 5-35）

烤烟育成品种，杂交组合为：MS8610-711×X-347。株形筒形、叶形长椭圆、叶尖渐尖、叶面较皱、叶缘波浪、叶色绿、叶耳中、叶片厚薄中等、主脉粗细中、主侧脉夹角中、茎叶角度中、花序密集度密集、花序形状球形、花色淡红。移栽至现蕾60.0d、移栽至中心花开放67.0d、大田生育期130.0d、株高195.0cm、茎围10.2cm、节距5.8cm、叶数27.0片、叶长71.0cm、叶宽29.9cm。抗黑胫病和TMV，中抗根结线虫病和PVY，中感赤星病和CMV（表5-27）。

图 5-35　云烟 205

表 5-27　云烟 205 对青枯雷尔氏菌代表性序列变种的抗性

烟草青枯雷尔氏菌地理来源	菌株编号	序列变种	病情指数	抗性
云南	RS13	13	50.09	MR
贵州	RS14	14	62.50	LR
福建	RS15	15	26.25	R
福建	RS17	17	43.75	MR
福建	RS34	34	74.40	LR
云南	RS54	54	60.31	LR

27. 全国统一编号 00004856，种质名称 贵烟 1 号（图 5-36）

烤烟育成品种，杂交组合为：（NC82×Speight G-28）×K346。株形塔形、叶形长椭圆、叶尖渐尖、叶面较平、叶缘微波、叶色绿、叶耳中、叶片厚薄中等、主脉粗细中、主侧脉夹角中、茎叶角度中、花序密集度密集、花序形状球形、花色红。移栽至中心花开放 67.0d、大田生育期 127.0d、株高 140.5cm、茎围 9.2cm、节距 4.1cm、叶数 25.0 片、叶长 67.5cm、叶宽 27.5cm。抗黑胫病，中感赤星病，感 TMV、CMV 和 PVY（表 5-28）。

图 5-36　贵烟 1 号

表 5-28　贵烟 1 号对青枯雷尔氏菌代表性序列变种的抗性

烟草青枯雷尔氏菌地理来源	菌株编号	序列变种	病情指数	抗性
云南	RS13	13	—	—
贵州	RS14	14	—	—
福建	RS15	15	45.00	MR
福建	RS17	17	26.25	R
福建	RS34	34	46.88	MR
云南	RS54	54	59.38	MR

28. 全国统一编号 00004864，种质名称 毕纳 1 号（图 5–37）

烤烟育成品种，杂交组合为：云烟 85 系选。株形塔形、叶形长椭圆、叶尖渐尖、叶面较皱、叶缘皱折、叶色绿、叶耳大、叶片厚薄中等、主脉粗细中、主侧脉夹角中、茎叶角度中、花序密集度密集、花序形状倒圆锥形、花色红。移栽至中心花开放 67.0d、大田生育期 135.0d、株高 170.0cm、茎围 10.5cm、节距 4.5cm、叶数 26.0 片、叶长 61.5cm、叶宽 21.7cm。抗黑胫病和赤星病，中抗根结线虫病，中感 CMV 和 PVY，感 TMV（表 5–29）。

图 5–37　毕纳 1 号

表 5–29　毕纳 1 号对青枯雷尔氏菌代表性序列变种的抗性

烟草青枯雷尔氏菌地理来源	菌株编号	序列变种	病情指数	抗性
云南	RS13	13	52.50	MR
贵州	RS14	14	47.50	MR
福建	RS15	15	26.25	R
福建	RS17	17	33.75	R
福建	RS34	34	61.90	LR
云南	RS54	54	36.90	MR

29. 全国统一编号 00004870，种质名称 兴烟 1 号（图 5-38）

烤烟育成品种，杂交组合为：云烟 85 系选。株形筒形、叶形长椭圆、叶尖渐尖、叶面较平、叶缘波浪、叶色深绿、叶耳大、叶片厚薄中等、主脉粗细中、主侧脉夹角中、茎叶角度中、花序密集度松散、花序形状菱形、花色红。移栽至中心花开放 148.0d、株高 186.1cm、茎围 12.1cm、节距 4.3cm、叶数 33.7 片、叶长 71.2cm、叶宽 28.6cm。抗黑胫病，感赤星病、TMV、CMV 和 PVY（表 5-30）。

图 5-38　兴烟 1 号

表 5-30　兴烟 1 号对青枯雷尔氏菌代表性序列变种的抗性

烟草青枯雷尔氏菌地理来源	菌株编号	序列变种	病情指数	抗性
云南	RS13	13	—	—
贵州	RS14	14	—	—
福建	RS15	15	10.00	HR
福建	RS17	17	22.50	R
福建	RS34	34	62.50	LR
云南	RS54	54	38.89	MR

30. 全国统一编号 00005218，种质名称 Va1168（图 5-39）

烤烟引进种质资源，收集自美国。株形塔形、叶形椭圆、叶尖渐尖、叶面较皱、叶缘波浪、叶色黄绿、叶耳中、叶片厚薄中等、主脉粗细中、主侧脉夹角大、茎叶角度大、花序密集度松散、花序形状球形、花色淡红。移栽至现蕾 63.0d、移栽至中心花开放 75.0d、全生育期 159.0d、株高 159.1cm、茎围 8.7cm、节距 5.4cm、叶数 20.9 片、叶长 65.2cm、叶宽 33.0cm。对 TMV 免疫，中抗黑胫病，中感 CMV 和 PVY（表 5-31）。

图 5-39　Va1168

表 5-31　Va1168 对青枯雷尔氏菌代表性序列变种的抗性

烟草青枯雷尔氏菌 地理来源	菌株 编号	序列 变种	病情 指数	抗性
云南	RS13	13	—	—
贵州	RS14	14	—	—
福建	RS15	15	17.50	HR
福建	RS17	17	42.50	MR
福建	RS34	34	90.00	S
云南	RS54	54	54.72	MR

31. 全国统一编号 00005230，种质名称 Mcnaiy133（图 5-40）

烤烟引进种质资源，收集自美国。株形塔形、叶形长椭圆、叶尖渐尖、叶面较皱、叶缘波浪、叶色黄绿、叶耳中、叶片厚薄较薄、主脉粗细中、主侧脉夹角中、茎叶角度中、花序密集度密集、花序形状菱形、花色淡红。移栽至现蕾 56.0d、移栽至中心花开放 62.0d、全生育期 167.0d、株高 158.6cm、茎围 9.3cm、节距 4.8cm、叶数 20.3 片、叶长 63.5cm、叶宽 28.4cm。中抗黑胫病和 TMV，中感 CMV 和 PVY（表 5-32）。

图 5-40　Mcnaiy133

表 5-32　Mcnaiy133 对青枯雷尔氏菌代表性序列变种的抗性

烟草青枯雷尔氏菌地理来源	菌株编号	序列变种	病情指数	抗性
云南	RS13	13	59.38	MR
贵州	RS14	14	52.50	MR
福建	RS15	15	28.75	R
福建	RS17	17	48.75	MR
福建	RS34	34	56.25	MR
云南	RS54	54	55.56	MR

32. 全国统一编号 00005274，种质名称 豫烟 10 号（图 5-41）

烤烟育成品种，杂交组合为：农大 201× 云烟 87。株形筒形、叶形椭圆、叶尖渐尖、叶面较皱、叶缘波浪、叶色浅绿、叶耳中、叶片厚薄中等、主脉粗细中、主侧脉夹角大、茎叶角度中、花序密集度松散、花序形状球形、花色淡红。移栽至中心花开放 62.5d、大田生育期 117.5d、株高 152.0cm、茎围 11.0cm、节距 5.1cm、叶数 21.0 片、叶长 70.8cm、叶宽 32.9cm。中抗黑胫病，中感根结线虫病、赤星病、TMV、CMV 和 PVY（表 5-33）。

图 5-41　豫烟 10 号

表 5-33　豫烟 10 号对青枯雷尔氏菌代表性序列变种的抗性

烟草青枯雷尔氏菌地理来源	菌株编号	序列变种	病情指数	抗性
云南	RS13	13	46.88	MR
贵州	RS14	14	44.44	MR
福建	RS15	15	25.00	R
福建	RS17	17	37.50	R
福建	RS34	34	79.17	LR
云南	RS54	54	63.89	LR

33. 全国统一编号 00005275，种质名称 闽烟 9 号（图 5-42）

烤烟育成品种，杂交组合为:（翠碧一号 ×RG12）×（云烟 85× 岩烟 97）。株形塔形、叶形长椭圆、叶尖渐尖、叶面较皱、叶缘波浪、叶色浅绿、叶耳小、叶片厚薄中等、主脉粗细中、主侧脉夹角中、茎叶角度中、花序密集度松散、花序形状球形、花色淡红。移栽至中心花开放 60.0d、大田生育期 122.6d、株高 152.9cm、茎围 10.3cm、节距 5.4cm、叶数 20.0 片、叶长 75.4cm、叶宽 33.5cm。中抗黑胫病，中感根结线虫病、赤星病、CMV 和 PVY，感 TMV（表 5-34）。

图 5-42　闽烟 9 号

表 5-34　闽烟 9 号对青枯雷尔氏菌代表性序列变种的抗性

烟草青枯雷尔氏菌地理来源	菌株编号	序列变种	病情指数	抗性
云南	RS13	13	—	—
贵州	RS14	14	—	—
福建	RS15	15	58.75	MR
福建	RS17	17	33.75	R
福建	RS34	34	44.17	MR
云南	RS54	54	35.83	R

二、晒烟种质对青枯雷尔氏菌代表性序列变种的抗性

34. 全国统一编号 00000685，种质名称 临县簸箕片（图 5-43）

晒烟地方种质资源，原产地为山西省临县。株形筒形、叶形宽椭圆、叶尖渐尖、叶面平、叶缘平滑、叶色绿、叶耳中、叶片厚薄中等、主脉粗细中、主侧脉夹角中、茎叶角度中、花序密集度密集、花序形状球形、花色淡红。移栽至中心花开放 45.0d、株高 105.3cm、茎围 5.2cm、节距 4.2cm、叶数 16.0 片、叶长 30.2cm、叶宽 19.1cm。抗根结线虫病，感黑胫病，高感 CMV（表 5-35）。

图 5-43 临县簸箕片

表 5-35 临县簸箕片对青枯雷尔氏菌代表性序列变种的抗性

烟草青枯雷尔氏菌地理来源	菌株编号	序列变种	病情指数	抗性
云南	RS13	13	66.67	LR
贵州	RS14	14	79.17	LR
福建	RS15	15	61.25	LR
福建	RS17	17	46.25	MR
福建	RS34	34	45.00	MR
云南	RS54	54	50.00	MR

35. 全国统一编号 00000686，种质名称 韩城烟（图 5–44）

晒烟地方种质资源，原产地为山西省石楼县。株形筒形、叶形宽椭圆、叶尖渐尖、叶面皱、叶缘波浪、叶色浅绿、叶耳中、叶片厚薄厚、主脉粗细中、主侧脉夹角中、茎叶角度中、花序密集度松散、花序形状倒圆锥形、花色红。移栽至中心花开放 38.0d、株高 88.3cm、茎围 5.3cm、节距 5.4cm、叶数 9.0 片、叶长 24.5cm、叶宽 16.0cm。中抗黑胫病和根结线虫病，感赤星病、TMV、CMV、PVY 和烟蚜（表 5–36）。

图 5–44　韩城烟

表 5–36　韩城烟对青枯雷尔氏菌代表性序列变种的抗性

烟草青枯雷尔氏菌地理来源	菌株编号	序列变种	病情指数	抗性
云南	RS13	13	55.56	MR
贵州	RS14	14	55.00	MR
福建	RS15	15	73.75	LR
福建	RS17	17	55.00	MR
福建	RS34	34	67.50	LR
云南	RS54	54	65.56	LR

36. 全国统一编号 00000669，种质名称 浮山大烟叶（图 5-45）

晒烟地方种质资源，原产地为山西省浮山县。株形塔形、叶形宽卵圆、叶尖渐尖、叶面平、叶缘平滑、叶色深绿、叶耳中、叶片厚薄较厚、主脉粗细中、主侧脉夹角中、茎叶角度中、花色淡红。移栽至中心花开放 42.0d、株高 116.9cm、茎围 9.0cm、节距 4.4cm、叶数 18.0 片、叶长 31.6cm、叶宽 20.1cm、叶柄 4.8cm。中感根结线虫病，感黑胫病，高感 CMV（表 5-37）。

图 5-45　浮山大烟叶

表 5-37　浮山大烟叶对青枯雷尔氏菌代表性序列变种的抗性

烟草青枯雷尔氏菌地理来源	菌株编号	序列变种	病情指数	抗性
云南	RS13	13	77.78	LR
贵州	RS14	14	85.00	S
福建	RS15	15	58.75	MR
福建	RS17	17	55.00	MR
福建	RS34	34	57.19	MR
云南	RS54	54	59.52	MR

37. 全国统一编号 00000700，种质名称 小柳叶烟（图 5–46）

晒烟地方种质资源，原产地为山西省芮城县。株形塔形、叶形宽卵圆、叶尖渐尖、叶面平、叶缘平滑、叶色绿、叶耳中、叶片厚薄较厚、主脉粗细中、主侧脉夹角中、茎叶角度中、花序密集度松散、花序形状菱形、花色淡红。移栽至中心花开放 46.0d、株高 102.8cm、茎围 5.5cm、节距 4.6cm、叶数 14.0 片、叶长 30.9cm、叶宽 19.6cm、叶柄 4.0cm。中抗根结线虫病，感黑胫病，高感 CMV（表 5–38）。

图 5–46　小柳叶烟

表 5–38　小柳叶烟对青枯雷尔氏菌代表性序列变种的抗性

烟草青枯雷尔氏菌地理来源	菌株编号	序列变种	病情指数	抗性
云南	RS13	13	59.38	MR
贵州	RS14	14	61.11	LR
福建	RS15	15	77.50	LR
福建	RS17	17	52.50	MR
福建	RS34	34	60.59	LR
云南	RS54	54	65.56	LR

38. 全国统一编号 00000749，种质名称 清涧羊角大烟（图 5-47）

晒烟地方种质资源，原产地为陕西省清涧县。株形筒形、叶形宽卵圆、叶尖钝尖、叶面平、叶缘波浪、叶色绿、叶耳中、叶片厚薄中等、主脉粗细中、主侧脉夹角中、茎叶角度中、花序密集度松散、花序形状菱形、花色淡红。移栽至中心花开放 46.0d、株高 111.2cm、茎围 7.2cm、节距 4.6cm、叶数 16.0 片、叶长 24.6cm、叶宽 17.7cm、叶柄 4.0cm。中抗根结线虫病，感黑胫病和烟蚜，高感 CMV（表 5-39）。

图 5-47 清涧羊角大烟

表 5-39 清涧羊角大烟对青枯雷尔氏菌代表性序列变种的抗性

烟草青枯雷尔氏菌地理来源	菌株编号	序列变种	病情指数	抗性
云南	RS13	13	53.13	MR
贵州	RS14	14	67.50	LR
福建	RS15	15	26.25	R
福建	RS17	17	35.00	R
福建	RS34	34	73.33	LR
云南	RS54	54	42.19	MR

39. 全国统一编号 00000750，种质名称 子州羊角大烟（图 5-48）

晒烟地方种质资源，原产地为陕西省清涧县。株形筒形、叶形宽卵圆、叶尖钝尖、叶面平、叶缘波浪、叶色绿、叶耳中、叶片厚薄中等、主脉粗细中、主侧脉夹角中、茎叶角度中、花序密集度松散、花序形状菱形、花色淡红。移栽至中心花开放 46.0d、株高 111.2cm、茎围 7.2cm、节距 4.6cm、叶数 16.0 片、叶长 24.6cm、叶宽 17.7cm、叶柄 4.0cm。中抗根结线虫病，感黑胫病和烟蚜，高感 CMV（表 5-40）。

图 5-48　子州羊角大烟

表 5-40　子州羊角大烟对青枯雷尔氏菌代表性序列变种的抗性

烟草青枯雷尔氏菌地理来源	菌株编号	序列变种	病情指数	抗性
云南	RS13	13	71.88	LR
贵州	RS14	14	71.88	LR
福建	RS15	15	87.50	S
福建	RS17	17	35.00	R
福建	RS34	34	69.40	LR
云南	RS54	54	42.19	MR

40. 全国统一编号 00000833，种质名称 千层塔（圆叶种）（图 5-49）

晒烟地方种质资源，原产地为湖北省黄冈市。株形塔形、叶形宽椭圆、叶尖钝尖、叶面较平、叶缘波浪、叶色绿、叶耳中、叶片厚薄较厚、主脉粗细中、主侧脉夹角大、茎叶角度中、花序密集度密集、花序形状球形、花色淡红。移栽至现蕾 41.0d、移栽至中心花开放 48.0d、大田生育期 113.0d、全生育期 162.0d、株高 167.6cm、茎围 8.0cm、节距 6.5cm、叶数 19.4 片、叶长 50.2cm、叶宽 30.4cm。中感 TMV 和 PVY，感黑胫病和根结线虫病，高感赤星病和 CMV（表 5-41）。

图 5-49 千层塔（圆叶种）

表 5-41 千层塔（圆叶种）对青枯雷尔氏菌代表性序列变种的抗性

烟草青枯雷尔氏菌地理来源	菌株编号	序列变种	病情指数	抗性
云南	RS13	13	50.00	MR
贵州	RS14	14	56.25	MR
福建	RS15	15	77.50	LR
福建	RS17	17	43.75	MR
福建	RS34	34	52.92	MR
云南	RS54	54	71.88	LR

41. 全国统一编号 00001147，种质名称 TI 448A（图 5-50）

晒烟引进种质资源，收集自美国。株形塔形、叶形椭圆、叶尖渐尖、叶面较平、叶缘微波、叶色绿、叶耳小、叶片厚薄较薄、主脉粗细细、主侧脉夹角中、茎叶角度中、花序密集度密集、花序形状球形、花色红。移栽至现蕾 55.0d、移栽至中心花开放 65.0d、大田生育期 133.0d、全生育期 165.0d、株高 165.0cm、茎围 9.6cm、节距 6.5cm、叶数 19.2 片、叶长 64.3cm、叶宽 32.9cm。抗 TMV，中抗黑胫病，感根结线虫病和 CMV，高感烟蚜（表 5-42）。

图 5-50　TI 448A

表 5-42　TI 448A 对青枯雷尔氏菌代表性序列变种的抗性

烟草青枯雷尔氏菌地理来源	菌株编号	序列变种	病情指数	抗性
云南	RS13	13	—	—
贵州	RS14	14	47.22	MR
福建	RS15	15	87.50	S
福建	RS17	17	40.56	MR
福建	RS34	34	63.75	LR
云南	RS54	54	59.82	MR

42. 全国统一编号 00001616，种质名称 舒兰光把（图 5-51）

晒烟地方种质资源，原产地为吉林省舒兰市。株形筒形、叶形宽椭圆、叶尖渐尖、叶面较平、叶缘微波、叶色深绿、叶耳小、叶片厚薄中等、主脉粗细细、主侧脉夹角大、茎叶角度大、花序密集度松散、花序形状菱形、花色红。移栽至现蕾 36.0d、移栽至中心花开放 43.0d、全生育期 145.0d、株高 92.8cm、茎围 5.8cm、节距 3.0cm、叶数 15.8 片、叶长 42.4cm、叶宽 22.7cm。感黑胫病、根结线虫病、CMV 和烟蚜（表 5-43）。

图 5-51　舒兰光把

表 5-43　舒兰光把对青枯雷尔氏菌代表性序列变种的抗性

烟草青枯雷尔氏菌地理来源	菌株编号	序列变种	病情指数	抗性
云南	RS13	13	—	—
贵州	RS14	14	77.50	LR
福建	RS15	15	42.50	MR
福建	RS17	17	32.50	R
福建	RS34	34	—	—
云南	RS54	54	35.00	R

43. 全国统一编号 00001646，种质名称 安流晒烟（图 5–52）

晒烟地方种质资源，原产地为广东省五华县。株形筒形、叶形宽椭圆、叶尖渐尖、叶面较平、叶缘微波、叶色绿、叶耳无、叶片厚薄较厚、主脉粗细粗、主侧脉夹角大、茎叶角度大、花序密集度松散、花序形状菱形、花色淡红。移栽至中心花开放 67.0d、株高 157.0cm、茎围 8.5cm、节距 5.3cm、叶数 23.0 片、叶长 43.0cm、叶宽 24.0cm。高抗烟蚜，感黑胫病、根结线虫病和赤星病，高感 CMV（表 5–44）。

图 5–52　安流晒烟

表 5–44　安流晒烟对青枯雷尔氏菌代表性序列变种的抗性

烟草青枯雷尔氏菌地理来源	菌株编号	序列变种	病情指数	抗性
云南	RS13	13	60.00	MR
贵州	RS14	14	52.50	MR
福建	RS15	15	67.50	LR
福建	RS17	17	41.25	MR
福建	RS34	34	42.64	MR
云南	RS54	54	30.00	R

44. 全国统一编号 00001690，种质名称 西藏多年生烟（图 5–53）

晒烟地方种质资源，原产地为广东省五华县。株形筒形、叶形宽椭圆、叶尖渐尖、叶面较平、叶缘微波、叶色绿、叶耳无、叶片厚薄较厚、主脉粗细粗、主侧脉夹角大、茎叶角度大、花序密集度松散、花序形状菱形、花色淡红。移栽至中心花开放 67.0d、株高 157.0cm、茎围 8.5cm、节距 5.3cm、叶数 23.0 片、叶长 43.0cm、叶宽 24.0cm。高抗烟蚜，感黑胫病、根结线虫病和赤星病，高感 CMV（表 5–45）。

图 5–53 西藏多年生烟

表 5–45 西藏多年生烟对青枯雷尔氏菌代表性序列变种的抗性

烟草青枯雷尔氏菌地理来源	菌株编号	序列变种	病情指数	抗性
云南	RS13	13	50.00	MR
贵州	RS14	14	61.11	LR
福建	RS15	15	61.25	LR
福建	RS17	17	35.00	R
福建	RS34	34	42.50	MR
云南	RS54	54	39.58	R

45. 全国统一编号 00001705，种质名称 辣烟 -2（图 5-54）

晒烟地方种质资源，原产地为广西壮族自治区隆林县。株形筒形、叶形卵圆、叶尖急尖、叶面平、叶缘波浪、叶色绿、叶耳中、叶片厚薄厚、主脉粗细中、主侧脉夹角大、茎叶角度大、花序密集度密集、花序形状球形、花色淡红。移栽至中心花开放 71.0d、株高 115.4cm、茎围 6.6cm、节距 4.7cm、叶数 16.0 片、叶长 27.6cm、叶宽 16.8cm、叶柄 3.0cm。中感黑胫病和根结线虫病（表 5-46）。

图 5-54　辣烟 -2

表 5-46　辣烟 -2 对青枯雷尔氏菌代表性序列变种的抗性

烟草青枯雷尔氏菌地理来源	菌株编号	序列变种	病情指数	抗性
云南	RS13	13	65.00	LR
贵州	RS14	14	55.56	MR
福建	RS15	15	55.00	MR
福建	RS17	17	31.25	R
福建	RS34	34	76.39	LR
云南	RS54	54	57.47	MR

46. 全国统一编号 00001706，种质名称 灵山牛利（图 5–55）

晒烟地方种质资源，原产地为广西壮族自治区灵山县新圩镇。株形塔形、叶形长卵圆、叶尖渐尖、叶面较平、叶缘波浪、叶色绿、叶耳无、叶片厚薄厚、主脉粗细中、主侧脉夹角中、茎叶角度中、花序密集度密集、花序形状球形、花色淡红。移栽至中心花开放 58.0d、株高 120.0cm、茎围 7.6cm、节距 3.1cm、叶数 26.0 片、叶长 37.0cm、叶宽 13.2cm、叶柄 4.6cm。中抗黑胫病，中感根结线虫病，感 CMV（表 5–47）。

图 5–55 灵山牛利

表 5–47 灵山牛利对青枯雷尔氏菌代表性序列变种的抗性

烟草青枯雷尔氏菌地理来源	菌株编号	序列变种	病情指数	抗性
云南	RS13	13	45.00	MR
贵州	RS14	14	44.44	MR
福建	RS15	15	86.25	S
福建	RS17	17	46.25	MR
福建	RS34	34	41.25	MR
云南	RS54	54	52.50	MR

47. 全国统一编号 00001780，种质名称 小杀猪刀（图 5-56）

晒烟地方种质资源，原产地为湖北省竹山县桂坪。株形塔形、叶形长卵圆、叶尖渐尖、叶面较平、叶缘波浪、叶色绿、叶耳中、叶片厚薄较厚、主脉粗细中、主侧脉夹角中、茎叶角度中、花序密集度密集、花序形状球形、花色淡红。移栽至中心花开放 50.0d、株高 92.0cm、茎围 5.6cm、节距 3.4cm、叶数 14.0 片、叶长 38.0cm、叶宽 16.6cm。高抗烟蚜，感黑胫病和根结线虫病，高感 CMV（表 5-48）。

图 5-56　小杀猪刀

表 5-48　小杀猪刀对青枯雷尔氏菌代表性序列变种的抗性

烟草青枯雷尔氏菌地理来源	菌株编号	序列变种	病情指数	抗性
云南	RS13	13	55.00	MR
贵州	RS14	14	47.50	MR
福建	RS15	15	52.50	MR
福建	RS17	17	48.75	MR
福建	RS34	34	71.88	LR
云南	RS54	54	41.67	MR

48. 全国统一编号 00001898，种质名称 密节金丝尾（图 5-57）

晒烟地方种质资源，原产地为广东省高州市。株形筒形、叶形披针形、叶尖渐尖、叶面平、叶缘平滑、叶色黄绿、叶耳无、叶片厚薄较厚、主脉粗细中、主侧脉夹角中、茎叶角度中、花序密集度松散、花序形状菱形、花色淡红。移栽至现蕾 61.0d、移栽至中心花开放 68.0d、大田生育期 112.0d、全生育期 144.0d、株高 162.2cm、茎围 9.8cm、节距 3.7cm、叶数 33.4 片、叶长 64.3cm、叶宽 18.4cm、叶柄 8.5cm。中感 TMV，感黑胫病、根结线虫病、CMV 和 PVY，高感烟蚜（表 5-49）。

图 5-57　密节金丝尾

表 5-49　密节金丝尾对青枯雷尔氏菌代表性序列变种的抗性

烟草青枯雷尔氏菌地理来源	菌株编号	序列变种	病情指数	抗性
云南	RS13	13	52.50	MR
贵州	RS14	14	35.00	R
福建	RS15	15	73.75	LR
福建	RS17	17	33.75	R
福建	RS34	34	81.11	S
云南	RS54	54	12.50	HR

49. 全国统一编号 00001925，种质名称 大叶密合（图 5-58）

晒烟地方种质资源，原产地为广东省封开县。株形筒形、叶形卵圆、叶尖钝尖、叶面较皱、叶缘波浪、叶色绿、叶耳无、叶片厚薄较厚、主脉粗细细、主侧脉夹角大、茎叶角度大、花序密集度密集、花序形状球形、花色淡红。移栽至中心花开放 54.0d、株高 153.0cm、茎围 8.5cm、节距 3.9cm、叶数 29.0 片、叶长 48.0cm、叶宽 28.0cm、叶柄 4.0cm。中抗黑胫病，中感赤星病、TMV、CMV 和 PVY，感根结线虫病（表 5-50）。

图 5-58　大叶密合

表 5-50　大叶密合对青枯雷尔氏菌代表性序列变种的抗性

烟草青枯雷尔氏菌地理来源	菌株编号	序列变种	病情指数	抗性
云南	RS13	13	59.38	MR
贵州	RS14	14	50.00	MR
福建	RS15	15	73.75	LR
福建	RS17	17	60.00	MR
福建	RS34	34	53.13	MR
云南	RS54	54	50.00	MR

50. 全国统一编号 00002055，种质名称 遵义泡杆烟（图 5–59）

晒烟地方种质资源，原产地为贵州省遵义市。株形塔形、叶形宽椭圆、叶尖渐尖、叶面较平、叶缘平滑、叶色绿、叶耳大、叶片厚薄中等、主脉粗细中、主侧脉夹角大、茎叶角度大、花序密集度密集、花序形状菱形、花色淡红。移栽至现蕾 39.0d、移栽至中心花开放 47.0d、全生育期 149.0d、株高 144.5cm、茎围 5.4cm、节距 7.3cm、叶数 14.4 片、叶长 50.4cm、叶宽 26.9cm。中抗根结线虫病，感黑胫病，高感 CMV（表 5–51）。

图 5–59　遵义泡杆烟

表 5–51　遵义泡杆烟对青枯雷尔氏菌代表性序列变种的抗性

烟草青枯雷尔氏菌地理来源	菌株编号	序列变种	病情指数	抗性
云南	RS13	13	58.33	MR
贵州	RS14	14	—	—
福建	RS15	15	30.00	R
福建	RS17	17	35.00	R
福建	RS34	34	64.58	LR
云南	RS54	54	40.28	MR

51. 全国统一编号 00002723，种质名称 荔浦土烟 -3（图 5-60）

晒烟地方种质资源，原产地为广西壮族自治区荔浦市。株形塔形、叶形长卵圆、叶尖渐尖、叶面平、叶缘波浪、叶色绿、叶耳中、叶片厚薄较厚、主脉粗细中、主侧脉夹角中、茎叶角度中、花序密集度松散、花序形状菱形、花色淡红。移栽至中心花开放 71.0d、株高 122.0cm、茎围 6.4cm、节距 3.3cm、叶数 25.0 片、叶长 32.0cm、叶宽 13.7cm。中抗黑胫病和根结线虫病（表 5-52）。

图 5-60 荔浦土烟 -3

表 5-52 荔浦土烟 -3 对青枯雷尔氏菌代表性序列变种的抗性

烟草青枯雷尔氏菌地理来源	菌株编号	序列变种	病情指数	抗性
云南	RS13	13	63.89	LR
贵州	RS14	14	39.29	R
福建	RS15	15	76.25	LR
福建	RS17	17	30.00	R
福建	RS34	34	—	—
云南	RS54	54	60.00	MR

52. 全国统一编号 00002724，种质名称 荔浦土烟 -4（图 5-61）

晒烟地方种质资源，原产地为广西壮族自治区荔浦市。株形塔形、叶形椭圆、叶尖渐尖、叶面平、叶缘波浪、叶色绿、叶耳中、叶片厚薄较厚、主脉粗细中、主侧脉夹角中、茎叶角度中、花序密集度松散、花序形状菱形、花色淡红。移栽至中心花开放 84.0d、株高 146.4cm、茎围 7.4cm、节距 3.6cm、叶数 28.0 片、叶长 45.9cm、叶宽 23.3cm。中抗根结线虫病，中感 CMV，感 TMV、PVY 和烟蚜（表 5-53）。

图 5-61　荔浦土烟 -4

表 5-53　荔浦土烟 -4 对青枯雷尔氏菌代表性序列变种的抗性

烟草青枯雷尔氏菌地理来源	菌株编号	序列变种	病情指数	抗性
云南	RS13	13	—	—
贵州	RS14	14	—	—
福建	RS15	15	61.25	LR
福建	RS17	17	46.25	MR
福建	RS34	34	55.00	MR
云南	RS54	54	31.94	R

53. 全国统一编号 00002821，种质名称 高山大兰烟（图 5-62）

晒烟地方种质资源，原产地为湖北省来凤县高山。株形塔形、叶形宽椭圆、叶尖渐尖、叶面平、叶缘波浪、叶色绿、叶耳中、叶片厚薄厚、主脉粗细中、主侧脉夹角中、茎叶角度中、花序密集度松散、花序形状菱形、花色淡红。移栽至中心花开放 57.0d、株高 114.8cm、茎围 6.6cm、节距 3.3cm、叶数 21.0 片、叶长 36.0cm、叶宽 19.2cm。中感根结线虫病，感黑胫病（表 5-54）。

图 5-62 高山大兰烟

表 5-54 高山大兰烟对青枯雷尔氏菌代表性序列变种的抗性

烟草青枯雷尔氏菌地理来源	菌株编号	序列变种	病情指数	抗性
云南	RS13	13	—	—
贵州	RS14	14	—	—
福建	RS15	15	78.75	LR
福建	RS17	17	47.50	MR
福建	RS34	34	45.28	MR
云南	RS54	54	42.50	MR

54. 全国统一编号 00002831，种质名称 二兰烟（图 5-63）

晒烟地方种质资源，原产地为湖北省咸丰县。株形塔形、叶形椭圆、叶尖钝尖、叶面平、叶缘波浪、叶色绿、叶耳中、叶片厚薄较薄、主脉粗细中、主侧脉夹角中、茎叶角度中、花序密集度密集、花序形状球形、花色淡红。移栽至中心花开放 62.0d、株高 100.4cm、茎围 8.0cm、节距 3.0cm、叶数 20.0 片、叶长 34.4cm、叶宽 17.6cm。感黑胫病和根结线虫病（表 5-55）。

图 5-63　二兰烟

表 5-55　二兰烟对青枯雷尔氏菌代表性序列变种的抗性

烟草青枯雷尔氏菌地理来源	菌株编号	序列变种	病情指数	抗性
云南	RS13	13	50.00	MR
贵州	RS14	14	75.00	LR
福建	RS15	15	46.25	MR
福建	RS17	17	42.22	MR
福建	RS34	34	63.75	LR
云南	RS54	54	50.00	MR

55. 全国统一编号 00002832，种质名称 咸丰大铁板烟（图 5-64）

晒烟地方种质资源，原产地为湖北省咸丰县。株形塔形、叶形宽卵圆、叶尖钝尖、叶面皱、叶缘皱折、叶色深绿、叶耳中、叶片厚薄较厚、主脉粗细中、主侧脉夹角中、茎叶角度中、花序密集度密集、花序形状倒圆锥形、花色淡红。移栽至中心花开放 60.0d、株高 103.4cm、茎围 10.0cm、节距 4.2cm、叶数 14.0 片、叶长 47.6cm、叶宽 29.8cm、叶柄 2.2cm。对 TMV 免疫，中抗黑胫病，感根结线虫病和 CMV（表 5-56）。

图 5-64　咸丰大铁板烟

表 5-56　咸丰大铁板烟对青枯雷尔氏菌代表性序列变种的抗性

烟草青枯雷尔氏菌地理来源	菌株编号	序列变种	病情指数	抗性
云南	RS13	13	54.17	MR
贵州	RS14	14	42.50	MR
福建	RS15	15	52.92	MR
福建	RS17	17	46.25	MR
福建	RS34	34	36.25	R
云南	RS54	54	64.38	LR

56. 全国统一编号 00002839，种质名称 咸丰大乌烟（图 5-65）

晒烟地方种质资源，原产地为湖北省咸丰县五谷坪。株形塔形、叶形卵圆、叶尖钝尖、叶面较皱、叶缘波浪、叶色深绿、叶耳中、叶片厚薄中等、主脉粗细中、主侧脉夹角中、茎叶角度中、花序密集度密集、花序形状球形、花色淡红。移栽至中心花开放 61.0d、株高 95.4cm、茎围 8.6cm、节距 3.4cm、叶数 16.0 片、叶长 45.4cm、叶宽 26.4cm、叶柄 2.2cm。抗黑胫病，感根结线虫病（表 5-57）。

图 5-65　咸丰大乌烟

表 5-57　咸丰大乌烟对青枯雷尔氏菌代表性序列变种的抗性

烟草青枯雷尔氏菌地理来源	菌株编号	序列变种	病情指数	抗性
云南	RS13	13	—	—
贵州	RS14	14	47.22	MR
福建	RS15	15	77.50	LR
福建	RS17	17	62.50	LR
福建	RS34	34	74.58	LR
云南	RS54	54	70.00	LR

57. 全国统一编号 00003264，种质名称 小南花（图 5-66）

晒烟地方种质资源，原产地为湖南省永顺县。株形筒形、叶形长卵圆、叶尖渐尖、叶面较皱、叶缘波浪、叶色绿、叶耳无、叶片厚薄中等、主脉粗细中、主侧脉夹角大、茎叶角度中、花序密集度松散、花序形状球形、花色淡红。移栽至现蕾 52.0d、移栽至中心花开放 60.0d、全生育期 148.0d、株高 236.8cm、茎围 8.6cm、节距 8.9cm、叶数 21.6 片、叶长 58.2cm、叶宽 28.6cm、叶柄 9.4cm（表 5-58）。

图 5-66　小南花

表 5-58　小南花对青枯雷尔氏菌代表性序列变种的抗性

烟草青枯雷尔氏菌地理来源	菌株编号	序列变种	病情指数	抗性
云南	RS13	13	—	—
贵州	RS14	14	—	—
福建	RS15	15	48.75	MR
福建	RS17	17	31.25	R
福建	RS34	34	50.00	MR
云南	RS54	54	27.50	R

58. 全国统一编号 00003350，种质名称 勐伴晒烟（图 5–67）

晒烟地方种质资源，原产地为云南省勐腊县勐伴。株形筒形、叶形宽椭圆、叶尖渐尖、叶面平、叶缘波浪、叶色绿、叶耳中、叶片厚薄较薄、主脉粗细中、主侧脉夹角中、茎叶角度大、花序密集度密集、花序形状球形、花色淡红。移栽至现蕾 40.0d、移栽至中心花开放 46.0d、全生育期 184.0d、株高 122.4cm、茎围 6.6cm、节距 6.0cm、叶数 13.7 片、叶长 45.2cm、叶宽 26.6cm。高抗烟蚜，抗 PVY，中抗根结线虫病和 CMV，中感 TMV，感赤星病和黑胫病（表 5–59）。

图 5–67　勐伴晒烟

表 5–59　勐伴晒烟对青枯雷尔氏菌代表性序列变种的抗性

烟草青枯雷尔氏菌地理来源	菌株编号	序列变种	病情指数	抗性
云南	RS13	13	75.00	LR
贵州	RS14	14	62.50	LR
福建	RS15	15	66.25	LR
福建	RS17	17	42.50	MR
福建	RS34	34	65.45	LR
云南	RS54	54	42.50	MR

59. 全国统一编号 00003368，种质名称 勐海乡晒烟 –1（图 5–68）

晒烟地方种质资源，原产地为云南省勐海县勐海乡。株形筒形、叶形椭圆、叶尖渐尖、叶面平、叶缘波浪、叶色绿、叶耳中、叶片厚薄中等、主脉粗细中、主侧脉夹角中、茎叶角度中、花序密集度密集、花序形状球形、花色淡红。移栽至现蕾 39.0d、移栽至中心花开放 48.0d、大田生育期 103.0d、全生育期 184.0d、株高 129.1cm、茎围 6.0cm、节距 6.0cm、叶数 14.8 片、叶长 37.6cm、叶宽 18.1cm。中抗根结线虫病和 PVY，中感 TMV，感黑胫病和 CMV（表 5–60）。

图 5–68　勐海乡晒烟 –1

表 5–60　勐海乡晒烟 –1 对青枯雷尔氏菌代表性序列变种的抗性

烟草青枯雷尔氏菌地理来源	菌株编号	序列变种	病情指数	抗性
云南	RS13	13	52.78	MR
贵州	RS14	14	35.00	R
福建	RS15	15	90.00	S
福建	RS17	17	57.50	MR
福建	RS34	34	54.06	MR
云南	RS54	54	36.11	R

60. 全国统一编号 00003442，种质名称 80-1（图 5-69）

晒烟品系。株形塔形、叶形椭圆、叶尖渐尖、叶面较皱、叶缘波浪、叶色深绿、叶耳中、叶片厚薄厚、主脉粗细中、主侧脉夹角中、茎叶角度中、花色红。移栽至中心花开放 52.0d、株高 97.0cm、茎围 5.5cm、节距 3.9cm、叶数 14.0 片、叶长 29.4cm、叶宽 14.4cm。感黑胫病、根结线虫病和赤星病，高感烟蚜（表 5-61）。

图 5-69　80-1

表 5-61　80-1 对青枯雷尔氏菌代表性序列变种的抗性

烟草青枯雷尔氏菌地理来源	菌株编号	序列变种	病情指数	抗性
云南	RS13	13	—	—
贵州	RS14	14	67.86	LR
福建	RS15	15	73.75	LR
福建	RS17	17	42.50	MR
福建	RS34	34	54.20	MR
云南	RS54	54	53.37	MR

61. 全国统一编号 00004165，种质名称 琼中五指山 -1（图 5-70）

晒烟地方种质资源，原产地为海南省琼中。株形塔形、叶形长椭圆、叶尖渐尖、叶面较平、叶缘波浪、叶色绿、叶耳中、叶片厚薄较薄、主脉粗细细、主侧脉夹角中、茎叶角度中、花序密集度松散、花序形状菱形、花色淡红。移栽至现蕾 48.0d、移栽至中心花开放 57.0d、全生育期 148.0d、株高 140.3cm、茎围 5.8cm、节距 6.9cm、叶数 14.4 片、叶长 47.2cm、叶宽 18.1cm（表 5-62）。

图 5-70　琼中五指山 -1

表 5-62　琼中五指山 -1 对青枯雷尔氏菌代表性序列变种的抗性

烟草青枯雷尔氏菌地理来源	菌株编号	序列变种	病情指数	抗性
云南	RS13	13	33.33	R
贵州	RS14	14	43.75	MR
福建	RS15	15	8.75	HR
福建	RS17	17	15.00	HR
福建	RS34	34	36.39	R
云南	RS54	54	20.63	R

62. 全国统一编号 00004255，种质名称 辰溪密叶子（图 5–71）

晒烟地方种质资源，原产地为湖南省辰溪县后塘乡元坪村。株形塔形、叶形长椭圆、叶尖渐尖、叶面平、叶缘平滑、叶色绿、叶耳中、叶片厚薄中等、主脉粗细细、主侧脉夹角大、茎叶角度中、花序密集度松散、花序形状球形、花色淡红。移栽至现蕾 79.0d、移栽至中心花开放 84.0d、大田生育期 110.0d、株高 147.4cm、茎围 10.2cm、节距 3.7cm、叶数 28.8 片、叶长 73.0cm、叶宽 27.0cm（表 5–63）。

图 5–71 辰溪密叶子

表 5–63 辰溪密叶子对青枯雷尔氏菌代表性序列变种的抗性

烟草青枯雷尔氏菌地理来源	菌株编号	序列变种	病情指数	抗性
云南	RS13	13	52.50	MR
贵州	RS14	14	65.00	LR
福建	RS15	15	72.50	LR
福建	RS17	17	43.75	MR
福建	RS34	34	31.25	R
云南	RS54	54	44.86	MR

三、白肋烟种质对青枯雷尔氏菌代表性序列变种的抗性

63. 全国统一编号 00001156，种质名称 Burley 21（图 5-72）

白肋烟引进种质资源，收集自美国，杂交组合为：{[（TL106×KY16）×Gr.5]×KY14}×Ky56×Gr.18。株形筒形、叶形椭圆、叶尖渐尖、叶面平、叶缘波浪、叶色黄绿、叶耳大、叶片厚薄中等、主脉粗细中、主侧脉夹角中、茎叶角度中、花序密集度密集、花序形状球形、花色红。移栽至现蕾 56.0d、移栽至中心花开放 64.0d、大田生育期 110.0d、株高 148.9cm、茎围 10.0cm、节距 4.1cm、叶数 25.0 片、叶长 68.8cm、叶宽 35.2cm。对 TMV 免疫，中感根结线虫病、赤星病和 PVY，感黑胫病，高感烟蚜（表 5-64）。

图 5-72 Burley 21

表 5-64 Burley 21 对青枯雷尔氏菌代表性序列变种的抗性

烟草青枯雷尔氏菌地理来源	菌株编号	序列变种	病情指数	抗性
云南	RS13	13	90.00	S
贵州	RS14	14	62.50	LR
福建	RS15	15	55.00	MR
福建	RS17	17	62.50	LR
福建	RS34	34	75.69	LR
云南	RS54	54	81.92	S

64. 全国统一编号 00001159，种质名称 Burley Skroniowski（图 5-73）

白肋烟引进种质资源，收集自波兰。株形筒形、叶形椭圆、叶尖渐尖、叶面较皱、叶缘波浪、叶色黄绿、叶耳中、叶片厚薄中等、主脉粗细中、主侧脉夹角中、茎叶角度中、花序密集度松散、花序形状菱形、花色淡红。移栽至现蕾 43.0d、移栽至中心花开放 51.0d、大田生育期 89.0d、株高 131.1cm、茎围 11.4cm、节距 4.5cm、叶数 20.0 片、叶长 74.0cm、叶宽 36.7cm。感黑胫病和根结线虫病，高感赤星病（表 5-65）。

图 5-73　Burley Skroniowski

表 5-65　Burley Skroniowski 对青枯雷尔氏菌代表性序列变种的抗性

烟草青枯雷尔氏菌地理来源	菌株编号	序列变种	病情指数	抗性
云南	RS13	13	—	—
贵州	RS14	14	—	—
福建	RS15	15	85.00	S
福建	RS17	17	56.25	MR
福建	RS34	34	—	—
云南	RS54	54	66.25	LR

65. 全国统一编号 00002354，种质名称 Banket A-1（图 5-74）

白肋烟引进种质资源，收集自津巴布韦，杂交组合为：（Burley21×Beinhart1000-1）×Burley21。株形筒形、叶形椭圆、叶尖钝尖、叶面较平、叶缘波浪、叶色黄绿、叶耳中、叶片厚薄中等、主脉粗细中、主侧脉夹角中、茎叶角度中、花序密集度密集、花序形状球形、花色淡红。移栽至现蕾 60.0d、移栽至中心花开放 67.0d、大田生育期 103.0d、株高 174.6cm、茎围 10.6cm、节距 5.4cm、叶数 25.0 片、叶长 47.0cm、叶宽 24.0cm。对 TMV 免疫，抗赤星病，中感黑胫病，感根结线虫病（表 5-66）。

图 5-74　Banket A-1

表 5-66　Banket A-1 对青枯雷尔氏菌代表性序列变种的抗性

烟草青枯雷尔氏菌地理来源	菌株编号	序列变种	病情指数	抗性
云南	RS13	13	72.50	LR
贵州	RS14	14	84.38	S
福建	RS15	15	48.61	MR
福建	RS17	17	50.00	MR
福建	RS34	34	69.21	LR
云南	RS54	54	86.21	S

四、雪茄烟种质对青枯雷尔氏菌代表性序列变种的抗性

66. 全国统一编号 00001210，种质名称 Connecticut Broad Leaf（图 5-75）

雪茄烟引进种质资源，收集自美国。株形塔形、叶形宽卵圆、叶尖钝尖、叶面较皱、叶缘波浪、叶色绿、叶耳中、叶片厚薄中等、主脉粗细中、主侧脉夹角中、茎叶角度中、花序密集度密集、花序形状扁球形、花色淡红。移栽至中心花开放 77.0d、株高 126.5cm、茎围 6.4cm、节距 5.1cm、叶数 18.0 片、叶长 39.7cm、叶宽 27.0cm。中抗根结线虫病，感黑胫病（表 5-67）。

图 5-75　Connecticut Broad Leaf

表 5-67　Connecticut Broad Leaf 对青枯雷尔氏菌代表性序列变种的抗性

烟草青枯雷尔氏菌地理来源	菌株编号	序列变种	病情指数	抗性
云南	RS13	13	70.00	LR
贵州	RS14	14	57.50	MR
福建	RS15	15	61.25	LR
福建	RS17	17	58.75	MR
福建	RS34	34	53.75	MR
云南	RS54	54	53.13	MR

67. 全国统一编号 00001211，种质名称 Connecticut Shade（图 5-76）

雪茄烟引进种质资源，收集自美国。株形塔形、叶形宽椭圆、叶尖钝尖、叶面较皱、叶缘波浪、叶色绿、叶耳中、叶片厚薄厚、主脉粗细中、主侧脉夹角中、茎叶角度中、花序密集度松散、花序形状菱形、花色淡红。移栽至中心花开放 101.0d、株高 135.7cm、茎围 9.2cm、节距 3.4cm、叶数 30.0 片、叶长 39.6cm、叶宽 24.4cm。中抗 TMV，感黑胫病和根结线虫病（表 5-68）。

图 5-76　Connecticut Shade

表 5-68　Connecticut Shade 对青枯雷尔氏菌代表性序列变种的抗性

烟草青枯雷尔氏菌地理来源	菌株编号	序列变种	病情指数	抗性
云南	RS13	13	83.33	S
贵州	RS14	14	65.00	LR
福建	RS15	15	53.75	MR
福建	RS17	17	57.50	MR
福建	RS34	34	63.80	LR
云南	RS54	54	57.81	MR

68. 全国统一编号 00001224，种质名称 Havana 211（图 5-77）

雪茄烟引进种质资源，收集自美国。株形塔形、叶形椭圆、叶尖渐尖、叶面较皱、叶缘波浪、叶色绿、叶耳中、叶片厚薄厚、主脉粗细中、主侧脉夹角中、茎叶角度中、花色淡红。移栽至中心花开放 88.0d、株高 131.4cm、茎围 7.2cm、节距 3.7cm、叶数 25.0 片、叶长 47.6cm、叶宽 28.0cm。中抗 CMV，感黑胫病、根结线虫病和赤星病（表 5-69）。

图 5-77　Havana 211

表 5-69　Havana 211 对青枯雷尔氏菌代表性序列变种的抗性

烟草青枯雷尔氏菌地理来源	菌株编号	序列变种	病情指数	抗性
云南	RS13	13	80.00	LR
贵州	RS14	14	50.00	MR
福建	RS15	15	81.25	S
福建	RS17	17	40.00	R
福建	RS34	34	74.11	LR
云南	RS54	54	55.56	MR

69. 全国统一编号 00001232，种质名称 Manila（图 5–78）

雪茄烟引进种质资源，收集自菲律宾。株形塔形、叶形椭圆、叶尖渐尖、叶面较皱、叶缘波浪、叶色深绿、叶耳中、叶片厚薄厚、主脉粗细中、主侧脉夹角中、茎叶角度中、花色淡红。移栽至中心花开放 100.0d、株高 121.2cm、茎围 7.8cm、节距 3.3cm、叶数 25.0 片、叶长 43.7cm、叶宽 21.3cm。中抗 CMV，中感根结线虫病，感黑胫病（表 5–70）。

图 5–78　Manila

表 5–70　Manila 对青枯雷尔氏菌代表性序列变种的抗性

烟草青枯雷尔氏菌地理来源	菌株编号	序列变种	病情指数	抗性
云南	RS13	13	75.00	LR
贵州	RS14	14	46.88	MR
福建	RS15	15	60.00	MR
福建	RS17	17	36.25	R
福建	RS34	34	73.93	LR
云南	RS54	54	61.10	LR

70. 全国统一编号 00001239，种质名称 Sumatra Deli（图 5-79）

雪茄烟引进种质资源，收集自印度尼西亚。株形塔形、叶形卵圆、叶尖钝尖、叶面较皱、叶缘波浪、叶色深绿、叶耳中、叶片厚薄厚、主脉粗细中、主侧脉夹角中、茎叶角度中、花色淡红。移栽至中心花开放 85.0d、株高 167.7cm、茎围 6.6cm、节距 5.6cm、叶数 23.0 片、叶长 42.4cm、叶宽 27.0cm。中抗 CMV，中感根结线虫病，感黑胫病和烟蚜（表 5-71）。

图 5-79　Sumatra Deli

表 5-71　Sumatra Deli 对青枯雷尔氏菌代表性序列变种的抗性

烟草青枯雷尔氏菌地理来源	菌株编号	序列变种	病情指数	抗性
云南	RS13	13	70.83	LR
贵州	RS14	14	65.63	LR
福建	RS15	15	33.75	R
福建	RS17	17	60.00	MR
福建	RS34	34	88.89	S
云南	RS54	54	41.67	MR

71. 全国统一编号 00001244，种质名称 土耳其雪茄（图 5-80）

雪茄烟引进种质资源，收集自土耳其。株形塔形、叶形宽椭圆、叶尖渐尖、叶面较平、叶缘微波、叶色绿、叶耳中、叶片厚薄中等、主脉粗细粗、主侧脉夹角大、茎叶角度大、花序密集度密集、花序形状球形、花色红。移栽至现蕾 78.0d、移栽至中心花开放 84.0d、全生育期 166.0d、株高 149.6cm、茎围 8.9cm、节距 7.6cm、叶数 14.4 片、叶长 68.9cm、叶宽 36.6cm。中抗 CMV，感黑胫病和根结线虫病（表 5-72）。

图 5-80 土耳其雪茄

表 5-72 土耳其雪茄对青枯雷尔氏菌代表性序列变种的抗性

烟草青枯雷尔氏菌地理来源	菌株编号	序列变种	病情指数	抗性
云南	RS13	13	76.92	LR
贵州	RS14	14	70.00	LR
福建	RS15	15	43.75	MR
福建	RS17	17	36.25	R
福建	RS34	34	55.60	MR
云南	RS54	54	68.75	LR

72. 种质名称 ZX144（图 5-81）

雪茄烟引进种质资源，收集自巴西。株形筒形，叶面平，叶形宽椭圆，叶尖急尖，叶缘波浪，叶色浅绿，叶耳小，叶片主脉细，花序密集、球形，花色淡红。移栽至现蕾天数为 74d、移栽至中心花开放天数为 80d、株高 243.90cm、茎围 7.60cm、节距 6.18cm、叶数 34.90 片、腰叶长 41.20cm、腰叶宽 23.50cm、无叶柄。中感 PVY，中感 TMV，中感 CMV，中感黑胫病（表 5-73）。

图 5-81　ZX144

表 5-73　ZX144 对青枯雷尔氏菌代表性序列变种的抗性

烟草青枯雷尔氏菌地理来源	菌株编号	序列变种	病情指数	抗性
云南	RS13	13	57.90	MR
贵州	RS14	14	50.00	MR
福建	RS15	15	50.00	MR
福建	RS17	17	31.25	R
福建	RS34	34	33.47	R
云南	RS54	54	45.00	MR

73. 种质名称 ZX145（图 5–82）

雪茄烟引进种质资源，收集自巴西。株形筒形，叶面平，叶形宽椭圆，叶尖急尖，叶缘波浪，叶色浅绿，叶耳小，叶片主脉细，花序密集、球形，花色淡红。移栽至现蕾天数为 72d、移栽至中心花开放天数为 79d、株高 262.40cm、茎围 7.30cm、节距 6.26cm、叶数 35.30 片、腰叶长 42.50cm、腰叶宽 24.50cm，无叶柄。中感 PVY，中感 TMV，中感 CMV，中感黑胫病（表 5–74）。

图 5–82 ZX145

表 5–74 ZX145 对青枯雷尔氏菌代表性序列变种的抗性

烟草青枯雷尔氏菌地理来源	菌株编号	序列变种	病情指数	抗性
云南	RS13	13	60.00	MR
贵州	RS14	14	55.17	MR
福建	RS15	15	52.50	MR
福建	RS17	17	28.75	R
福建	RS34	34	54.72	MR
云南	RS54	54	38.89	R

五、野生烟及香料烟种质对青枯雷尔氏菌代表性序列变种的抗性

74. 全国统一编号 00001261，种质名称 *N.debneyi*（图 5-83）

野生烟引进种质资源，收集自澳大利亚。株形塔形、叶形长椭圆、叶尖钝尖、叶面较平、叶缘平滑、叶色浅绿、花色白。移栽至中心花开放 67.0d、株高 117.0cm、节距 4.5cm、叶数 16.0 片、叶长 23.5cm、叶宽 9.5cm。抗赤星病、PVY 和烟蚜，中感根结线虫病、TMV 和 CMV，感黑胫病（表 5-75）。

图 5-83　*N.debneyi*

表 5-75　*N.debneyi* 对青枯雷尔氏菌代表性序列变种的抗性

烟草青枯雷尔氏菌地理来源	菌株编号	序列变种	病情指数	抗性
云南	RS13	13	93.75	HS
贵州	RS14	14	60.00	MR
福建	RS15	15	70.00	LR
福建	RS17	17	67.50	LR
福建	RS34	34	75.00	LR
云南	RS54	54	78.13	LR

75. 全国统一编号 00005605，种质名称 *N. cordifolia*（图 5–84）

野生烟引进种质资源，收集自美国（表 5–76）。

图 5–84　*N. cordifolia*

表 5–76　*N. cordifolia* 对青枯雷尔氏菌代表性序列变种的抗性

烟草青枯雷尔氏菌地理来源	菌株编号	序列变种	病情指数	抗性
云南	RS13	13	—	—
贵州	RS14	14	—	—
福建	RS15	15	100.00	HS
福建	RS17	17	100.00	HS
福建	RS34	34	—	—
云南	RS54	54	—	—

76. 全国统一编号 00001185，种质名称 Kpa я（图 5-85）

香料烟引进种质资源，收集自阿尔巴尼亚。株形筒形、叶形长椭圆、叶尖钝尖、叶面平、叶缘平滑、叶色绿、叶耳中、叶片厚薄中等、主脉粗细中、主侧脉夹角中、茎叶角度中、花序密集度密集、花序形状球形、花色淡红。移栽至现蕾 47.0d、移栽至中心花开放 58.0d、大田生育期 112.0d、株高 117.7cm、茎围 6.4cm、节距 4.3cm、叶数 18.0 片、叶长 30.5cm、叶宽 13.5cm。中感 TMV，感黑胫病和根结线虫病，高感赤星病（表 5-77）。

图 5-85 Kpa я

表 5-77 Kpa я 对青枯雷尔氏菌代表性序列变种的抗性

烟草青枯雷尔氏菌地理来源	菌株编号	序列变种	病情指数	抗性
云南	RS13	13	66.67	LR
贵州	RS14	14	55.00	MR
福建	RS15	15	42.50	MR
福建	RS17	17	30.00	R
福建	RS34	34	65.60	LR
云南	RS54	54	79.69	LR

77. 全国统一编号 00002379，种质名称 Kokubu（图 5–86）

香料烟引进种质资源，收集自日本。株形筒形、叶形心脏形、叶尖钝尖、叶面较皱、叶缘波浪、叶色深绿、叶耳中、叶片厚薄中等、主脉粗细中、主侧脉夹角中、茎叶角度中、花序密集度松散、花序形状倒圆锥形、花色淡红。移栽至现蕾 48.0d、移栽至中心花开放 58.0d、大田生育期 117.0d、株高 160.0cm、茎围 7.0cm、节距 4.7cm、叶数 26.0 片、叶长 20.4cm、叶宽 17.4cm。抗白粉病，中抗 TMV，感黑胫病和根结线虫病（表 5–78）。

图 5–86　Kokubu

表 5–78　Kokubu 对青枯雷尔氏菌代表性序列变种的抗性

烟草青枯雷尔氏菌地理来源	菌株编号	序列变种	病情指数	抗性
云南	RS13	13	34.09	R
贵州	RS14	14	42.50	MR
福建	RS15	15	43.75	MR
福建	RS17	17	55.00	MR
福建	RS34	34	47.22	MR
云南	RS54	54	38.21	R

78. 全国统一编号 00002382，种质名称 P-10 312（图 5-87）

香料烟引进种质资源，收集自南斯拉夫。株形筒形、叶形椭圆、叶尖渐尖、叶面较平、叶缘波浪、叶色绿、叶耳中、叶片厚薄较厚、主脉粗细中、主侧脉夹角中、茎叶角度中、花序密集度密集、花序形状球形、花色淡红。移栽至中心花开放 38.0d、株高 104.0cm、茎围 8.0cm、节距 3.3cm、叶数 20.0 片、叶长 38.6cm、叶宽 18.0cm。感黑胫病、根结线虫病和赤星病（表 5-79）。

图 5-87　P-10 312

表 5-79　P-10 312 对青枯雷尔氏菌代表性序列变种的抗性

烟草青枯雷尔氏菌地理来源	菌株编号	序列变种	病情指数	抗性
云南	RS13	13	84.38	S
贵州	RS14	14	75.00	LR
福建	RS15	15	88.75	S
福建	RS17	17	32.50	R
福建	RS34	34	49.75	MR
云南	RS54	54	50.00	MR

主要参考文献

陈壬杰 . 2017. 烟草青枯病抗性早期鉴定方法和遗传基础研究 . 福州：福建农林大学 .

丁伟刘，颖张，淑婷，等 . 2018. 中国烟草青枯病志 . 北京：科学出版社 .

付丽军，王永存，王向东，等 . 2019. 6 种杀菌剂对姜青枯病的防治效果 . 植物保护，45（1）：216–220.

高加明，王志德，张兴伟，等 . 2010. 香料烟青枯病抗性基因的遗传分析 . 中国烟草科学，31（1）：1–4.

耿锐梅，程立锐，刘旦，等 . 2018. 烟草青枯病抗性遗传效应分析 . 中国烟草科学，40（4）：7–13.

巩佳莉，孙东雷，卞能飞，等 . 2022. 我国花生青枯病研究进展 . 中国油料作物学报，44（6）：1159–1165.

胡利伟，牟文君，王皓，等 . 2018. 江西省抚州烟区青枯雷尔氏菌的分离鉴定与遗传多样性分析 . 烟草科技，51（12）：1–922.

李世斌，耿锐梅，肖志亮，等 . 2023. 烟草青枯病抗性育种研究进展. 分子植物育种 . https://kns.cnki.net/kcms/detail/46.1068.S.20230315.1541.004.html.

李信申，邵华，陈建，等 . 2020. 青枯雷尔氏菌在不同作物根际定殖与轮作防病 . 中国油料作物学报（42）: 7.

刘海龙，黎妍妍，郑露，等 . 2015. 湖北地区烟草青枯菌系统发育分析 . 中国烟草科学，36（2）：81–86.

刘勇，秦西云，李文正，等 . 2010. 抗青枯病烟草种质资源在云南省的评价 . 植物遗传资源学报，11（1）：10– 16.

牛文利，巫升鑫，余文，等 . 2021. 烟草抗青枯病突变体 153–K 的抗性遗传及与农艺性状的关系 . 中国烟草科学，42（2）：1–7.

潘晓英，张振臣，袁清华，等 . 2022. 植物抗青枯病的分子机制研究进展 . 植物生理学报，58（4）: 607–621.

潘哲超，徐进，顾钢，等 . 2012. 福建及贵州等地烟草青枯菌系统发育分析 . 植物保护，38（1）：18–23.

潘哲超 . 2010. 植物青枯菌遗传多样性及致病力分化研究 . 北京：中国农业科学院研究生院 .

史建磊，宰文珊，苏世闻，等 . 2023. 番茄青枯病抗性相关 miRNA 的鉴定与表达分析 .

生物技术通报，39（5）:38–47. https://doi.org/10.13560/j.cnki.biotech.bull.1985. 2022–1241.

谭茜，李杰，汪代斌，等 . 2022. 我国主要烟草青枯病病圃青枯菌系统发育分析 . 中国烟草科学，43（2）：52–57.

王新，吴新儒，王卫锋，等 . 2018. 烟草抗青枯病突变体的室内接种鉴定 . 分子植物育种，16（19）：6468–6475.

王玉琦 . 2022. StMLP1 调控马铃薯青枯病抗性的功能鉴定 . 武汉：华中农业大学 .

徐进，顾钢，潘哲超，等 . 2010. 福建烟草青枯菌演化型及生化变种鉴定研究 . 中国烟草学报，16（6）：66–71.

徐进，冯洁 . 2013. 植物青枯菌遗传多样性及致病基因组学研究进展 . 中国农业科学，46（14）：2902–2909.

严希，何磊，杨红赖，等 . 2022. 辣椒抗青枯病生理指标评估模型的构建. 分子植物育种 . https://kns.cnki.net/kcms/detail/46.1068.S.20220221.1702.011.htm.

张丹 . 2022. 演化型Ⅱ青枯菌克服番茄抗性机制研究 . 武汉：华中农业大学 .

张振臣，袁清华，马柱文，等 . 2017. 烟草品种 GDSY–1 的青枯病抗性与遗传分析 . 中国烟草科学，38（4）：9–16.

朱朝贤，王彦亭，王智发 . 2002. 中国烟草病害 . 北京：中国农业出版社 .

BUDDENHAGEN L., SEQUEIRA L., KELMAN A., 1962. Designation of races in Pseudomonas solanacearum. Phytopathology, 52:726.

CHOUDHARY D. K., NABI U.N. S., DAR M. S., et al., 2018. Ralstonia solanacearum: A wide spread and global bacterial plant wilt pathogen. Journal of Pharmacognosy and Phytochemistry, 7(2): 85–90.

DENNY, T., 2007. Plant Pathogenic Ralstonia Species. Springer Netherlands.

ELPHINSTONE, J. G., 2005. “The current bacterial wilt situation: a global overview,” in Bacterial wilt Disease and the Ralstonia solanacearum Species Complex. eds. C. Allen, P. Prior and A. C. Hayward 9–28.

FEGAN M., PRIOR P., 2005. How complex is the "Ralstonia solanacearum species complex". In:Allen C, Prior P, Hayward A C(Eds.), Bacterial wilt disease and the Ralstonia solanacearum species complex (pp. 449–462). St Paul MN, USA: APS Press.

HAYWARD A. C., 1964. Characteristics of Pseudomonas solanacearum. Journal of Applied Bacteriology, 27: 265–277.

HE L. Y., SEQUEIRA L., KELMAN A., 1983. Characteristics of strains of Pseudomona solanacearum. Plant Disease, 67: 1357–1361.

HONG J. C., NORMAN D. J., REED D. L., et al., 2012. Diversity among Ralstonia solanacearum strains isolated from the southeastern United States. Phytopathology, 102(10): 923–936.

KATAWCZIK M., TSENG H. T. MILA A. L., 2016. Diversity of Ralstonia solanacearum populations affecting tobacco crops in north Carolina. Tobacco Science, 53: 1–11.

Li Y, Feng J, Liu H, et al., 2016. Genetic diversity and pathogenicity of Ralstonia solanacearum causing tobacco bacterial wilt in China. Plant Dis. 100, 1288–1296. doi: 10.1094/PDIS–04–15–0384–RE.

LIU Y., W. D. S, LIU Q. P., et al., 2016. The sequevar distribution of Ralstonia solanacearum in tobacco–growing zones of China is structured by elevation. Eur. J. Plant Pathol, 147: 541–551

LIU Y, W. D. S., LIU Q. P., et al., 2017. The sequevar distribution of Ralstonia solanacearum in tobacco–growing zones of China is structured by elevation. Eur J Plant Pathol, 147:541–551.

NISHI T., TAJIMA T., NOGUCHI S., et al., 2003. Identification of DNA markers of tobacco linked to bacterial wilt resistance. Tag.theoretical & Applied Genetics.theoretische Und Angewandte Genetik, 106(4):765–770.

PAN Z., PRIOR P., XU J., et al., 2009. Genetic diversity of Ralstonia solanacearum strains from China. Eur. J. Plant Pathol., 125: 641–653

PAUDEL S., DOBHAL S., ALVAREZ A. M., et al., 2020. Taxonomy and Phylogenetic Research on Ralstonia solanacearum Species Complex: A Complex Pathogen with Extraordinary Economic Consequences. Pathogens,Oct 25,9(11):886. doi: 10.3390/pathogens9110886. PMID: 33113847; PMCID: PMC7694096.

PRIOR P., FLORENT A., DALSING B. L., et al., 2016. Genomic and proteomic evidence supporting the division of the plant pathogen Ralstonia solanacearum into three species. BMC Genomics, 17: 1–11.

REMENANT B., COUPAT–GOUTALAND B., GUIDOT A., et al., 2010. Genomes of three tomato pathogens within the Ralstonia solanacearum species complex reveal significant evolutionary divergence. BMC Genomics 11:379. doi: 10.1186/1471–2164–11–379

ROSSATO M., SANTIAGO T. R., MIZUBUTI E. S. G., et al., 2017. Characterization and pathogenicity to geranium of Brazilian strains of Ralstonia spp. Tropical Plant Pathology, 42(6): 458–467.

SAFNI I., CLEENWERCK I., DE VOS P., et al., 2014. Polyphasic taxonomic revision of the Ralstonia solanacearum species complex: proposal to emend the descriptions of Ralstonia solanacearum and Ralstonia syzygii and reclassify current R. syzygii strains as Ralstonia syzygii subsp. syzygii subsp. nov., R. solanacearum phylotype Ⅳ strains as Ralstonia syzygii subsp. indonesiensis subsp. nov., banana blood disease bacterium strains as Ralstonia syzygii subsp. celebesensis subsp. nov. and R. solanacearum phylotype Ⅰ and Ⅲ strains as Ralstoniapseudo solanacearum sp. Nov. International Journal of Systematic and

Evolutionary Microbiology, 64: 3087–3103.
TJOU-TAM-SIN NNA, VAN DE BILT JLJ, WESTENBERG M., et al., 2017. First report of bacterial wilt caused by Ralstonia solanacearum in Ornamental Rosasp. Plant Disease, 101(2): 378.

附录　烟草青枯病抗性种质检索表

序号	全国统一编号	种质名称	类型	页码
1	00001020	Dixie Bright 101	烤烟	137
2	00001341	反帝三号 – 丙	烤烟	138
3	00001371	白花 205	烤烟	139
4	00001376	84–3117	烤烟	140
5	00001452	H80A432	烤烟	141
6	00002245	Coker 206	烤烟	142
7	00002266	K326	烤烟	143
8	00002291	NC86	烤烟	144
9	00003579	V2	烤烟	145
10	00003711	岩烟 97	烤烟	146
11	00003767	K358	烤烟	147
12	00003778	NC8036	烤烟	148
13	00003791	OX2028	烤烟	149
14	00003792	OX2101	烤烟	150
15	00003801	RG12	烤烟	151
16	00003803	RG17	烤烟	152
17	00003811	RGOB–18	烤烟	153
18	00003825	SPG–164	烤烟	154
19	00003829	SPG–172	烤烟	155
20	00004534	95–43–3	烤烟	156
21	00004732	湄育 2–1	烤烟	157
22	00004738	湄育 2–3	烤烟	158
23	00004756	春雷三号（甲）	烤烟	159
24	00004767	蓝玉一号	烤烟	160
25	00004832	龙江 935	烤烟	161
26	00004852	云烟 205	烤烟	162
27	00004856	贵烟 1 号	烤烟	163

续表

序号	全国统一编号	种质名称	类型	页码
28	00004864	毕纳 1 号	烤烟	164
29	00004870	兴烟 1 号	烤烟	165
30	00005218	Va1168	烤烟	166
31	00005230	Mcnaiy133	烤烟	167
32	00005274	豫烟 10 号	烤烟	168
33	00005275	闽烟 9 号	烤烟	169
34	00000685	临县簸箕片	晒烟	170
35	00000686	韩城烟	晒烟	171
36	00000669	浮山大烟叶	晒烟	172
37	00000700	小柳叶烟	晒烟	173
38	00000749	清涧羊角大烟	晒烟	174
39	00000750	子州羊角大烟	晒烟	175
40	00000833	千层塔（圆叶种）	晒烟	176
41	00001147	TI 448A	晒烟	177
42	00001616	舒兰光把	晒烟	178
43	00001646	安流晒烟	晒烟	179
44	00001690	西藏多年生烟	晒烟	180
45	00001705	辣烟 –2	晒烟	181
46	00001706	灵山牛利	晒烟	182
47	00001780	小杀猪刀	晒烟	183
48	00001898	密节金丝尾	晒烟	184
49	00001925	大叶密合	晒烟	185
50	00002055	遵义泡杆烟	晒烟	186
51	00002723	荔浦土烟 –3	晒烟	187
52	00002724	荔浦土烟 –4	晒烟	188
53	00002821	高山大兰烟	晒烟	189
54	00002831	二兰烟	晒烟	190
55	00002832	咸丰大铁板烟	晒烟	191
56	00002839	咸丰大乌烟	晒烟	192
57	00003264	小南花	晒烟	193
58	00003350	勐伴晒烟	晒烟	194
59	00003368	勐海乡晒烟 –1	晒烟	195
60	00003442	80–1	晒烟	196

续表

序号	全国统一编号	种质名称	类型	页码
61	00004165	琼中五指山 -1	晒烟	197
62	00004255	辰溪密叶子	晒烟	198
63	00001156	Burley 21	白肋烟	199
64	00001159	Burley Skroniowski	白肋烟	200
65	00002354	Banket A–1	白肋烟	201
66	00001210	Connecticut Broad Leaf	雪茄烟	202
67	00001211	Connecticut Shade	雪茄烟	203
68	00001224	Havana 211	雪茄烟	204
69	00001232	Manila	雪茄烟	205
70	00001239	Sumatra Deli	雪茄烟	206
71	00001244	土耳其雪茄	雪茄烟	207
72		ZX144	雪茄烟	208
73		ZX145	雪茄烟	209
74	00001261	*N.debneyi*	野生烟	210
75	00005605	*N. cordifolia*	野生烟	211
76	00001185	Кра я	香料烟	212
77	00002379	Kokubu	香料烟	213
78	00002382	P–10 312	香料烟	214